河南省中原科技创新领军人才项目资助出版

数据驱动的意外爆炸毁伤评估技术

Data-Driven Accidental Explosion Damage Assessment Technology

张　磊　王继民　王　幸　编著

国防工业出版社

·北京·

内容简介

本书是作者及其研究团队在意外爆炸毁伤效果评估研究中所取得成果的归纳与总结，系统介绍了基于数据驱动的意外爆炸毁伤效应预测与破坏效果评估。全书共7章，主要内容包括意外爆炸破坏效应工程算法与模型、数据获取与数据库开发、意外爆炸知识图谱技术、意外爆炸毁伤效应预测与毁伤效果评估的机器学习模型，以及基于数据驱动的意外爆炸毁伤评估系统的研发及应用等。

本书对于从事易燃易爆品爆炸破坏效应及防护技术研究的科研和工程技术人员具有参考价值，也可作为高等院校相关专业高年级本科生及研究生的参考用书。

图书在版编目(CIP)数据

数据驱动的意外爆炸毁伤评估技术 / 张磊，王继民，王幸编著. -- 北京 : 国防工业出版社，2025. -- ISBN 978-7-118-13717-0

Ⅰ. O38

中国国家版本馆 CIP 数据核字第 2025YN5729 号

※

国防工业出版社出版发行

(北京市海淀区紫竹院南路 23 号　邮政编码 100048)

北京凌奇印刷有限责任公司印刷

新华书店经售

*

开本 787×1092　1/16　**插页** 6　**印张** 12　**字数** 290 千字

2025 年 5 月第 1 版第 1 次印刷　**印数** 1—1200 册　**定价** 168.00 元

国防书店：(010)88540777　　书店传真：(010)88540776

发行业务：(010)88540717　　发行传真：(010)88540762

前　言

随着国家建设的快速发展,对危险化工产品的生产和使用日渐频繁,由易燃、易爆物造成的意外爆炸事件时有发生,给生命财产安全带来了巨大损失。对意外爆炸事故做出快速、准确的评估,可为事故风险评价、灾后救援、事故责任认定,以及事故预防等提供科学支撑,具有十分重要的意义。

由于意外爆炸毁伤效应的复杂性,传统的理论分析、试验研究和数值仿真都具有一定的局限性。随着机器学习技术的发展,数据驱动可以为意外爆炸毁伤效应评估提供除理论、试验和数值仿真以外的其他技术手段。特别是随着意外爆炸毁伤研究领域的发展,已经积累了一定数量的毁伤效应数据,包括试验数据和仿真数据,可为机器学习方法的应用提供数据基础。但由于意外爆炸毁伤数据一般多为事故后实地调研数据,它们不可避免地存在数据缺陷、数据不一致和数据缺失等不足,特别是由于数据来源多样导致的数据割裂,就如“瞎子摸象”,很难根据破碎信息勾勒出毁伤效果全貌,这限制了数据驱动在意外爆炸毁伤评估中的应用。为此,我们开展了意外爆炸毁伤效应与机器学习交叉领域的研究,拟通过数据和理论模型耦合驱动的方式,实现快速的毁伤效应预测和毁伤评估。

本书汇聚了作者近年来在相关领域的研究成果,建立了一条集数据获取、数据质量控制、数据管理、知识图谱、机器学习、软件系统开发为一体的较为完整的意外爆炸毁伤评估技术途径。通过开展典型目标毁伤实验研究,结合历史数据,构建意外爆炸毁伤数据源;研究意外爆炸毁伤数据异常检测技术和缺失数据插补技术,提高多源、异构、有缺陷毁伤数据的质量,开发意外爆炸毁伤效应数据库;开展数据驱动的意外爆炸毁伤效应建模研究,建立意外爆炸毁伤效应预测和评估模型,进行意外爆炸毁伤效应快速计算、毁伤效果评估和爆炸溯源,开展工程应用研究。

全书共分为 7 章。第 1 章绪论,介绍了意外爆炸的特点及破坏效果评价的困难,对数据驱动的毁伤评估技术及全书架构进行了介绍。第 2 章为预测意外爆炸破坏效应的经验算法与模型,介绍了意外爆炸主要毁伤元,即空气冲击波、破片、爆炸成坑、爆炸地震动效应及爆炸火球等常见预测方法。第 3 章意外爆炸破坏效应数据库建设,从数据获取、数据质量控制、经验算法评价、数据扩充、数据结构设计等方面介绍了爆炸破坏效应数据库建设,本章内容是数据驱动机器学习模型的数据基础。第 4 章意外爆炸破坏效应试验研究,本章为针对第 3 章中缺失的意外爆炸毁伤数据而开展的试验研究,主要为了填补现有数据的缺失,保证意外爆炸毁伤机器学习模拟的数据完整性。第 5 章意外爆炸毁伤效应知识图谱构建,介绍了意外爆炸毁伤领域的知识图谱构建,针对非结构化文档中抽取信息的困难,介绍了相关抽取方法,以及构建意外爆炸毁伤效应知识图谱技术。第 6 章意外爆炸毁伤效应的机器学习模型,介绍了相似度增强查询的意外爆炸威力溯源模型、基于多源数据融合的侵彻深度预测模型、爆炸近区冲击波预测模型、基于小样本学习的毁伤效应预测模型等有工程应用背景的机器学习模型，利用这些模型，可以较好地实现意外爆炸毁伤效果评价。第7章基于数据融合的意外爆炸毁伤评估系统，在上述研究的基础上，研发了数据-模型耦合驱动的意外爆炸毁伤评估系统，并开展了街区环境意外爆炸毁伤、隔间结构内爆毁伤、意外爆炸对桥梁目标的毁伤等工况的应用。

本书由军事科学研究院国防工程研究院工程防护研究所张磊、河海大学王继民，以及军事科学研究院国防工程研究院工程防护研究所王幸共同撰写。其中，张磊主要负责第2章、第3章、6.3节、6.4节、6.6节和6.7节，以及7.2节、7.3节和7.4节的撰写工作；王继民主要负责第1章、第5章、6.2节和6.5节、7.1节的撰写工作；王幸主要负责第4章的撰写工作。张磊和王继民共同完成了全书的统稿工作。

在此还要感谢为本书撰写作出贡献的几位同志。杨江负责科技文献的数据抽取，季昌政负责基于数据融合的毁伤效应预测研究，韩斌承担意外爆炸领域知识图谱构建及应用，刘赛佳完成了基于小样本学习的毁伤效应预测。在读博士研究生刘浩在基于多源数据融合的爆炸溯源模型、爆炸近区冲击波机器学习等方面做了大量工作，秦帅在融合先验知识的数据异常检测和机器学习模型等方面也有不少创新性的研究成果。他们所做的工作为这本书增色颇多。戚志刚、张金、肖伟和马耀等承担了书稿的初排及图表制作等工作。

感谢河南省中原科技创新领军人才项目“数据驱动的意外爆炸智能化毁伤评估技术研究”(234200510016)对本书出版给予的大力支持。

由于作者水平有限，书中难免有不妥之处，敬请读者批评指正。

编　者

2025年2月

目　录

第1章　绪　论

1.1　数据驱动的意外爆炸毁伤效应评估

意外爆炸(accidental explosion)即偶然爆炸,可泛指除出于军事目的使用军用火工品爆炸以外的其他爆炸事件,如工业界中常见的气体/蒸汽爆炸、粉尘爆炸及压力容器爆炸等。随我国基础建设和国民经济的快速发展,易燃易爆品的生产和使用也日益增多,由此导致的意外爆炸事故频发。意外爆炸的发生一般具备突发性,同时由于周围建有工业设施和民用设施等,会对工业生产和生命财产造成严重的影响[1-2]。因此,对意外爆炸毁伤效应进行事前和事后评估,可以为工业园区设施的合理规划、易燃易爆品的合理管控,以及爆炸灾后救援等提供科学依据,进一步减少爆炸毁伤效应可能带来的更大程度的次生灾害。

意外爆炸毁伤效应指的是由意外爆炸过程中产生的毁伤元对目标物的损坏,常见的毁伤元包括空气冲击波、破片、爆炸成坑、爆炸地震动效应,以及爆炸火球等。意外爆炸具有爆炸源成分复杂、毁伤威力大、毁伤效应复杂、现场人员和设施复杂等特点,加之易燃易爆品爆炸过程能量释放规律与TNT等普通炸药有明显不同,由此导致爆炸毁伤效果评估难度大、速度慢、精度低。由于意外爆炸毁伤效应的复杂性,采用理论分析、试验研究或数值仿真都具有较大的困难[3]。意外爆炸是一个多物理场耦合的极端非线性问题,灾后毁伤效果评估更由于意外爆炸发生的偶然性、爆炸环境的复杂性、现场调查数据存在诸多缺陷等,往往无法利用理论解析和数值仿真的方法给出可靠评估结果,而试验研究又由于试验成本、安全性等问题难以开展。随意外爆炸历史数据增多,以及数据挖掘技术发展,可以为意外爆炸灾后评估提供一条崭新的技术思路,即以大量真实的毁伤数据为基础,通过数据挖掘技术,建立基于数据驱动的评估模型,以快速精确地进行毁伤评估[4-7]。

1.2　意外爆炸的特点

1.2.1　历史上重大意外爆炸事故

国内外曾经发生过多起重大意外爆炸事故,造成巨大的灾难和损失。这些事故的统计数据对指导易燃易爆品生产、存储、运输和使用,爆炸事故的快速溯源和评估,事故的预防及安全防护等,都具有重要的意义。

1) 哈利法克斯大爆炸

1917年12月6日,加拿大新斯科舍省哈利法克斯港发生了核武器诞生前人类历史上规模最大的人为爆炸事件[8]。时值第一次世界大战,哈利法克斯港口法国军火船“蒙特-布兰克号”(Mont-Blanc)与挪威船只“伊莫号”(Imo)在狭窄水道相撞,“蒙特-布兰克”号载有相当于2400~2900t TNT(主要成分为三硝黄苯酚(苦味酸)、TNT、枪用火药棉及苯等),碰撞引发苯泄漏燃烧。但周围人群并不知道船上装载的是爆炸物,很多人还聚集到码头观看。船体漂向码头并持续燃烧约20min后炸药被引爆,形成高达3000m的烟柱,引发18m海啸及全城火灾。爆炸造成的破坏和伤亡极其惨重,大约2000人当场死亡,9000多人受伤,1.2万间房屋被严重损毁,烟柱高达3000m,在800m范围内所有物体被夷为平地,2.5km^{2}面积被荡平。

2) 英国皇家空军斯塔福德郡汉伯里基地地下弹药库爆炸

1944年11月27日,英国皇家空军斯塔福德郡汉伯里村附近的Fauld地下弹药库发生意外爆炸。爆炸的原因是在拆除炸弹雷管时违规使用黄铜凿子而引发连锁爆炸。该弹药库储存约4000t炸弹及5亿发弹药,爆炸直接导致30多人死亡,并震塌水库大坝引发洪水,导致37人、200头牲畜死亡,爆炸形成深30m、直径230m的巨型弹坑,1000m内建筑全毁,爆炸飞溅碎石分布范围约10km,爆炸声传至60km外,欧洲多地地震仪均有记录。

3) 芝加哥港大爆炸

1944年7月17日,美国加利福尼亚州旧金山北部35英里(1英里≈1.609km)处的芝加哥港海军基地发生弹药意外爆炸事故[9]。当时水兵正在为货轮Bryan号装载军火,船上已装载4000t炸药,另有500t堆在码头。剧烈爆炸是突然发生的,蘑菇云升至约3km高空,两艘军火船瞬间“蒸发”,码头被夷平,一列火车被摧毁。爆炸导致320人死亡,400人受伤,爆炸冲击波波及110km外的萨克拉门托,内华达州亦有震感,地面留下深约20m的巨坑。

4) 德国奥堡镇巴斯夫化肥厂大爆炸

1921年9月21日7时32分,德国奥堡镇(Oppau)巴斯夫化肥工厂的原料仓库发生爆炸。料仓内储存了4500t硫酸铵与硝酸铵混合物(比例约50:50),虽然仅约450t物料参与爆炸(占总量10%),但威力仍相当于500t TNT。地面形成长125m、宽90m、深20m的巨坑。奥堡镇80%建筑被夷平,20%严重损毁,强烈的冲击波导致海德堡、达姆施达特等城市,甚至80km以外的法兰克福的玻璃震碎,300km外慕尼黑的地震仪也记录到冲击波。爆炸造成超过500人死亡,约2000人受伤。爆炸引发大火和多次小规模爆炸,由于浓烟含氨气、电讯中断,阻碍了救援工作。

5) 美国杜邦公司火药厂爆炸

1818年,位于美国特拉华州威明顿市附近的杜邦公司火药厂发生大规模爆炸。爆炸造成26人死亡,55人受伤,当时公司仅100多名员工,爆炸造成了包括杜邦家族成员在内的近半数员工死亡。爆炸威力相当于1.1万t TNT,工厂几乎被夷平,建筑物和附近的一些设备也遭到了严重破坏。

6) 得克萨斯城港口爆炸

1947年4月16日,得克萨斯城港口发生爆炸(又称“格兰德坎普号”爆炸),这是美国历史上发生的最严重的工业事故[10]。停在美国得克萨斯城港口的法国货轮“格兰德坎普”号(Grandcamp)装载了2300t硝酸铵化肥及其他货物(包括轻武器弹药等),疑似船员丢弃烟头引起火灾,火灾导致舱内温度升至硝酸铵爆炸临界点,爆炸发生、船体炸裂,生成

600m 高蘑菇云，冲击波震碎 64km 外休斯敦的玻璃，400km 外有也震感。15h 后，邻近货轮“高飞”号(High Flyer)因装载 1000t 硝酸铵和 2000t 硫黄被引燃，于 4 月 17 日 1 时 10 分爆炸，破坏力更甚。事故共造成约 600 人死亡(含 113 人失踪)，超 3500 人受伤。

7) 塞浦路斯埃万耶洛斯・弗洛拉基斯海军基地爆炸

2011 年 7 月 11 日，位于利马索尔与拉纳卡之间的塞浦路斯南部的埃万耶洛斯・弗洛拉基斯海军基地发生了冷战结束后该国最严重的军事安全事故。在基地露天仓库储存的超过两年的 98 箱武器弹药中，有两个装有炸药和弹药的箱子起火引发连锁爆炸。大爆炸威力相当于 0.48 万 t TNT，40km 内可闻爆炸声，3km 外度假村建筑门窗尽毁，冲击波摧毁塞浦路斯最大瓦西利科斯发电站，导致大范围停电。爆炸导致包括海军司令安德烈亚斯・约安尼季斯在内的 12 人死亡，62 人受伤。

8) 美国太平洋工程制造公司(PEPCON)爆炸

美国太平洋工程制造公司(PEPCON)爆炸是美国内华达州拉斯维加斯市历史上发生的最严重的工业事故之一。该事故发生于 1988 年 5 月 4 日，当时该地区的一个工厂负责生产固体火箭燃料和其他化学物质。工人焊接火花引燃仓库，火势蔓延至 4000t 高氯酸铵(火箭燃料氧化剂)储存区而引发爆炸。首次爆炸点燃部分原料，冲击波震碎 1.6km 内车窗。4min 后发生主爆炸，4000t 高氯酸铵被全面引爆，威力相当于 1000t TNT，形成 300m 高蘑菇云、15m 深巨坑，6 座工厂建筑全毁，隔壁糖果厂被夷平，10km 外建筑受损。爆炸引起地震、在科罗拉多州监测到 3.5 级地震信号。

9) 天津港“8・12”特大爆炸

2015 年 8 月 12 日 22 时 51 分，天津滨海新区瑞海公司危险品仓库运抵区起火，23 时 34 分接连发生两次剧烈爆炸，是中国工业化进程中一次代价惨痛的安全警示[11]。瑞海公司危险品仓库运抵区南侧集装箱内的硝化棉由于湿润剂散失出现局部干燥，在高温等因素的作用下加速分解放热，积热自燃，引起相邻集装箱内的硝化棉和其他危险化学品长时间、大面积燃烧，导致堆放于运抵区的硝酸铵等危险化学品发生爆炸。爆炸总能量相当于 450t TNT，地面形成直径 97m、深 2.7m 的巨坑。事故导致 165 人遇难(含消防员 99 人、民警 11 人)、8 人失踪、798 人受伤，304 幢建筑倒塌，12428 商品汽车焚毁，7533 个集装箱损毁，直接经济损失达 68.66 亿元。

10) 贝鲁特港爆炸

2020 年 8 月 4 日下午，黎巴嫩贝鲁特港发生了一起规模巨大的爆炸事故[12]。一幢位于港口的仓库发生火灾，随后引发了存放的 2750t 硝酸铵大爆炸。据估计，这次爆炸总能量相当于 110~840t TNT，爆炸引发 3.3 级地震，地震波波及 240km 外的塞浦路斯。爆炸造成超过 200 人死亡、约 7000 人受伤，贝鲁特市区和港口区域的大部分房屋都受到不同程度的损坏，估计损失高达 150 亿美元。爆心半径 10km 内建筑玻璃尽碎，港口粮仓、工业设施全毁，地面形成直径 140m 巨坑，贝鲁特一半城区受损。爆炸原因目前认为是由于在仓库存放的硝酸铵长时间被放置，焊接维修火花引燃仓库烟花，火势蔓延至硝酸铵存储区，硝酸铵在高温下引发爆炸。

1.2.2 意外爆炸的特点

与战争行动中弹药爆炸对战场目标杀伤破坏效应相比，易燃易爆品在生产、存储、运输和使用过程中发生意外爆炸具有如下特点：①爆炸威力大，现场环境人员、设备、物资多，毁伤效果严重。以天津港“8·12”特大爆炸为例，其爆炸当量相当于 450t TNT[11]。②爆炸源物资组成复杂、化学反应过程复杂。仍以天津港“8·12”特大爆炸为例，过程为易燃物先发生燃烧，然后是两次相隔 30s 左右不同当量的爆炸，爆炸物包括氰化钠、硝酸铵、硝酸钾、氢化钠、氢氧化钠及火柴和油漆等 10 余种易燃易爆物资[11]，为灾后毁伤评估增加了难度。③爆炸毁伤效应复杂，毁伤元种类多。一般易燃易爆物爆炸产生的毁伤元包括空气冲击波、破片、地震动、成坑和抛掷效应、燃烧和毒气等。④能量释放规律与 TNT 等猛炸药爆炸有所不同，因此毁伤效应也有差异。采用传统的 TNT 爆炸威力和对应的毁伤效应去评估意外爆炸现场会导致与真实情况有较大偏差。⑤意外爆炸毁伤数据具有典型大数据特征。意外爆炸毁伤数据具有数据量大而价值密度低、数据类型多、数据来源多、数据噪声大等特点。意外爆炸的这些特性会给灾后快速精确毁伤评估带来较大困难，限制了灾后救援工作的科学安排，甚至可能带来更大程度的次生灾害。

由于意外爆炸毁伤过程的复杂性，灾后现场调查分析成了最常用的方法之一。爆炸现场调查所获取的信息虽然来源多，但这些信息具有明显不足（图 1-1），主要如下。

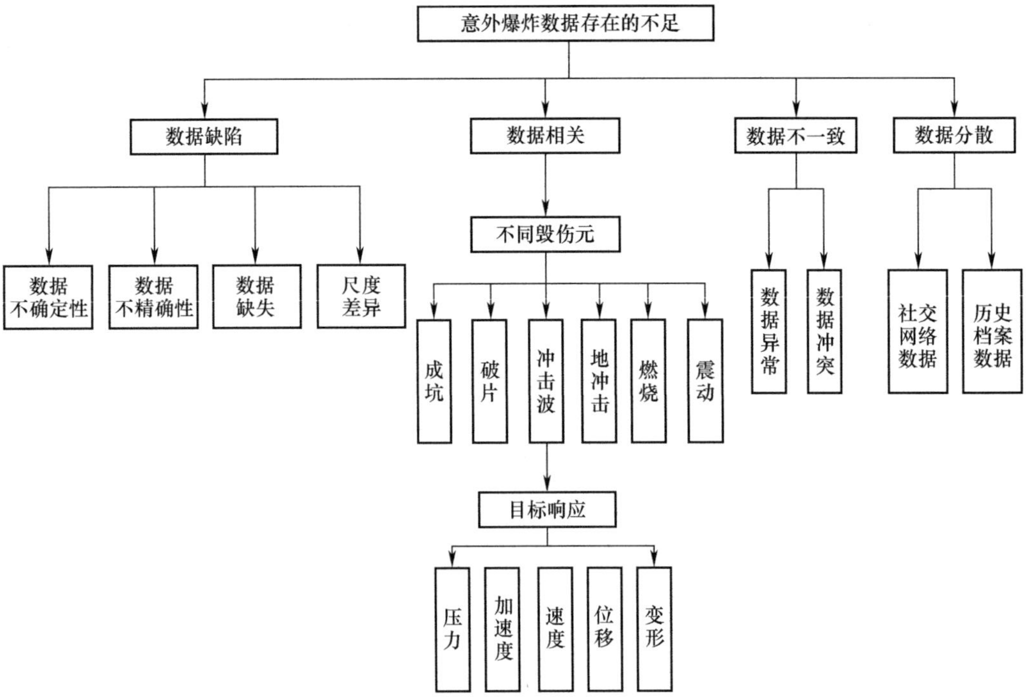

图 1-1　毁伤科技文献数据集构建步骤

（1）数据缺陷：即数据的不确定性、不精确性、缺失和尺度差异等。

不确定性是指数据的相关置信度小于 1，数据的不精确性指会导致信息歧义的模糊性、含糊性或不完整性等，数据尺度差异指数据的精细度（也称粒度）不同。

（2）数据相关：意外爆炸会产生包括冲击波、破片、成坑、抛掷、地冲击、燃烧、震动等不同毁伤元，不同毁伤元会产生不同的毁伤效应，而且同一毁伤元作用在同一目标上也会产生不同类型的响应参数；利用这些参数进行溯源却往往无法得到一致的结论。

(3)数据不一致:主要包括数据异常和数据冲突两种形式,数据异常是指所采集的数据集中存在明显偏离其他数据的样本,数据冲突是指根据所采集的数据得到的不同结论。

(4)数据分散:数据分散主要包括意外爆炸后现场调查所得数据、社交网络数据及历史记录数据等非结构化数据,其中人类社交数据(微信、微博等)是目前意外爆炸灾后现场数据获取的重要方式之一,可与常规的通过仪器设备进行观察、测量获取的数据相互补偿。但由于这种分散数据的非结构化特征,往往无法为科学研究直接采用,需要通过文本提取技术进行信息抽取。

1.3 意外爆炸毁伤评估研究现状

1.3.1 意外爆炸毁伤效应研究现状

1.3.1.1 基于物理过程的研究

对于意外爆炸毁伤效应的研究,目前经历了从传统的基于物理过程的研究到基于数据驱动建模研究的发展。其中,基于物理过程的研究方法主要包括理论分析、试验研究和数值仿真,基于数据驱动的方法可分为基于历史数据的建模研究、有限数据条件下的建模研究和基于仿真数据的建模研究。

1) 理论分析

理论分析方法建立在毁伤动力学研究的基础上,通过结合意外爆炸的具体毁伤元和目标物,选取合理影响因素来构建特定的参数关系式,从而对特定意外爆炸过程中毁伤元与目标物的相互作用进行分析。

2) 试验研究

意外爆炸试验研究贯穿从意外爆炸的发生到产生毁伤效应的整个过程,主要关注易燃易爆品的爆炸机制、毁伤元对人员、设备及工程结构的毁伤效果等。如 Adam Zyskowski[13]等通过氢气-空气混合气体在密闭空间内爆轰试验研究,建立了空气冲击波载荷模型。Vianna[14]等发展了改进孔隙率法建模技术,用于石油和天然气意外爆炸场景的模拟。通过收集整理模拟试验的数据,使用统计学方法对数据进行分析,可以建立意外爆炸毁伤效应分析的工程算法,这些算法可以反映出意外爆炸毁伤过程中的规律。但是由于模拟实验开展的局限性,这些算法往往只能在固定的区间内表现较好,超出此区间范围给出的计算结果可靠性无法保证,因此对于意外爆炸毁伤的试验研究方法同样存在一定的局限性。

3) 数值仿真

数值模拟方法借助于计算机,在最基本的物理和力学框架内、可直接求解过程的连续介质力学方程。数值法可以采用较复杂的物理模型对真实物理目标及过程的力学行为进行仿真,这是上述两种方法都无法比拟的。但其过度依赖于模型和算法,而真实材料本构模型复杂且众多参数难以精确确定,同时数据模拟方法对硬件的依赖和计算时间过长也限制了其在工程领域中的推广应用。

由于意外爆炸毁伤效应及毁伤评估研究的复杂性,常用的理论分析、实验研究及数值模拟等技术手段具有明显不足。随着意外爆炸事故及相关科学研究增多,已经积累了相当数量的意外爆炸毁伤数据，从而可以为意外爆炸毁伤效果评估提供除理论、实验和数值模拟三种科研范式之外的第四种范式，即以数据驱动的科研范式。

1.3.1.2 基于数据驱动的毁伤建模的研究

1）基于历史数据的建模研究

Carol 等[15]利用数据库中意外爆炸历史数据，建立了最大死亡人数和分布规律预测模型，显著提高了预测精度。Mebarki 等[16]在研究意外爆炸所产生的碎片毁伤效应时，基于最大信息熵原理提出了一种随机框架内破片分布模型，模型能很好地吻合工业意外爆炸历史数据。这些模型的建立需要依赖大量的历史数据，由于爆炸毁伤数据的分散性与复杂性，历史数据的收集难度较大且成本较高，那么如何在可用数据量有限的情况下建立有效的爆炸毁伤预测模型成为亟待研究的问题。

2）有限数据条件下的建模研究

BP 神经网络（back propagation neural network，BPNN）由于其具有非线性映射能力、自学习和自适应能力、泛化能力及一定的容错能力，因而被用于意外爆炸毁伤效应的预测。杨江等[17]通过将拟合小样本试验数据的 BP 神经网络和经验公式进行融合，用融合模型进行侵彻深度预测，建立了一种基于数据融合的混凝土侵彻深度预测模型，提高了混凝土侵彻深度的预测精度。但直接使用经验算法预测结果和 BP 神经网络预测结果作为融合模型的输入，丢失了原有多维特征参量的一些信息。Wang 等[18]通过将集成特征选择后的数据作为小样本 MAML 模型的输入，并选用 BP 神经网络对 MAML 的基学习器进行优化，构建了侵彻深度的预测模型。但其对于数据样本进行随机选取构建学习任务，没有结合毁伤数据特点有效利用 MAML 的多任务学习机制，使构建的学习任务不能有效体现试验数据的复杂性，导致了数据蕴含的一些信息丢失。Wang 等[19]基于经验算法评价生成的数据构建的 BP 神经网络与试验数据构建的 BP 神经网络使用注意力机制进行加权融合，在实现数据扩充的基础上，提高了毁伤效应侵彻深度预测的精度。但其在算法评价的过程中仍存在小样本区间无法精确评价的问题，使依据经验算法生成的数据仍存在分布不均的问题。

以上研究均为在数据量较少时意外爆炸毁伤效应预测建模的研究提供了有效的方法和思路，基于 BP 及 MAML 等模型可实现良好的毁伤效应预测。但考虑到意外爆炸现场数据收集困难、模拟试验成本较高且试验参数分布范围有限等问题，使可获取的试验数据不仅数量少且由数据分布稀疏导致其存在较大的信息间隔，仅依据试验数据构建的模型仍无法描绘毁伤全数据域的信息。

3）基于仿真数据的建模研究

针对上述试验数据样本量较少且存在信息间隔等问题，研究人员开始着手利用数值仿真数据并结合神经网络，从而进行毁伤过程的规律发掘。先前的研究主要基于仿真数据利用神经网络模型的非线性提取特征能力对毁伤效应进行预测，但所建立的神经网络模型仅基于仿真软件产生的仿真数据，与实际数据之间存在一定差异，因此仅依赖仿真数据建立的毁伤模型的泛化性能和解释性还有待进一步提高。

为有效利用仿真数据和试验数据而进行机器学习模型构件和训练，Lin 等[20]考虑到仿真数据与实际数据之间存在的差异，基于迁移学习域适应的思路，同时利用有限元模型计算所得的数据和实测数据进行训练，并结合深度卷积神经网络自动特征提取的优势构建了性能优良的基于深度迁移学习的动态跨域结构毁伤检测模型。Xu 和 Noh[21]利用深度神经网络和迁移学习域适应方法相结合来提取不同楼层、地面运动等不同结构的共有特征,建立了多源域对抗性网络,并使用该网络进行从仿真数据到实际数据的地震建筑物损伤模式的知识迁移,实现建筑物损伤诊断领域的研究突破。

1.3.2 意外爆炸毁伤评估研究现状

工业界进行意外爆炸评估主要有两个目的:一是危害分析,用于预测发生意外爆炸时可能会产生的破坏效果;二是风险分析,是对产生意外爆炸的可能性与破坏效果进行综合评估。为达到此目标,工业界发展了多种评估方法,根据 Eckhoff[22]的分类,主要评估方法包括初步危害清单法、流程/系统清单法、安全审核法、基于风险指数的相对排名法、假设分析、因果分析、故障树、事件树及定量危机分析法(quantitative risk assessment,QRA)等。这些评估方法目的主要是识别潜在事故、评估其预期后果并确定潜在事故的基本原因,一般不需考虑意外爆炸中能量转化规律和释放特性、毁伤元与目标相互作用规律及目标的毁伤判据等物理机制,因此所给出的评估结果准确性值得商榷。

1.4 章节安排

本书总共包括 7 章,分为 4 个部分,第 1 部分介绍概述,第 2 部分数据建设,第 3 部分算法和模型,第 4 部分系统应用。第 1 章介绍了研究背景和意义,以及意外爆炸毁伤评估的研究现状;第 2 章论述了传统的意外爆炸毁伤效应分析的经验算法;第 3 章列出了意外爆炸不同毁伤元涉及的数据,以及各类数据的收集、产生等,并介绍了意外爆炸毁伤效应数据库的开发。第 4 章介绍了通过试验方式获取意外爆炸数据的试验设计相关问题,以及基于试验数据的分析。第 5 章阐述了意外爆炸垂直领域知识图谱的构建方式;第 6 章给出了意外爆炸毁伤效应预测的机器学习模型;第 7 章介绍了笔者实现的意外爆炸毁伤评估系统设计和实现的关键技术,以及在多个场景下的应用。

参考文献

[1] CHU G,XIANGZHEN K,QIN F,et al. Numerical investigation on free air blast loads generated from center-initiated cylindrical charges with varied aspectratio in arbitrary orientation[J]. Defence Technology,2022,18(9):1662-1678.

[2] Dante D Y,P W S. Primary blast injuries—an updated concise review[J]. World Journal of Surgery,2012,36(5):966-972.

[3] 张磊,吴昊,赵强,等. 基于数据挖掘技术的地下工程目标毁伤效应计算方法[J]. 爆炸与冲击,2021,41(3): 4-13.

[4] 秦帅,刘浩,陈力,等. 融合先验知识的混凝土侵彻深度试验数据异常点检测算法[J]. 爆炸与冲击,2024,44(3):70-79.

[5] SUN H,BURTON V H,HUANG H. Machine learning applications for building structural design and performance assessment: state-of-the-art review[J]. Journal of Building Engineering,2021,33:1-14.

[6] MONJEE K A, MONCEF LN. Machine learning model for predicting structural response of RC columns subjected to blast loading[J]. International Journal of Impact Engineering, 2022, 162:1-12

[7] SONG X. Parameterized fragility analysis of steel frame structure subjected to blast loads using Bayesian logistic regression method[J]. Structural Safety, 2020, 87:1-11

[8] 维基. 加拿大哈利法克斯海港大爆炸:此次爆炸成为日后所有大爆炸测量的标准[J]. 现代班组, 2016(8):24.

[9] PLATT L,黄潇颖,秦瑞芳.城市大爆炸:巴黎、芝加哥、墨西哥城公众住房 1850—2000[J]. 城乡规划,2012(1):154-168.

[10] 荣德. 得克萨斯海港大爆炸[J]. 中国船检,2006(8):80-81.

[11] 方秦,杨石刚,陈力,等. 天津港“8·12”特大火灾爆炸事故建筑物和人员损伤破坏情况及其爆炸威力分析[J].土木工程学报,2017,50(3):12-18.

[12] 卢文刚,郑薇. 城市重大危化品事故风险隐患防控与应急处置研究:以黎巴嫩贝鲁特港口爆炸事故为例[J]. 中国应急救援,2021(3):4-10.

[13] ZYSKOWSKI A, SOCHET I, MAVROT G, et al. Study of the explosion process in a small scale experiment—structural loading[J]. Journal of Loss Prevention in the Process Industries, 2004, 17(4): 291-299.

[14] VIANNA S S, CANT S R. Modified porosity approach and laminar flamelet modelling for advanced simulation of accidental explosions[J]. Journal of Loss Prevention in the Process Industries, 2009, 23(1):3-14.

[15] CAROL S, VÍCHEZ J, CASAL J.A new approach to the estimation of the probable number of fatalities in accidental explosions[J]. Safety Science, 2001, 39(3):205-217.

[16] MÉBARKI A, NGUYEN Q, MERCIER F.Structural fragments and explosions in industrial facilities: Part Ⅱ—Projectile trajectory and probability of impact[J]. Journal of Loss Prevention in the Process Industries, 2009, 22(4):417-425.

[17] 杨江,张磊,王继民,等. 基于数据融合的混凝土侵彻深度预测[J]. 兵器材料科学与工程,2020,43(4):40-45.

[18] WANG J M, WU B B, CAO Y, et al. Prediction of penetration depth baesd on OWMAML[C]// Proceedings 2023 2nd International Conference on Machine Learning, Cloud Computing, and Intelligent Mining, July 25-29, 2023, Jiuzhaigou, China: MLCCIM c2023:136-143.

[19] WANG J M, JIANG M W, JI C Z, et al. Penetration depth prediction based on data fusion[C]//2021 International Conference on Robotics Automation and Intelligent Control, October 15-17, 2021, WuHan China: ICRAIC c2021:12-76.

[20] YIZHOU LIN, ZHEHUA NIE, HONGWEI MA. Dynamics-based cross-domain structural damage detection through deep transfer learning[J]. Computer-Aided Civil and Infrastructure Engineering, 2022, 37(1): 24-54.

[21] Knowledge Transfer between Buildings for Seismic Damage Diagnosis Through Adversarial Learning: version 3. 0[EB/OL]. (2020-02-21) [2020-10-12]. https://arxiv. org/abs/2002. 09513.

[22] ECKHOFF K R. Fighting dust explosion hazards in the process industries[J]. Journal of Loss Prevention in the Process Industries, 2020, 67:1-4.

第2章　预测意外爆炸破坏效应的经验算法及模型

2.1　空气冲击波

2.1.1　基本概念

易燃易爆品等含能材料发生爆炸时，爆轰过程产生能量急剧释放，最终转变成高温、高压气体。这些高压气体相对应的压力阵面沿径向传入周围空气，形成一个由炽热的气体驱动并支撑着的强激波，激波的阵面称为冲击波，其特征是压力自周围的大气常压突然跃升到超压峰值 ΔP_i（常简称为“超压”）。激波阵面由爆炸点沿径向以递减的速度 D 向外传播，其传播速度总是大于介质中的声速，称为波阵面速度[1]。波阵面后的气体分子运动速度称为质点速度 u。随着激波阵面向外扩展，波阵面上的峰值压力会降低。离开爆炸点后任一点处的压力扰动有如图 2-1 所示的形式。激波阵面在 t_A 时刻到达给定点，在上升到超压峰值 ΔP_i 之后，入射波在正相持续时间 t_0 内衰减到周围大气压力 P_0，而后跟随着一个持续时间为 t_0^- 的负相，其特征是负压峰值为 ΔP_i^-（低于周围大气压力 P_0）并且质点沿冲击波传播方向反向流动。压力-时间曲线下的面积总和就是与冲击波有关的入射冲量：正相冲量（也称正压冲量）用 i_s^+ 表示，负相冲量（也称负压冲量）用 i_s^- 表示。空气冲击波的时程曲线及主要特征参数见图 2-1。

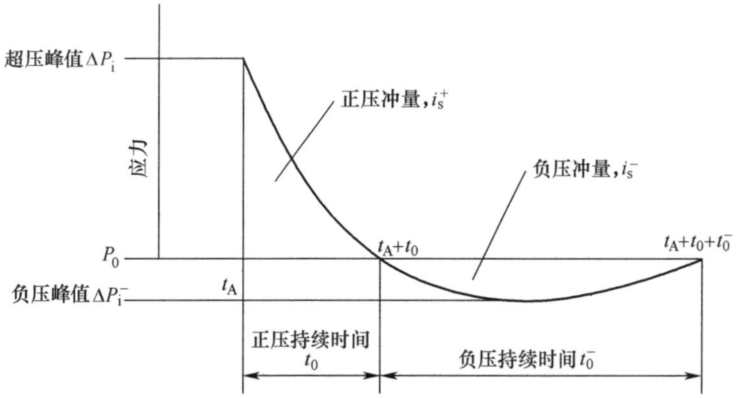

图 2-1　空气冲击波时程曲线及主要参数

2.1.2　经验算法

一般工程近似分析中，总假定爆心至目标距离远大于爆源半径，这样可以不考虑易燃易爆品的形状、尺寸及起爆位置的影响，而将爆源简化为点源，由它形成的冲击波为具有球面形状的理想冲击波。影响空气冲击波的参数仅仅取决于爆心距 R 和爆源等效 TNT

质量 W,再根据 Cranz-Hopkinson 缩比律,可将控制参数表达为比例距离 $Z=R/W^{1/2}$ 的形式,因此空气冲击波的特征参数经验算法一般采用比例距离 Z 的函数形式。

1）冲击波超压峰值

常用冲击波超压峰值 ΔP_i (Pa)与比例距离 Z(m/kg$^{1/3}$,为简便起见,下文公式中 Z 的单位省略)的经验方程如表 2-1 所列。TM5-1300 手册空中爆炸冲击波超压峰值曲线如图 2-2 所示。

表 2-1　冲击波超压峰值经验算法

编号	公式名称	公式形式	适用范围
1	H. L. Brode 公式	$\Delta P_i=\begin{cases}10^4\times\left(\dfrac{67}{Z^3}+10\right), & Z>1\\ 10^4\times\left(\dfrac{9.75}{Z}+\dfrac{14.5}{Z^2}+\dfrac{58.5}{Z^3}-0.19\right), & 0.01\leqslant Z\leqslant 1\end{cases}$	$Z>0.01$
2	M. A. Sadovskyi 公式	$\Delta P_i=10^4\times\left(\dfrac{8.4}{Z}+\dfrac{27}{Z^2}+\dfrac{70}{Z^3}\right)$	$1\leqslant Z\leqslant 15$
3	M. A. sadovskyi 公式 2	$\Delta P_i=\begin{cases}10^4\times\left(\dfrac{107}{Z^3}-10\right), & Z\leqslant 1\\ 10^4\times\left(\dfrac{7.6}{Z}+\dfrac{25.5}{Z^2}+\dfrac{65}{Z^3}\right), & 1\leqslant Z\leqslant 15\end{cases}$	$Z\leqslant 15$
4	J. Henrych 公式	$\Delta P_i=\begin{cases}10^4\times\dfrac{137.9}{Z}+\dfrac{54.3}{Z^2}-\dfrac{3.5}{Z^3}+\dfrac{0.06}{Z^4}\Big), & 0.05\leqslant Z\leqslant 0.3\\ 10^4\times\left(\dfrac{60.7}{Z}-\dfrac{3.19}{Z^2}+\dfrac{20.9}{Z^3}\right), & 0.3<Z\leqslant 1\\ 10^4\times\left(\dfrac{6.49}{Z}+\dfrac{39.69}{Z^2}+\dfrac{32.22}{Z^3}\right), & 1<Z\leqslant 10\end{cases}$	$0.05\leqslant Z\leqslant 10$
5	远距离超压峰值公式	$\Delta P_i=\begin{cases}10^4\times\left(\dfrac{196.6}{Z}+\dfrac{19.01}{Z^2}-\dfrac{0.39}{Z^3}\right), & 0.05\leqslant Z\leqslant 0.5\\ 10^4\times\left(\dfrac{6.57}{Z}+\dfrac{29.5}{Z^2}+\dfrac{42.24}{Z^3}\right), & 0.5<Z\leqslant 70.9\end{cases}$	$0.05\leqslant Z\leqslant 70.9$
6	Alenichev 公式	$\Delta P_i=10^4\times(7.742/Z+15.484/Z^2+63.7/Z^3)$	—
7	Lls 公式	$\Delta P_i=10^4\times\left(\dfrac{10.8}{Z}-\dfrac{11.4}{Z^2}+\dfrac{177.2}{Z^3}\right)$	—
8	Hao Hong 公式	$\Delta P_i=\begin{cases}10^4\times\left(\dfrac{105.9}{Z^{2.56}}-5.1\right), & 0.01\leqslant Z\leqslant 1\\ 10^4\times\dfrac{100.8}{Z^{2.10}}, & 1\leqslant Z\leqslant 10\end{cases}$	$0.01\leqslant Z\leqslant 10$
9	TM5-1300 手册公式	依据曲线(图 2-2)建立拟合方程: $\Delta P_i=\begin{cases}10^4\times\left(\dfrac{220.86}{Z}+\dfrac{26.26}{Z^2}-\dfrac{2.25}{Z^3}+\dfrac{0.05}{Z^4}\right), & 0.052\leqslant Z\leqslant 0.25\\ 10^4\times\left(\dfrac{34.81}{Z}+\dfrac{148.5}{Z^2}-\dfrac{17.63}{Z^3}+\dfrac{0.17}{Z^4}\right), & 0.25<Z\leqslant 1.56\\ 10^4\times\left(\dfrac{7.99}{Z}+\dfrac{18.54}{Z^2}+\dfrac{106.4}{Z^3}-\dfrac{39.5}{Z^4}\right), & 1.56<Z\leqslant 19\\ 10^4\times\left(\dfrac{5.46}{Z}+\dfrac{7.58}{Z^2}+\dfrac{2647.3}{Z^3}-\dfrac{28455}{Z^4}\right), & 19<Z\leqslant 39.67\end{cases}$	$0.05\leqslant Z\leqslant 40$

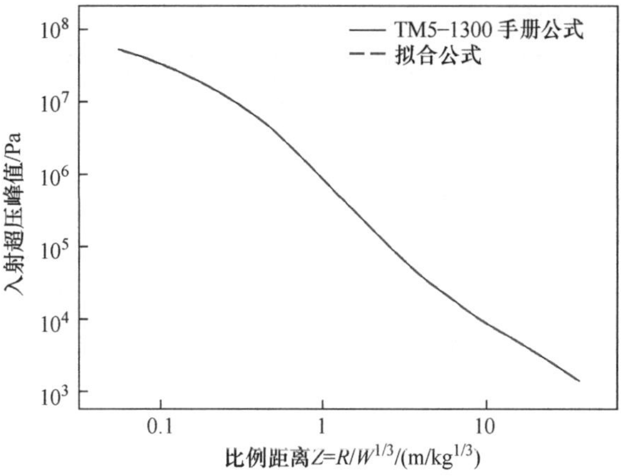

图 2-2 TM5-1300 手册空中爆炸冲击波超压峰值曲线(见彩图)

2) 冲击波冲量

冲击波冲量经验算法一般以 $i_+/W^{1/3}$ (Pa·s/kg$^{1/3}$)表达,如表 2-2 所列。

表 2-2 冲击波冲量经验算法

编号	公式名称	公式形式	适用范围
1	M. A. Sadovskyi 冲量公式	$i_+/W^{1/3} = \begin{cases} 343/Z, & Z > 0.25 \\ 147/Z, & Z \leqslant 0.25 \end{cases}$	—
2	J. Henrych 冲量公式	$i_+/W^{1/3} = \begin{cases} 9.8 \times \left(663 - \dfrac{1115}{Z} + \dfrac{629}{Z^2} - \dfrac{100.4}{Z^3}\right), & 0.4 \leqslant Z \leqslant 0.75 \\ 9.8 \times \left(-32.3 + \dfrac{211}{Z} - \dfrac{216}{Z^2} + \dfrac{80.1}{Z^3}\right), & 0.75 < Z \leqslant 3 \end{cases}$	—
3	球形 TNT 爆炸冲量公式	$i_+/W^{1/3} = 9.807A/Z$ A 为与炸药种类相关的系数,对 TNT 取 30~40Pa·s·m/kg$^{2/3}$	—
4	TM5-1300 手册公式	曲线(图 2-3)	$0.05 \leqslant Z \leqslant 40$

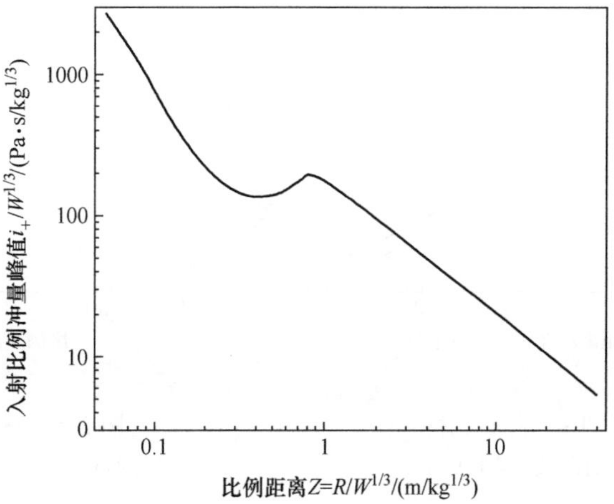

图 2-3 TM5-1300 手册空中爆炸冲击波正压冲量曲线

3）反射超压峰值和冲量

冲击波传播路径中遇到刚性物体时，由于物体的阻碍作用而发生反射，冲击波会向后传播形成反射波。又因空气的可压缩性，会使波阵面后空气介质密度、质量、温度和声速与波前介质有显著改变，导致反射波及其与入射波的相互作用十分复杂。因此，一般采用工程算法计算反射冲击波的超压峰值与冲量。

正反射冲击波超压峰值 P_r 可采图 2-4 所示的比例距离 $Z(\mathrm{m/kg^{1/3}})$ 与反射超压峰值 P_r 的对应关系曲线计算[1]，图中也给出了对应的入射超压峰值 ΔP_i 曲线以表征反射系数 $n=P_r/P_i$ 随比例距离 Z 的变化规律。为便于应用，给出反射超压峰值 P_r 的拟合函数（式（2-1）），拟合函数与曲线对比见图 2-4。

$$P_r=\begin{cases}-36.38+\dfrac{26.56}{Z}+\dfrac{3.85}{Z^2}-\dfrac{0.32}{Z^3}+\dfrac{0.007}{Z^4}, & 0.052\leqslant Z\leqslant 0.47\\ 0.043+\dfrac{0.116}{Z}-\dfrac{1.45}{Z^2}+\dfrac{8.13}{Z^3}-\dfrac{1.82}{Z^4}, & 0.47<Z\leqslant 2\\ -0.004+\dfrac{0.272}{Z}-\dfrac{0.424}{Z^2}+\dfrac{4.35}{Z^3}+\dfrac{1.23}{Z^4}, & 2<Z\leqslant 19\\ \dfrac{0.056}{Z}+\dfrac{2.84}{Z^2}-\dfrac{6.95}{Z^3}-\dfrac{69/82}{Z^4}, & 19<Z\leqslant 39.67\end{cases}\tag{2-1}$$

正反射冲击波冲量 i_r 也可以采文献[1]中的算法，为便于使用，给出其国际单位制形式的拟合函数：

$$\frac{i_r}{W^{1/3}}=\begin{cases}\dfrac{414.7}{Z}+\dfrac{152}{Z^2}+\dfrac{2.18}{Z^3}+\dfrac{0.03}{Z^4}, & 0.052\leqslant Z\leqslant 1.5\\ \dfrac{374.0}{Z}+\dfrac{230.7}{Z^2}-\dfrac{110.3}{Z^3}+\dfrac{76.3}{Z^4}, & 1.5<Z\leqslant 39.67\end{cases}\tag{2-2}$$

拟合函数与文献[1]中曲线对比见图 2-5。

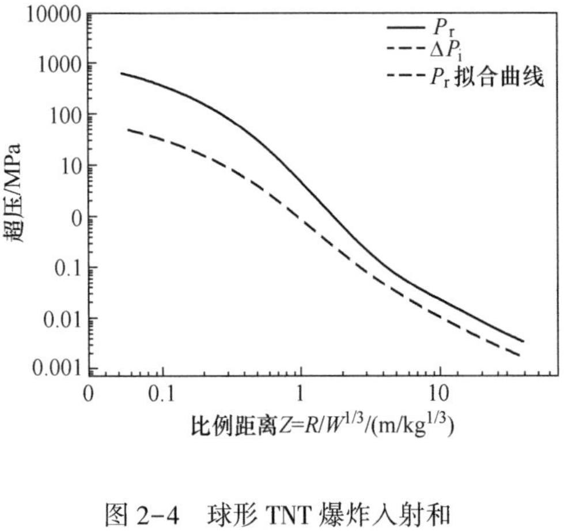

图 2-4　球形 TNT 爆炸入射和反射超压峰值曲线（见彩图）

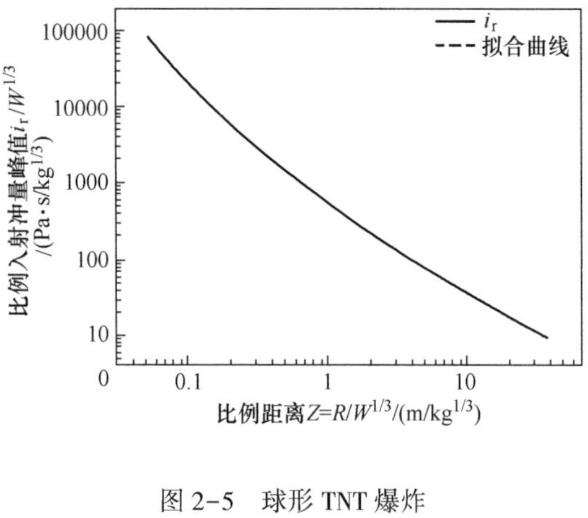

图 2-5　球形 TNT 爆炸反射冲击波冲量曲线（见彩图）

当入射冲击波相对于刚性面以入射角 α 传播时，根据跨越波阵面的 Hougiont 关系和动量守恒定律可以确定反射冲击波参数,即入射冲击法向分量遵循法向 Hougiont 关系(反射规律),而沿其传播方向(切向)速度分量保持不变。入射角为 α、入射超压峰值 ΔP_i 的冲击波斜反射超压峰值 $P_{r\alpha}$ 也可采用式(2-3)给出的近似算法[2]。当 $\alpha=0°$时,式(2-3)即表示正反射超压峰值:

$$P_{r\alpha}=(1+\cos\alpha)\Delta P_i+\frac{6\Delta P_i^2}{\Delta P_i+7P_0}\cos^2\alpha \tag{2-3}$$

式中:P_0 为环境压力。

2.1.3 常用模型

在满足点源爆炸理论的前提下,可依据易燃易爆品的内能计算爆心距 R_S 处的超压峰值[3]。假设爆炸是在球形爆源体积中心开始,能量释放所需时间则可简化为装药半径除以爆速 D_{CJ}(Chapman-Jouguet 速度)。由于爆轰时间很短,一般为微秒量级,故爆轰过程可近似为定容过程。因此,半径为 R_E 球形 TNT 反应过程中释放的能量 E_0 为

$$E_0=mC_VT \tag{2-4}$$

式中:m 为装药质量;C_V 为爆轰产物的定容比热;T 为爆轰反应结束时爆轰产物温度,$T\gg T_0$,T_0 为环境温度。

E_0 可利用定容条件下 TNT 爆轰过程化学反应式计算得到:

$$CH_3C_6H_2(NO_2)_3\longrightarrow 2\frac{1}{2}H_2O+3\frac{1}{2}CO+3\frac{1}{2}C+1\frac{1}{2}N_2 \tag{2-5}$$

在定容条件下,并假定爆轰产物为理想气体,以及忽略凝聚态爆源物资的比容,可得 TNT 定容爆轰过程释放热量为

$$Q_V=-\left[2\frac{1}{2}\Delta H_{H_2O}+3\frac{1}{2}(\Delta H_{CO}-R_0T)-\Delta H_{TNT}\right] \tag{2-6}$$

式中:ΔH_{TNT} 为 TNT 标准生成焓(kJ/mol),可取-54.4kJ/mol;ΔH_{H_2O} 为水标准生成焓(kJ/mol),可取-286.7kJ/mol;ΔH_{CO} 为一氧化碳标准生成焓(kJ/mol),可取-110.5kJ/mol;R_0 为理想气体常数,可取 8.314J/(mol·K);T 为国际单位制温度(K),可取 298K。

据此可得,定容条件下 TNT 爆轰反应生成的爆热为 4659.8kJ/kg。

假设爆轰产物为理想气体,且爆轰反应结束时爆轰产物没发生扩散,则等容条件爆轰产物最高压力 p_e 为

$$p_e=\frac{3mRT}{4\pi R_E^3} \tag{2-7}$$

对理想气体,有 $R=C_V(\gamma-1)$。在距爆心 R_s 处的超压峰值 p_s 可近似估算为

$$p_s=p_e\frac{4\pi}{3(\gamma-1)}\left(\frac{R_s}{R_E}\right)^3 \tag{2-8}$$

2.2 破　　片

2.2.1 基本概念

易燃易爆品发生爆炸时,由于现场环境一般较为复杂,爆源附近的物体在爆轰产物及

空气冲击波驱动下飞出会形成破片，习惯上称为二次破片。二次破片会对爆源周围人员和设备造成毁伤，同时它们的抛掷距离、抛掷速度及飞行弹道也是意外爆炸事故调查和溯源的主要依据。二次破片具有数量少、尺寸和质量大、速度低等特点，其对目标的毁伤主要依靠大质量物体低速撞击而实现，其毁伤效应主要取决于二次破片的动量和动能。意外爆炸事故调查主要关心靠近爆心位置的二次破片的速度、飞行距离和飞行弹道等。

2.2.2 经验算法

以靠近爆心位置无约束破片飞出速度及最大抛掷距离为例，介绍二次破碎的工程计算方法[1]。靠近装药指爆心距 R 与装药半径 R_e 之比 $R/R_e \leqslant 20$，此时无约束的二次破片初速度和飞行距离计算过程如下。

1）计算破片初速 v_0

$$v_0 = \frac{A\beta i}{M} \quad (\mathrm{m/s}) \tag{2-9}$$

式中：A 为破片平均有效面积（m^2）；M 为破片质量（kg）；β 为破片形状系数（无量纲，图 2-6）；i 为破片所承受的冲击波冲量（kg · m/s），对球形炸药，有

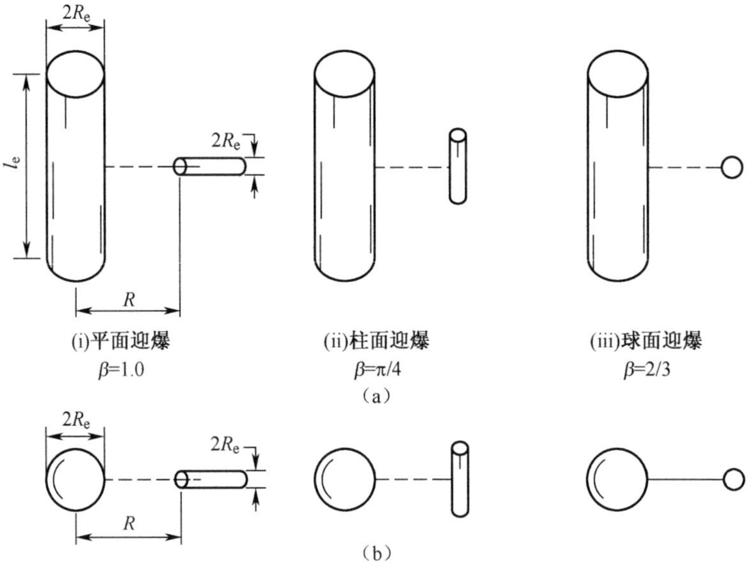

图 2-6 形状系数

（a）圆柱装药；（b）球形装药。

$$i = \begin{cases} 8.598 \times 10^5 \left(\dfrac{R_e}{R}\right)^{1.4} \beta R_{\mathrm{eff}} \left(\dfrac{R_t}{R_e}\right)^{0.158}, & \dfrac{R}{R_e} \leqslant 5.07 \\ W^{1/3}\left(\dfrac{414}{Z} + \dfrac{152}{Z^2} + \dfrac{2.2}{Z^3} + \dfrac{0.03}{Z^4}\right), & 0.052 \leqslant Z \leqslant 1.5, 5.07 < \dfrac{R}{R_e} \leqslant 20 \\ W^{1/3}\left(\dfrac{374}{Z} + \dfrac{230}{Z^2} - \dfrac{110}{Z^3} + \dfrac{76.3}{Z^4}\right), & 1.5 < Z \leqslant 39.67, 5.07 < \dfrac{R}{R_e} \leqslant 20 \end{cases} \tag{2-10}$$

对于圆柱形装药，当 $10 < R/R_e \leqslant 20$ 时，利用球形装药公式(2-10)计算冲量 i；当 $R/R_e \leqslant 10$ 时，利用下式计算 i

$$i=\begin{cases}1.052\times10^{6}\left(\dfrac{R_e}{R}\right)\beta R_{\mathrm{eff}}\left(\dfrac{R_t}{R_e}\right)^{0.158}, & \dfrac{R}{R_e}\leqslant 5.25\\ 3.658\times10^{6}\left(\dfrac{R_e}{R}\right)^{1.75}\beta R_{\mathrm{eff}}\left(\dfrac{R_t}{R_e}\right)^{0.158}, & 5.25<\dfrac{R}{R_e}\leqslant 10\end{cases} \tag{2-11}$$

式中：R_{eff} 为装药等效半径(m)；l_e 为圆柱装药长度(m)；R 为破片到装药中心的距离(m)；R_e 为装药半径(m)；R_t 为破片半径(m)；对球形炸药有 $R_{\mathrm{eff}}=R_e$，圆柱炸药 $R_{\mathrm{eff}}=0/9086\times(l_e/R_e)^{0.333}\times R_e$。

2）确定破片的拖曳系数 C_D

破片拖曳系数见表2-3。

表2-3　破片拖曳系数

破片形状	示意图	拖曳系数 C_D
圆柱形、长杆状破片，侧面迎爆	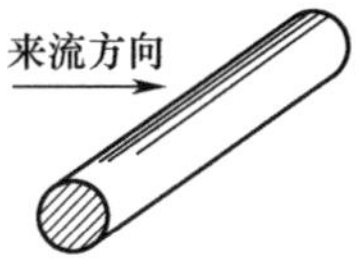	1.20
球形破片	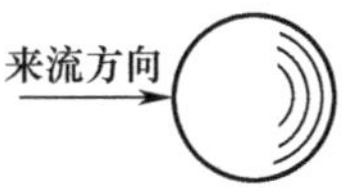	0.47
圆柱形、长杆状破片，端面迎爆	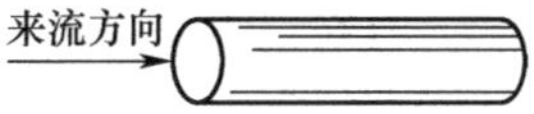	0.82
板状、碟状破片	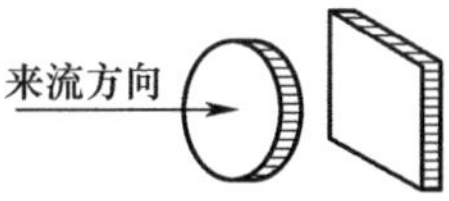	1.17
立方体破片，正面迎爆	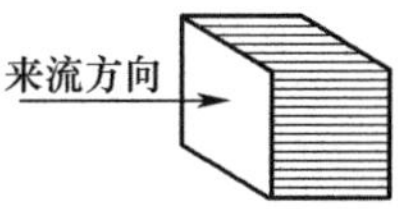	1.05
立方体破片，棱边迎爆	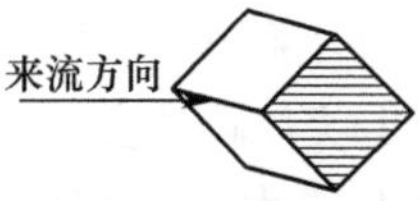	0.80
长方体破片，正面迎爆	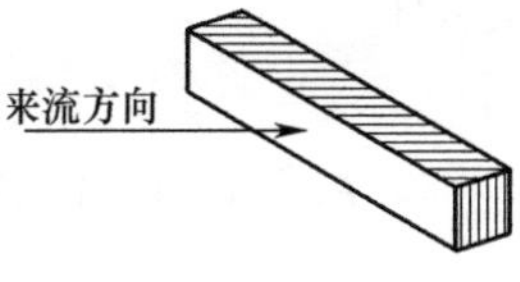	2.05

续表

破片形状	示意图	拖曳系数 C_D
长方体破片,棱边迎爆	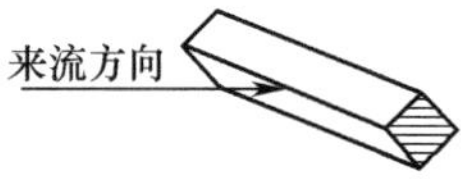	1.55
狭窄带状物	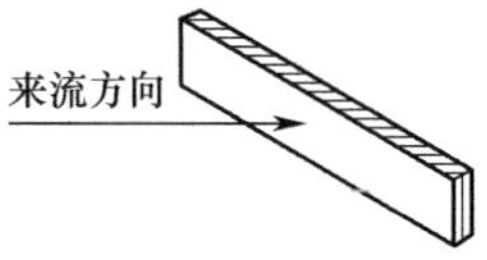	1.98

3）计算无量纲组合变量 $12\rho_0 C_D A v_0^2/Mg$

无量纲组合变量 $12\rho_0 C_D A v_0^2/Mg$ 中 ρ_0 为空气密度，C_D 为破片拖曳系数，A 为破片平均迎风面积，v_0 为破片初速，M 为破片质量，g 为重力加速度。

4）确定破片抛掷距离 R

根据 $12\rho_0 C_D A v_0^2/Mg$，利用图 2-7 确定无量纲量 $12\rho_0 C_D AR/M$，最终可得到破片的抛掷距离 R。

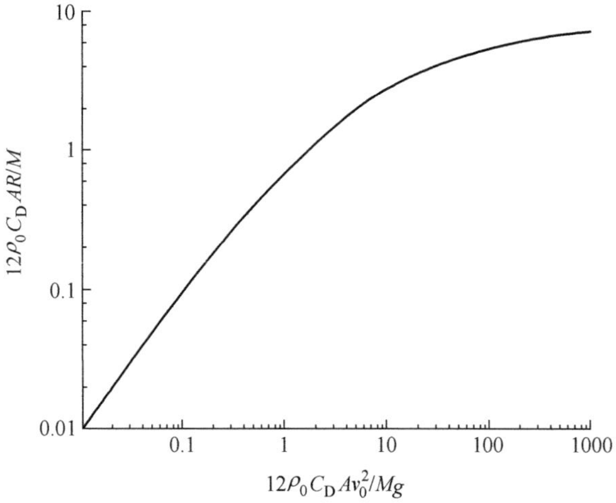

图 2-7　二次破片抛掷距离 R

2.2.3　常用模型

破片的飞行距离及飞行轨迹求解过程较为复杂，一般采用简化模型通过数值方法进行求解。在工程近似分析中，可以对破片受力和运动状态进行简化，将破片受力分成两类：①升力，即垂直于弹道或者与重力方向相反的分量；②拖曳力，也称阻力，即沿弹道方向或者垂直于重力方向的分量[1]。

升力：

$$F_L = C_L A_L (1/2) \rho V^2 \tag{2-12}$$

拖曳力：

$$F_D = C_D A_D (1/2) \rho V^2 \tag{2-13}$$

式中：C_L 为升力系数；C_D 为拖曳系数；A_L 为升力面积(m^2)；A_D 为拖曳面积(m^2)；ρ 为空气密度(kg/m^3)；V 为破片速度(m/s)。

根据上述简化受力模型，可建立破片动力学方程，求解动力学方程即可确定破片的运动轨迹和最大飞行距离。

2.3 爆炸成坑

2.3.1 基本概念

易燃易爆品多为触地爆炸，部分冲击波会传入地下形成地冲击，同时在地面上产生弹坑并形成一定的抛掷物。爆炸成坑是衡量炸药爆炸威力的指标之一。爆炸弹坑分为可视弹坑和真实弹坑，可视弹坑为肉眼可见弹坑，其半径、深度和体积都是相对于原地面，而真实弹坑是指由回落层和破裂区之间的大致边界所形成的弹坑。

2.3.2 经验算法

爆炸成坑尺寸经验算法见表2-4。

表2-4 爆炸成坑尺寸经验算法

序号	公式名称	公式形式	适用范围及备注
1	Kenneth 可视弹坑尺寸算法	$V_a = V_0 W \exp[5.2H(V_0 W)^{-1/3}]$ (m^3) $R_a = 1.2V_a^{1/3}$ (m) $D_a = 0.5V_a^{1/3}$ (m)	V_0(m^3/kg)为成坑效率，与介质种类有关
2	Westine 真实弹坑尺寸算法	$X = 4.605 + \ln\left(\frac{W^{1/4}}{H}\right)$ (ft) $Y = \left[6.438 + 1.398\ln\left(\frac{W^{1/3}}{H}\right)\right]\tanh^5\left[2 + 0.4343\ln\left(\frac{W^{1/3}}{H}\right)\right]$ (ft) $R_t = 2.155\left(\frac{W^{1/3}}{H}\right)^{0.865}H$ (ft) $D_t = 2.312\left(\frac{W^{1/3}}{H}\right)^{0.683}H$ (ft) $V_t = \left[2.046\left(\frac{W^{1/3}}{H}\right)^{0.785}H\right]^3$ (ft^3)	如果 $X>Y$，不会在地面产生开坑，而仅仅在地下产生爆炸空腔并在地表产生隆起。$X<Y$ 时才会产生弹坑
3	Chabai 可视弹坑尺寸公式	R_a/H、D_a/H 和 $V_a^{1/3}/H$ 与 $W^{7/24}/H$ 经验关系曲线	装药量 116～9.072×10^7kg
4	AFWL-TR-74 102爆炸成坑算法	$\frac{V_a}{V_0} = -78.61\left(\frac{HOB}{V_0^{1/3}}\right)^3 + 12.19\left(\frac{HOB}{V_0^{1/3}}\right)^2 + 7.22\left(\frac{HOB}{V_0^{1/3}}\right) + 1.01$ $V_a = (V_a/V_0)\times V_0$ (m^3) $R_a = 1.2V_a^{1/3}$ (m) $D_a = 0.5V_a^{1/3}$ (m)	$V_0 = E_0 W$，其中 E_0 为与介质材料种类有关的成坑效率

Chabai公式弹坑尺寸与比例埋深经验曲线见图2-8。

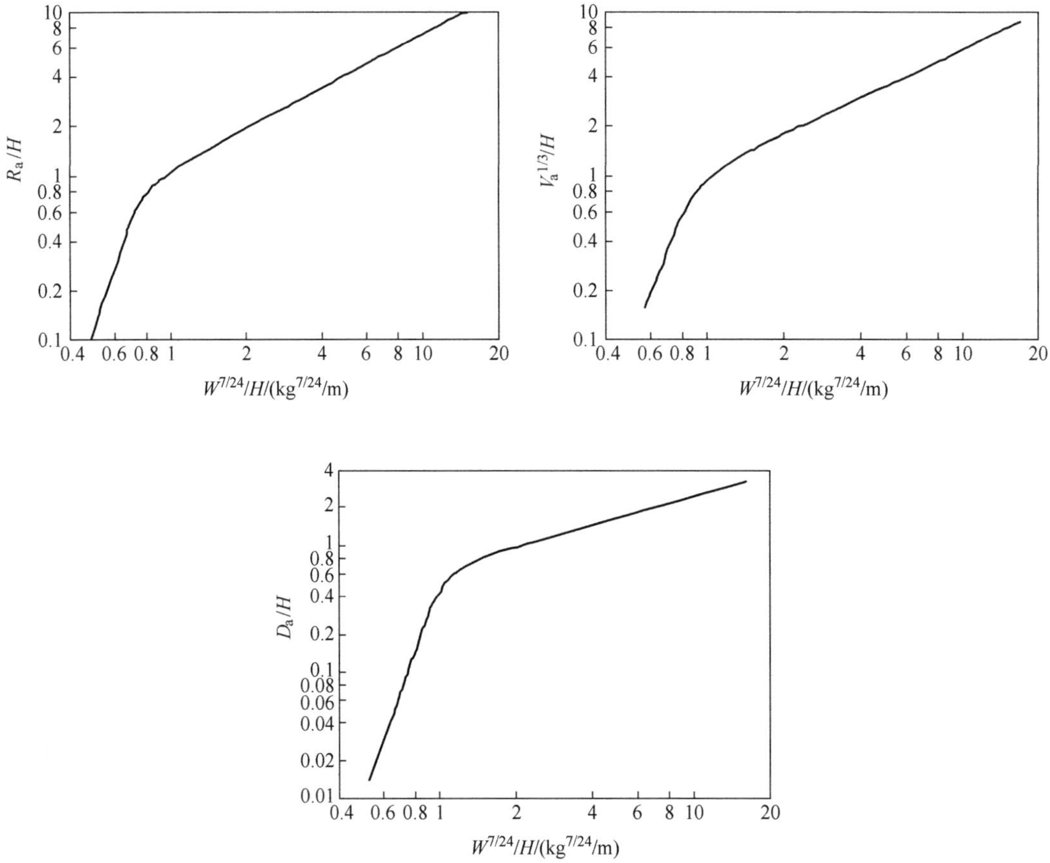

图 2-8 Chabai 公式弹坑尺寸与比例埋深经验曲线

2.3.3 常用模型

G. I. Pokrovski 和 A. A. Chernyshevskiy 基给出了埋入爆炸成坑尺寸的近似解析模型，在已知炸药质量、炸药比能、埋深、土壤介质的摩擦系数等参数时，将弹坑简化成圆锥形状，可计算得到弹坑直径及弹坑体积等参数[4]。

炸药质量 m、埋深 H，弹坑的半锥角为 φ，则距体表深度 h 处土壤飞出速度 v_f 可表示为

$$v_f\cos\varphi = \sqrt{2g(h + 5)(1 + f)} \tag{2-14}$$

式中：g 为重力加速度（$\mathrm{m/s^2}$）；f 为土壤介质的摩擦系数。

式(2-14)的建立基于如下两个假定：①弹坑坑壁上土壤飞出速度必须能克服重力和坑壁摩擦力做功；② $h + 5$ 项修正了大气压力的影响。再依据能量守恒及动量守恒，有

$$v_f = \alpha\sqrt{\frac{Q_w}{\rho_0}\frac{m}{H^3}}\cos^3\varphi \tag{2-15}$$

式中：Q_w 为炸药比能（J/kg）；ρ_0 为土壤密度（$\mathrm{kg/m^3}$）；$\alpha = \sqrt{2\xi}/(2\pi k_1^*)$，其中 $\xi < 1$ 为速度分布系数，取 1 时为均匀分布，$k_1^* \approx \dfrac{3}{4}$ 取决于单元质量重力中心的位置。

利用式(2-15)可确定弹坑半锥角 φ，因此弹坑半径 R 为

$$R = H\sin\varphi \tag{2-16}$$

以上分析中没有考虑深度和炸药能量分布对摩擦力的影响。

2.4　爆炸地震动效应

一般采用加速度表示爆炸地震动效应。根据产生加速度的地冲击是感生地冲击还是直接地冲击，震动加速度也区分为直接地冲击加速度和感生地冲击加速度。直接地冲击加速度可采用 Drake 公式计算[5]：

$$a_0 = 1372f(\rho c)\left(\frac{2.80R}{W^{1/3}}\right)^{-n-1}W^{-1/3} \tag{2-17}$$

式中：a_0 为加速度峰值（m/s^2）；ρc 为地质材料波阻抗（Pa · m/s）；c 为地质材料波速（m/s）；n 为地质材料衰减系数；R 为爆心距（m）；W 为炸药等效 TNT 质量（kg）；f 为无量纲的耦合系数，其与地质材料种类及炸药埋深有关，取值范围为 0～1，0 表示炸药爆炸能量没有耦合到地质材料中，1 表示炸药爆炸能量全部耦合到地质材料中。

由爆炸空气冲击波拍击地面而产生的感生地冲击加速度，依据一维弹性波理论可采用下式计算[1]：

$$a_{\mathrm{V}} = \frac{1197.4\Delta P_{\mathrm{i}}}{\rho c_{\mathrm{P}}}$$

$$a_{\mathrm{H}} = \begin{cases} a_{\mathrm{V}}\tan\left[\sin^{-1}\left(\dfrac{c_{\mathrm{P}}}{12000D}\right)\right], & c_{\mathrm{P}}/12000D \leqslant 1 \\ a_{\mathrm{V}}, & c_{\mathrm{P}}/12000D > 1 \end{cases} \tag{2-18}$$

式中：a_{V} 为地表感生垂直方向加速度峰值（m/s^2）；a_{H} 为地表感生水平方向加速度峰值（m/s^2）；R 为测点至爆心水平距离（m）；W 为装药 TNT 当量（kg）；ΔP_{i} 为地表空气冲击波超压峰值（Pa）；D 为波阵面速度（m/s）；ρ 为介质材料密度（kg/m^3）；c_{P} 为材料压缩波的地震波速（m/s）。

2.5　爆 炸 火 球

爆炸火球是意外爆炸事故分析中重要的数据源之一，也多次在偶然爆炸事故评估中起到重要支撑作用。爆炸火球主要特征参数包括火球半径、持续时间及火球温度等。火球半径及持续时间的经验算法一般可表示为[6]：

$$D = aW^b \tag{2-19}$$

$$t = cW^b \tag{2-20}$$

式中：系数 a、b、c 与易燃易爆品的种类和质量有关。

Baker[7] 在假设不发生大气能量散失的情况下，得到了估计火球热辐射伤害距离的传播公式：

$$\frac{q}{\theta^4}=\frac{G\dfrac{D^2}{R^2}}{F+\dfrac{D^2}{R^2}} \tag{2-21}$$

$$\frac{Q}{(bG)M^{1/3}\theta^{2/3}}=\frac{\dfrac{D^2}{R^2}}{F+\dfrac{D^2}{R^2}} \tag{2-22}$$

式中：q 为热通量（W/m^2）；θ 为火球温度（K），对于蒸气云爆炸取 2200K；D 为火球直径（m）；R 为到火球中心的距离（m）；F 为常量 161.7；Q 为热剂量（J/m^2）；bG 为常量，$bG=2.04\times10^4$；M 为火球中消耗的燃料的质量（kg）。

参 考 文 献

[1] Department of Defense, USA. Structures to resist the effects of accidental explosions: UFC 3-340-02[R]. Rearchgate: Department of Defense, USA, 2008.

[2] 李翼琪. 爆炸力学[M]. 北京:科学出版社,1994.

[3] RAMAMURTHI K. Modeling explosions and blast waves[M]. Cham, Switzerland: Springer Press, 2021.

[4] 亨利奇. 爆炸动力学及其应用[M]. 熊建国译. 北京: 科学出版社,1987.

[5] DRAKE J L, LITTLE C D. Ground shock from penetrating conventional weapons [C]//Proc. Symp. on Interaction of Non-nuclear Munitions with Structures, May 10-13, 1983, Colorado, USA: c1983: 3-7.

[6] 何志光. FAE 爆炸火球热辐射效应研究[D]. 南京:南京理工大学,2004.

[7] BAKER W E, COX P A, WESTINE P S. Explosion hazards and evaluation[M]. Elsevier: Elsevier Science Pub Co., 1983.

第 3 章　意外爆炸破坏效应数据库建设

3.1　概　　述

进行意外爆炸破坏效应分析和评估需要大量相关数据。现有的意外爆炸破坏效应相关数据非常有限,首先是意外爆炸的事故数量有限,调查报告相关数据难以获取,同时大部分为非结构化的数据。但意外爆炸破坏效应相关的数据来源非常广泛,调查报告、互联网相关文献、仿真计算、经验算法计算及试验研究采集的数据,都可以作为室外爆炸破坏分析的数据源。因此,有必要通过合理的手段和技术将这些数据收集、分析,建立相关数据库,为意外爆炸破坏效应的研究提供充足的数据基础。

针对调查报告,互联网相关新闻和文献等文本数量需要采用文本信息挖掘技术进行信息抽取。仿真计算针对意外爆炸建立仿真模型,通过计算可以得到大量的仿真数据。经验算法计算则利用已有的经验算法进行批量计算从而得到数据,经验算法的适用范围有限,需评估经验算法的有效范围。试验研究则直接建立相关的试验场景,完成试验过程,采集和获取试验数据。

由于不同来源所获取的数据具有异构、尺度不一致及缺失、异常等不足,需开展异常检测算法研究以提升数据质量,为不同来源、不同尺度的异构毁伤数据构建同一数据平台,提高数据质量,解决数据冲突和数据异常,筛选欺骗、无效和离散数据。

3.2　意外爆炸破坏效应数据库结构

意外爆炸破坏效应数据主要包括“数据索引和备注”“易燃易爆品参数”“空气冲击波参数”“火球参数”“破片参数”“爆炸成坑参数”“爆炸地震动参数”和“效应物响应参数”等,如图 3-1 所示。

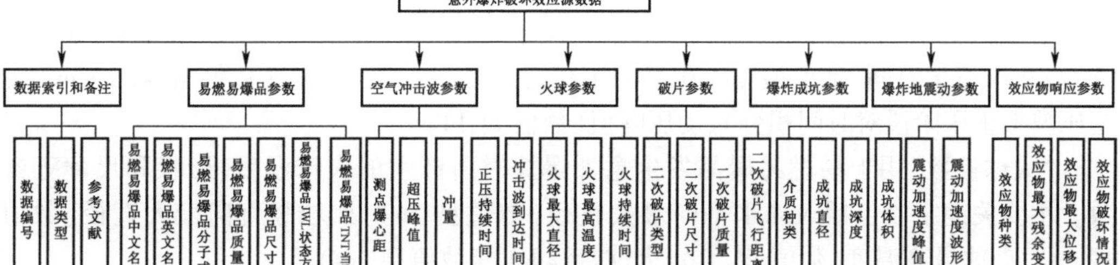

图 3-1　意外爆炸破坏效应数据分类

“数据索引和备注”主要用于数据编码(主键)、数据类型(指所收录的数据为科研试验数据、数值仿真数据、事故调研数据、文献数据等)、参考文献(给出数据来源的原始文献、图片资料和波形数据等,可供用户进行数据溯源)等关键字段的管理。试验(事故)时间和气象条件(温度、风速和风向等)也需在此处给出。"备注"关键字段(字符型,长字段),用于对所记录数据其他信息的补充说明。

"易燃易爆品参数"主要用于爆炸源的物理和化学特性描述。主要关键字段包括:易燃易爆品中文名称(一般采用商品名称,如果为由多种物资混杂导致的意外爆炸,用";"分割各种物资,如硝酸铵;铝粉;煤油;火柴等)、易燃易爆品英文名称(含义及约定同"易燃易爆品中文名称")、易燃易爆品分子式(如果为由多种物资混杂导致的意外爆炸,用";"分割各种物资的分子式)、易燃易爆品质量(kg)、易燃易爆品体积(对于液体为容积,m^3)、易燃易爆品密度(kg/m^3)、易燃易爆品存放环境(主要用于描述易燃易爆品存放的环境,如露天、密封、半密封等)、易燃易爆品存放位置(采用国际标准的维度、经度和海平面高度表示,字符形式约定为经度;维度;海拔)、爆速(m/s,如果为多种物资混合,只收录主成分物资的爆速参数)、爆压(GPa,如果为多种物资混合,只收录主成分物资的爆压参数)、爆热(单位质量含能物资爆炸所产生的热量,kJ/kg,如果为多种物资混合,只收录主成分物资的爆热参数)、爆温(指爆炸物资的全部爆热用来定容加热爆轰产物所能达到的最高温度,℃,如果为多种物资混合,只收录主成分物资的爆热参数)、JWL 状态方程系数(JWL状态方程共有 5 个系数,表示为:A(GPa);B(GPa);R_1(无单位);R_2(无单位);R_3(无单位),5 个系数之间用";"分割)、TNT 转化系数(无量纲,一般按与质量为 1kg 的 TNT 相等爆热对应的其他炸药的质量数来定义)、TNT 当量(TNT 转化系数×易燃易爆品质量,kg)。

"空气冲击波参数"用于易燃易爆品发生意外爆炸时所产生的空气冲击波主要性能参数的管理。针对易燃易爆品爆炸的特点,可对爆炸方式做如下简化:①触地爆;②静止状态;③"易燃易爆品存放环境"对空气冲击波特征有直接影响,可分为"无约束""部分约束"和"全约束",由于在"易燃易爆品参数"中"存放环境"字段的已经给出,此处无须再重复。考虑到无论是科研试验的现场量测还是事故后调查,都会有多个测点,为此,如果有多个测点,每个测点的效应数据单独保存为 1 行,多个测点数据保存为多行记录。主要关键字段包括测点爆心距(指冲击波观测点到爆心的水平距离,m)、比例距离(爆心距/装药 TNT 当量的 1/3 次幂,$m/kg^{1/3}$)、超压波形(附件型,一般为 jpg. 等格式图形文件)、超压数据(附件型,二维数组,一般为 txt. 、dat. 、xls. 格式文件,文件为两列数组:第一列为时间(ms),第二列为超压(数值型,kPa))、超压峰值(数值型,kPa)、升压时间(数值型,ms)、冲击波到达时间(数值型,ms)、冲击波波速(数值型,m/s)、负压峰值(数值型,kPa);正压持续时间(数值型,ms,也称为正相持续时间)、正压冲量(数值型,kPa · ms,为超压波形正压阶段对时间积分)、动压峰值(数值型,kPa)。

"火球参数"用于易燃易爆品发生意外爆炸时所产生的火球温度、形状和尺寸等参数。主要关键字段包括火球水平向最大直径(数值型,m)、火球竖直向最大直径(数值型,m)、火球最高温度(数值型,℃)、火球持续时间(数值型,ms)。

"破片参数"用于易燃易爆品发生意外爆炸时所产生破片(主要是二次破片)的分布规律及破坏效果。由于易燃易爆品发生爆炸时周围环境不可避免会存在其他物品,在爆炸产生的爆轰产物及强冲击波作用下,这些物品会从爆心向四周飞散形成二次破片并对其他物品和人员形成破坏效应。与空气冲击波测点数据的记录方式一样,可能会存在多个二次破片,每个二次破片的数据单独保存为一个记录。主要关键字段包括二次破片类型(字符型,对二次破片的产生方式、种类、约束条件等无法量化的参数进行描述)、二次破片质量(数值型,kg)、二次破片形状(字符型,常见的形状有立方体、长方体、圆柱体及其他形状)、二次破片尺寸(数值型,cm,一般用最大尺寸)、二次破片迎风面积(数值型,cm^2,迎风面积是空气冲击波作用在二次破片上的有效面积,对二次破片的速度、抛掷距离以及破坏效果都有直接影响)、二次破片初速(数值型,m/s)、二次破片飞行距离(数值型,m)。

“爆炸成坑参数”用于易燃易爆品发生爆炸时在地面上产生的爆炸成坑几何参数的描述。影响爆炸成坑尺寸的除爆炸源、爆心距离地面高度外,还取决于地面介质材料。描述成坑尺寸一般有两种方式“表观成坑”和“真实成坑”,其中“表观成坑”为肉眼可见成坑,其尺寸是相对于原始地面量出的;“真实成坑”是指由回落层和破裂区之间的大致边界而形成的成坑,考虑到事故后调查方式,数据库中只保留“表观成坑”尺寸,其主要特征参数包括介质种类(字符型,主要介质种类有混凝土、水泥浆、岩石、土等)、介质密度(数值型,kg/m^3)、介质杨氏模量(数值型,GPa)、介质压缩强度(数值型,MPa)、介质波速(数值型,m/s,一般指纵波波速,如果不是需要在备注里指出)、成坑体积(数值型,m^3)、成坑直径(数值型,m)、成坑深度(数值型,m)。

“爆炸地震动位置参数”用于易燃易爆品发生意外爆炸时在岩土介质中所产生的震动参数,其主要为不同位置测点的地震波信号,对应的主要关键字段包括震动加速度波形图(附件,jpg.、png. 等格式图形文件)、震动加速度波形数据(附件,txt.、dat. 等格式文件,文件为两列数组:第一列为时间(ms);第二列为加速度(g)、震动加速度峰值(数值型,/g)、震动加速度持续时间(数值型,ms)、震动速度波形图(附件,jpg. 等格式图形文件)、震动速度波形数据(附件,txt.、dat. 等格式文件,文件为两列数组,第一列为时间(ms);第二列为速度(m/s))、震动速度峰值(数值型,m/s)、震动位移波形图(附件型,jpg. 等格式图形文件)、震动位移波形数据(附件,txt.、dat. 等格式文件,文件为两列数组:第一列为时间(ms);第二列为位移(mm)、震动位移峰值(数值型,mm)。

“效应物响应参数”用于易燃易爆品爆炸对周围建筑物、设备及人员、生物的破坏效应描述。主要关键字段包括效应物位置(数值型,单位为 m,含义同“测点位置”)、效应物种类(字符型,常用的效应物种类有建筑物、建筑构件、构筑物、构件、设备、生物、人员等,根据事故调查实际情况记录)、效应物材料(字符型,为对效应物种类的补充)、效应物质量(数值型,kg)、效应物迎爆面积(考虑到事故中效应物摆放方位一般随机,爆炸所产生的超压和动压效应一般主要取决于迎爆面积,故选用此参数描述效应物与爆心的相对方位和面积,数值型,m^2)、效应物约束条件(字符型,约束条件会影响在爆炸波作用下效应物的响应)、效应物最大残余变形(数值型,无单位,效应物在冲击波作用下的局部响应一般以弯曲变形为主,采用单位长度/跨度的挠度)、效应物最大位移(数值型,m,效应物在冲击波作用下的整体响应一般以抛掷为主,采用最大位移的参数定义)、效应物破坏情况(字符型,应用对效应物破坏情况的详细描述)。

意外爆炸破坏效应数据库管理系统的库表及字段设计如表 3-1 所列。

表 3-1　意外爆炸破坏效应数据库字段设计

序号	标识	名　称	类　型
1	SJBM	数据编码	VARCHAR2(10)
2	SJLX	数据类型	VARCHAR2(10)
3	CKWX	参考文献	VARCHAR2(10)
4	SYSGRI	试验/事故日期	VARCHAR2(10)
5	SYSGSJ	试验/事故时间	VARCHAR2(10)
6	QW	气温	VARCHAR2(10)
7	TQ	天气	VARCHAR2(20)
8	FS	风速	VARCHAR2(20)
9	FX	风向	VARCHAR2(20)
10	BZ	备注	VARCHAR2(长字段)
11	YRYBPZWMC	易燃易爆品中文名称	VARCHAR2(40)
12	YRYBPYWMC	易燃易爆品英文名称	VARCHAR2(100)
13	YRYBPFZS	易燃易爆品分子式	VARCHAR2(100)
14	YRYBPZL	易燃易爆品质量	NUMBER(8,2)
15	YRYBPTJ	易燃易爆品体积	NUMBER(8,2)
16	YRYBPMD	易燃易爆品密度	NUMBER(8,2)
17	YRYBPCFHJ	易燃易爆品存放环境	NUMBER(8,2)
18	YRYBPCFWZ	易燃易爆品存放位置	VARCHAR2(40)
19	BS	爆速	NUMBER(8,2)
20	BY	爆压	NUMBER(8,2)
21	BR	爆热	NUMBER(8,2)
22	BW	爆温	NUMBER(8,2)
23	JWLZTFCCS	JWL 状态方程参数	VARCHAR2(100)
24	TNTZHXS	TNT 转化系数	NUMBER(8,2)
25	TNTDL	TNT 当量	NUMBER(8,2)
26	CDBXJ	测点爆心距	NUMBER(8,2)
27	BLJL	比例距离	NUMBER(8,2)
28	CYBX	超压波形	VARCHAR2(40)
29	CYSJ	超压数据	VARCHAR2(40)
30	CYFZ	超压峰值	NUMBER(8,2)
31	SYSJ	升压时间	NUMBER(20,2)
32	CJBDASJ	冲击波到达时间	NUMBER(20,4)

续表

序号	标识	名 称	类 型
33	CJBBS	冲击波波速	NUMBER(8,2)
34	FYFZ	负压峰值	NUMBER(6,3)
35	ZYCXSJ	正压持续时间	NUMBER(8,2)
36	ZYCL	正压冲量	NUMBER(8,2)
37	DYFZ	动压峰值	NUMBER(8,2)
38	HQSPXZDZJ	火球水平向最大直径	NUMBER(8,2)
39	HQCZXZDZJ	火球竖直向最大直径	NUMBER(8,2)
40	HQZGWD	火球最高温度	NUMBER(6,2)
41	HQCXSJ	火球持续时间	NUMBER(6,2)
42	ECPPLX	二次破片类型	VARCHAR2(200)
43	ECPPZL	二次破片质量	NUMBER(8,2)
44	ECPPXZ	二次破片形状	VARCHAR2(80)
45	ECPPCC	二次破片尺寸	NUMBER(8,2)
46	ECPPYFMJ	二次破片迎风面积	NUMBER(8,2)
47	ECPPCS	二次破片初速	NUMBER(8,2)
48	ECPPFXJL	二次破片飞行距离	NUMBER(8,2)
49	JZZL	介质种类	VARCHAR2(80)
50	JZMD	介质密度	NUMBER(8,2)
51	JZYSML	介质杨氏模量	NUMBER(8,2)
52	JZYSQD	介质压缩强度	NUMBER(8,2)
53	JZBS	介质波速	VARCHAR2(100)
54	CKTJ	成坑体积	NUMBER(8,2)
55	CKZJ	成坑直径	NUMBER(8,3)
56	CKSD	成坑深度	NUMBER(8,4)
57	ZDJSDBXT	震动加速度波形图	VARCHAR2(100)
58	ZDJSDBXSJ	震动加速度波形数据	VARCHAR2(100)
59	ZDJSDFZ	震动加速度峰值	NUMBER(8,2)
60	ZDJSDCXSJ	震动加速度持续时间	NUMBER(8,2)
61	ZDSDBXT	震动速度波形图	VARCHAR2(80)
62	ZDSDBXSJ	震动速度波形数据	VARCHAR2(80)
63	ZDSDFZ	震动速度峰值	NUMBER(8,2)
64	ZDWYBXT	震动位移波形图	NUMBER(8,2)

续表

序号	标识	名　称	类　型
65	ZDWYBXSJ	震动位移波形数据	NUMBER(8,2)
66	ZDWYIFZ	震动位移峰值	NUMBER(8,2)
67	XYWZL	效应物种类	NUMBER(8,2)
68	XYWCL	效应物材料	VARCHAR2(80)
69	XYWWZ	效应物位置	VARCHAR2(80)
72	XYWZL	效应物质量	NUMBER(8,2)
73	XYWYBMJ	效应物迎爆面积	NUMBER(8,2)
74	XYWYSTJ	效应物约束条件	VARCHAR2(100)
75	XYWZDCYBX	效应物最大残余变形	NUMBER(8,2)
76	XYWZDWY	效应物最大位移	NUMBER(8,2)
77	XYWPHQK	效应物破坏情况	VARCHAR2(100)
86	FJ	附件	VARCHAR2(100)

爆炸破坏效应数据库管理系统,整体采用 B/S(浏览器/服务器)架构,采用前后端分离的方式进行设计,通过 Web 形式实现更为通用化的人机交互界面系统,软件架构如图 3-2所示。

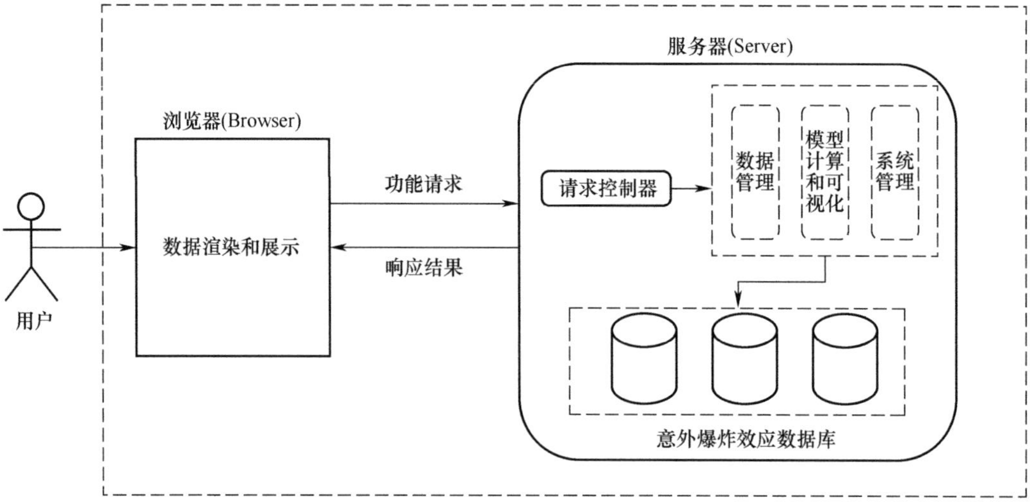

图 3-2　意外爆炸破坏效应数据库管理系统体系结构

其中,浏览器端主要是呈现显示的页面和操作页面。在浏览器端,使用者可以根据自己的研究和任务所需,检索和查看相关的记录,而系统管理员也可以通过浏览器进行功能的管理,功能的添加,用户的管理和用户的编辑、修改等等。浏览器端采用 Vue3 为主体的前端框架,服务器端使用 SpringBoot 框架进行开发,遵循 MVC 的交互规范,主要业务处理包括参数源数据管理、模型的管理与计算、效应可视化等,并完成和数据库的交互。

3.3 基于意外爆炸文献的数据抽取

3.3.1 数据抽取的目的

意外爆炸文献数据抽取的目的是从相关科技文献中抽取出描述意外爆炸的结构化信息,丰富意外爆炸分析的数据量,本节描述利用实体抽取将存在科技文献中的实验信息抽取出来的技术流程。

3.3.2 意外爆炸科技文献数据集构建

科技文献数据集的构造流程如图 3-3 所示,主要包括数据清洗、分割和人工标注等环节。首先,利用工具将相关科技文献中文本提取出来,利用正则表达式对一些非法字符进行过滤,从而对文本进行清洗;其次,对文本按照段落形式进行分割,结合领域专家知识,人工截取出含有"意外爆炸实验信息实体"的段落,所截取的段落称为"意外爆炸科技文献实验文本";最后,进行人工标注,形成标注数据集。

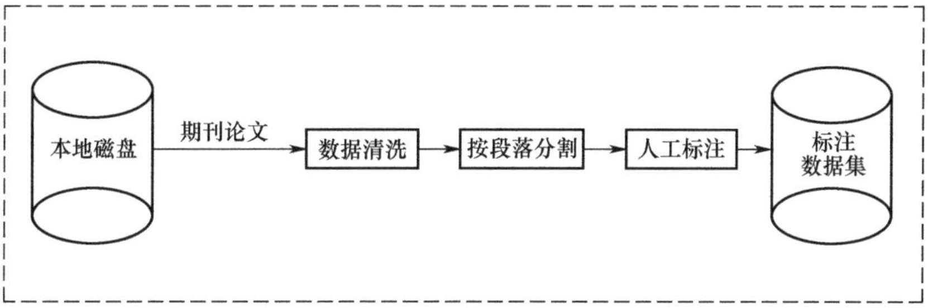

图 3-3 意外爆炸科技文献数据集构建流程

在得到意外爆炸科技文献实验文本后首先将文本以字符为单位进行序列化,然后采用 IOB 标注方式对文本进行人工标注。根据数据集特点,采用双人标注,一人审核的方式进行标注。即将数据分别交由两位掌握领域相关知识的研究人员 A 和 B 进行标注,而另一位研究人员 C 对标注后的数据进行审核,如果审核不通过则将当前的数据交由另外一位研究人员进行标注,如果审核仍然不通过,则当前数据会被存储下来,之后由三人共同讨论,再进行标注。

经过标注的意外爆炸科技文献语料数据集,本书称为"毁伤科技文献数据集"(damage scientific and technological literature data,DSTLD)。

3.3.3 基于数值掩码机制的实体抽取

模型构建具体步骤见图 3-4,主要包括实体抽取模型构建和模型性能验证两个环节。

由于意外爆炸毁伤数据集具有较强的专业性,其与广义数据集有较为明显区别,为建立适用于意外爆炸科技文献信息抽取的实体抽取模型,需对意外爆炸科技文献数据集进行分析,以便根据领域特点设计和建立合理的实体抽取模型。以公开领域的语料数据集 MSRA 作为对比样本,MSRA 由微软亚洲研究院所发布的 5 万多条中文命名实体识别标

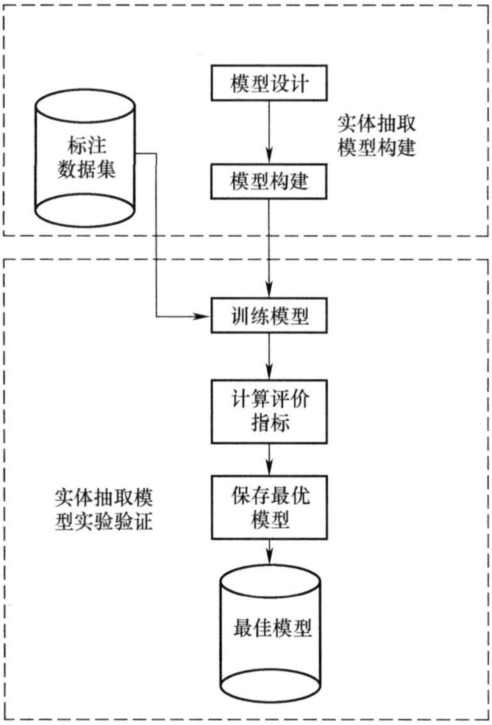

图 3-4　实体抽取模型构建步骤

注数据(包括地点、机构、人物),经常作为中文公开领域的实体抽取实验数据集,主要分析每条语料的字符序列长度和数值类字符占据语料的比重。

图 3-5 显示了数据集语料长度占比情况。MSRA 占比最大的序列长度区间为 20~40,且在语料序列长度小于 40 个的语料占比超过了 50%,而采用 IOB 标注的 DSTLD 语料

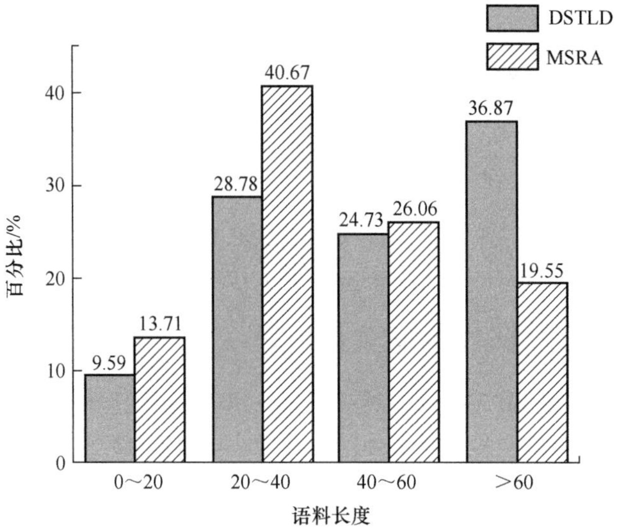

图 3-5　数据集语料长度占比

是以字符为单位进行序列标注的，由于其中大多数的语句是从科技论文、专著和报告中截取的，因此一条语料中包含的字符在序列化以后往往长度会过长，语料长度在 60 个以上的占比最大，在 40 个以上的占比超过了 50%，而字符在 0～20 个的语料占比不到 10%。较长的句子长度会增加网络学习句子中的特征的难度，也使采用循环神经网络（recurrent neural network，RNN）和双向长短期记忆网络（Bidirectional long short－term memory，BiLSTM）等网络模型的梯度消失问题更加明显，从而降低模型从语料序列中抽取的效果，且较长的文本序列会使网络模型所需要的训练轮次（epoch）增加，降低训练效率，减慢模型收敛，同时也会使实体边界划分出错的概率升高。

由于意外爆炸毁伤领域内没有标准的分词工具，因此在序列化标注毁伤科技文献实验文本时是按照字符形式对文本进行分割的，对于“数值信息”也是如此，而科技文献实验文本包含大量的数值类信息，且相关实体中包含大量数值信息，但数值信息往往由多个数字类字符（阿拉伯数字或中文数字大小写）组成，这会造成在 DSTLD 中数值类字符占比较高，从而对文本序列长度造成了影响。

由表 3－2 可知，在公开领域的语料数据集 MSRA 中由于数值类字符占比较低，仅不到 5%，数值类字符占据字符的长度可以忽略；而在 DSTLD 中数值类字符占比达到了 13%，因此其数值类字符占据的字符序列长度已经可以产生较大的影响。此外，如果按照字符序列的形式直接将“数值信息”输入网络模型进行训练，则需要经历很多轮才能将当前“数值信息”的实体边界确定下来，这样会造成训练轮次较多，使训练效率较低。

表 3－2 数据集数值字符占比比较

语料名称	数值字符占比/%	其他字符占比/%
DSTLD	13.05	86.95
MSRA	4.42	95.58

根据 DSTLD 数据集的特点，在文献[2]基础上，提出了一种基于数值掩码机制的实体抽取模型，在实体模型抽取基础上加入了自行设计的数值掩码机制，以解决意外爆炸毁伤科技文献文本在进行字符序列化后序列过长，导致模型在序列化标注学习时训练效率低下及整体抽取效果下降的问题。模型主要分为输入层、掩码层、嵌入层、编码层、CRF 输出层和实体抽取层，具体结构如图 3－6 所示。

输入层输入为“毁伤科技文献文本”中的段落 D，以字符为分割对文本进行切分可得到一个文本序列 $D=\{X_1,X_2,\cdots,X_S\}$，再将文本以字符为单位分割为序列，利用正则表达式将连贯的“数值字符”统一切割为一个“数值信息”（数值字符表示的是表达数字含义的字符，不仅包括阿拉伯数字，也包括中文数字大小写），进行切割后的序列为 $F=\{f_1,f_2,\cdots,f_T\}$，其中 $T\leqslant S$。

如果直接将输入层处理的文本输入编码器，对于所有的整体分割的“数值信息”，在模型训练时刻会被认为是低频词，因此很难确定它的含义。比如“41.82”如果直接作为一个整体字符输入编码器中，由于其很难出现第二次，因此是一个低频词，对于同样是数值信息的“4.8”，模型会认为是两个完全不同含义的字符，为了避免这种情况，本节设计了掩码层。掩码层输入为输入层的输出 F，将 F 中的所有“数值信息”都利用特殊字符标

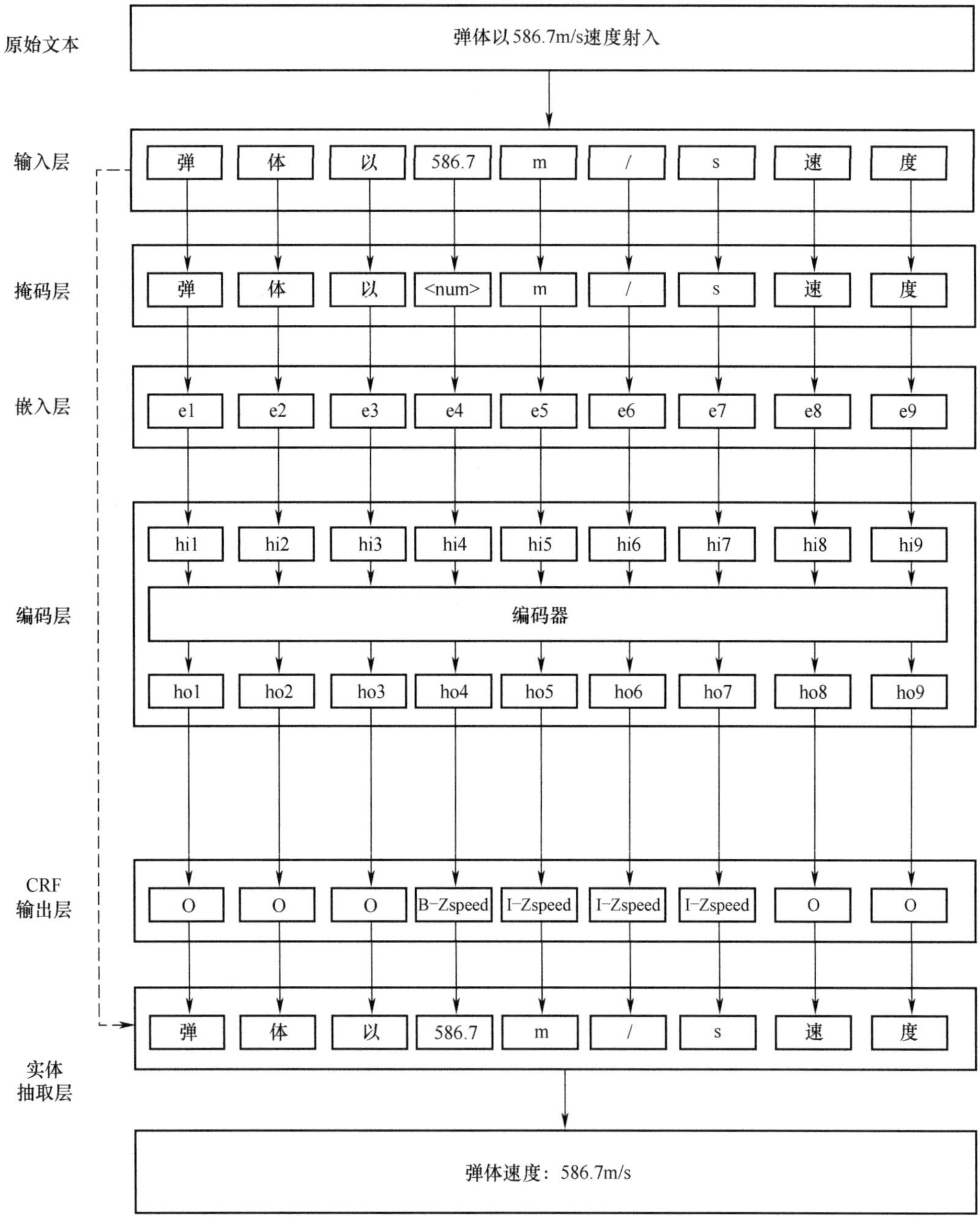

图 3-6　基于数值掩码机制的实体抽取模型

识<Num>进行替换，这一步操作称为“掩码数字”，其输出为 $\boldsymbol{M}=\{m_1,m_2,\cdots,m_x\}$。由于毁伤文本的特殊特点，其句子和段落中存在大量的“数值字符”，而这些连贯的“数值字符”占据了序列相对较大的长度，这样会增加常规的神经网络 BiLSTM 和双向门控循环单元(Bi-directional gated recurrent unit，BiGRU)学习序列标注的难度。输入层和掩码层的改进(输入层和掩码层的改进称为数值掩码机制)使得在不影响文本语意的前提下，大大缩短了文本的整体序列并且提前划分好了“数值信息”的边界。同时，由于整体序列长度的降低使模型的训练效率和最终抽取效果也会有所提高，因此，输入层和掩码层的数值掩码机制会使神经网络编码器更快、更好地学习文本语意规则。

嵌入层也称 Embedding 层，其主要作用是将掩码层的输出 $\boldsymbol{M}$ 映射为一个稠密向量组成的矩阵 $\boldsymbol{Q}$，字符向量化的方法主要有两种，一种是静态词向量嵌入方式；另一种是利用 BERT 预训练模型的动态词向量嵌入方式。

静态词向量嵌入方法设 Word2vec 训练出的词向量文件中每个字符的稠密向量长度为 L，将掩码层输出的 $\boldsymbol{M}=\{m_1,m_2,\cdots,m_T\}$，对照字典，将 $\boldsymbol{M}$ 中的每个 m 通过查询词向量文件，将 $\boldsymbol{M}$ 转为词向量矩阵 $\boldsymbol{Q}=\{q_1,q_2,\cdots,q_T\}$，其中 q_i 长度为 L。

动态词向量嵌入方法则考虑到由于 BERT-WWM 是根据中文特点训练出来的预训练模型，而在 BERT-WWM 中是不可能出现本书所定义的<Num>特殊字符的，因此在输入 BERT-WWM 模型得到词向量时会将<Num>特殊字符掩码成 BERT 词表的[UNK]，表示此词未知，这样这个<Num>就成了无意义的未知词，因此为了使模型能确定此处为数字，则使用 BERT 词表存在的一个任意数字去替换<Num>，本书用词表中存在的数字“9”作为<Num>的替换字符，其输入仍然为掩码层的 M，其中的<Num>全都替换为了数字“9”，之后将文本按照 BERT-WWM 切分规则输入加载了预训练的 BERT-WWM，输出为每个字符的字符向量组成的矩阵，$\boldsymbol{Q}=\{q_1,q_2,\cdots,q_T\}$，其中每个 q 的长度为预训练模型词向量的长度。

LSTM 是 RNN 的改进型，解决了长依赖问题，因此编码层代码设计时采用 BiLSTM。BiLSTM 编码层公式如式(3-1)~式(3-3)所示。$\overrightarrow{k_t}$ 和 $\overleftarrow{k_t}$ 则分别表示双向 LSTM 的两个方向的隐藏层输出，经过拼接放入输出矩阵 $\boldsymbol{K}=\{k_t\}_{t=1}^{\mathrm{T}}, k_t \in R^{2*l}$，其中 T 为掩码层输出的字符序列长度（和输入层输出的字符序列长度等长），l 为 LSTM 隐藏层的维度：

$$\overrightarrow{k_t}=\overrightarrow{\mathrm{LSTM}}(\overrightarrow{k_{t-1}},h_t) \tag{3-1}$$

$$\overleftarrow{k_t}=\overleftarrow{\mathrm{LSTM}}(\overleftarrow{k_{t-1}},h_t) \tag{3-2}$$

$$\boldsymbol{K}=\{\overrightarrow{k}_t;\overleftarrow{k}_t\}_{t=1}^{m} \tag{3-3}$$

由于序列标注的本质就是分类，可在最后一层直接连接 softmax 全连接层做分类，但是这种情况会认为预测每个标签的类型都是独立的情况，因此出现一些“非法标签”的情况，如预测当前的字符位置为“I-Dlength”和“I-Dlength”的中间可能会出现“I-Dweight”，这种情况实际属于非法标签的情况，因为“I-Dlength”前面要么是“I-Dlength”，要么是“B-Dlength”，出现其他标签的结果是显然错误的，即“非法标签”，因此实际序列标注预测的时候不仅要考虑当前位置的特征，还需要考虑其之前预测的标签类型，让标签之间形成一定的依赖性。而 CRF 的目标函数则解决了这个问题，因为它不仅输入了当前的状态特征，还输入了标签序列的转移特征，使可以在实际神经网络训练时形成标签之间的依赖。

假设编码层输入为 $\boldsymbol{X}$，$\boldsymbol{A}$ 为转移矩阵，$A_{i,j}$ 为第 i 个标签转移到第 j 个标签的转移概率，$\boldsymbol{P}$ 为发射概率矩阵，$P_{i,j}$ 为第 i 个字符 q 映射到第 j 个标签 tag 的非归一化概率，输入序列 $\boldsymbol{X}$ 输出标签序列 $\boldsymbol{y}$ 的分数由式(3-4)计算而得：

$$S(\boldsymbol{X},\boldsymbol{y})=\sum_{i=0}^{T}A_{y_i,y_{i+1}}+\sum_{i=1}^{T}P_{i,y_i} \tag{3-4}$$

之后利用 softmax 函数计算 y 的条件概率为

$$P(\boldsymbol{y} \mid \boldsymbol{X})=\frac{\exp[S(\boldsymbol{X},\boldsymbol{y})]}{\sum_{\tilde{y}\in Y}\exp[S(\boldsymbol{X},\tilde{\boldsymbol{y}})]} \tag{3-5}$$

取条件概率的负对数作为最终的目标损失函数:

$$\text{目标损失函数}=-\log[P(\boldsymbol{y} \mid \boldsymbol{X})]=-S(\boldsymbol{X},\boldsymbol{y})+\log\{\sum_{\tilde{y}\in Y}\exp[S(\boldsymbol{X},\tilde{\boldsymbol{y}})]\} \tag{3-6}$$

在得到预测好的标签序列时,实际上只是完成了对每个掩码层输出的字符对应位置的一个标签预测。要完成实际的实体抽取,还需要进一步运算,由于掩码层对应的字符序列和输入层输出的字符序列一一对应,因此在进行实体抽取的时候将预测的标签序列认为是输入层输出的字符序列 $\boldsymbol{F}=\{f_1,f_2,\cdots,f_T\}$ 对应的序列标签 TL,将 $\boldsymbol{F}$ 对照预测的序列标签列表抽取出其中的实体。

得到序列标签 TL 后对照 $\boldsymbol{F}$ 将实体抽取出,主要思想是匹配到 TL 标签中以"B"开头的标签"B-type"则认为当前位置的 $\boldsymbol{F}$ 是一个"type"类型实体的开始字符,通过多轮判断,将以"B-type"开头的"type"类型实体从 $\boldsymbol{F}$ 中抽取出,之后按照此方法将其他类型的实体也按照此方法抽取出。

3.3.4 实验及分析

3.3.3.1 实验数据和评价指标

实验数据采用标注的 DSTLD 数据集,根据 7∶3 的比例,将 DSTLD 划分为训练集和测试集。

对于序列标签来说一个标签判断是否正确可以看作一个二分类问题,即"正确"和"错误"两种。因此,可以采用二分类判别中常用的评价指标,即精确率 P(Precise)、召回率 R(Recall)、F1 值(F1 measure),但由于当前的目标是抽取实体,序列标签的正确并不能代表实体的正确。因此在计算评价指标时,需要将一个实体是否预测正确,看作一个二分类问题,将二分类评价指标作为实体抽取的评价指标,且在计算过程中不考虑"O"标签,TP、FP、TN、FN 分别代表对应类型的样例数量,其结果混淆矩阵见表 3-3。

表 3-3 分类结果混淆矩阵

真实情况	预测结果	
	正例	反例
正例	TP(真实例)	FN(反实例)
反例	FP(假实例)	TN(真反例)

精确率 P 表示被模型抽取成某种类型的实体集合中抽取正确的比例,见式(3-7)。召回率 R 表示样本中实际存在的某种类型的实体集合中模型抽取正确的比例,见式(3-8)。由于精确率和召回率是互相影响的,最理想情况的预测效果是两者都高,但是一般情况下会存在精确率高、召回率就低,召回率低、精确率高的情况,因此这时就需要一个综合的评价预测效果的指标,即 F1 值,见式(3-9)。

$$P = \frac{TP}{TP + FP} \times 100\% \tag{3-7}$$

$$R = \frac{TP}{TP + FN} \times 100\% \tag{3-8}$$

$$F1 = 2 \times \frac{P \times R}{R + P} \times 100\% \tag{3-9}$$

3.3.3.2 实验结果及分析

1）模型训练效率比较

图 3-7 所示为引入预训练模型 BERT-WWM[3] 的 BERT-BILSTM-CRF 和 BERT-BILSTM-MASK-CRF 模型在训练时对测试集的抽取效果评价指标变化，经过分析可知，引入数值掩码机制的模型在精确率上与未引入此机制的模型基本一致，但引入掩码机制的模型在召回率上依然提升明显，主要体现在更少的训练步骤下可以得到更高的召回率，因此造成在综合性评价指标 F1 值上，改进后的模型相比于基线模型能以更少的训练轮次得到更高的 F1 值，即使用更少的训练时间得到更好的预测效果，其得出的最终实验结论和上述使用静态词向量的模型几乎一致。

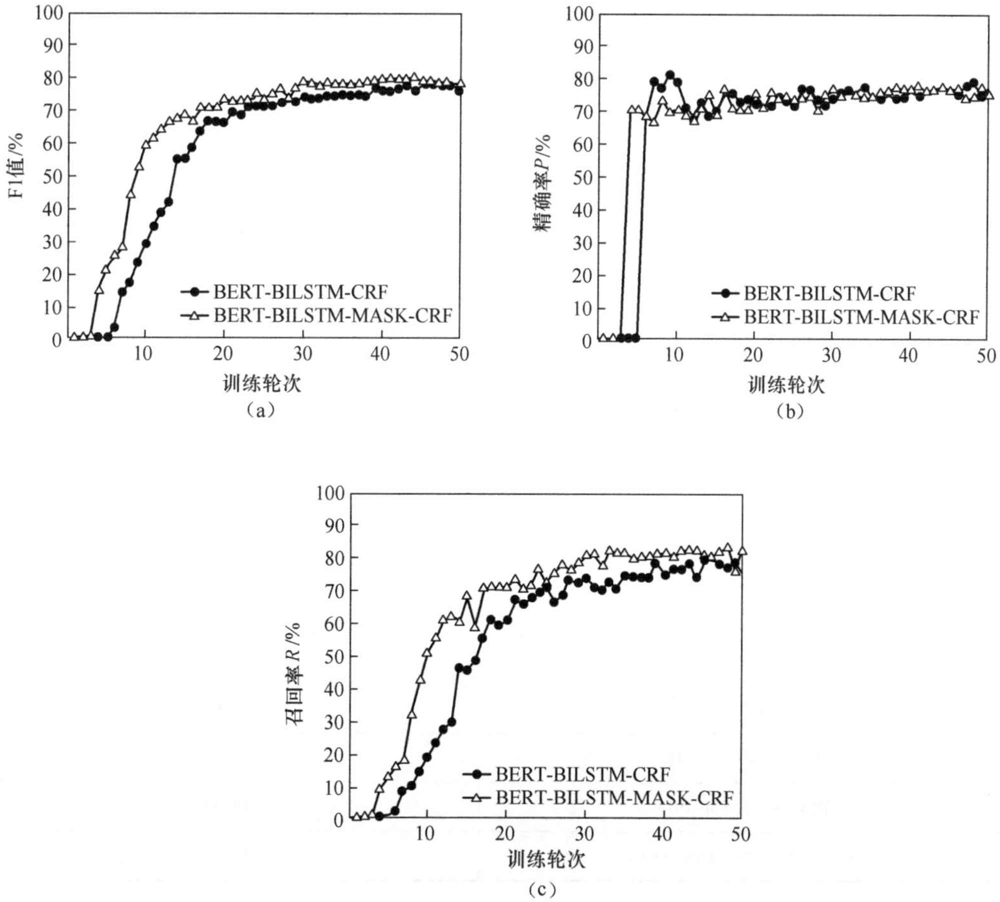

图 3-7 BERT-BiLSTM-CRF 和 BERT-BiLSTM-MASK-CRF 训练时测试集抽取效果变化

(a)每个训练轮次下 F1 值变化;(b)每个训练轮次下 P 值变化;(c)每个训练轮次下 R 值变化。

2）模型最佳 F1 值比较

表 3-4 所列为各个模型在训练足够的训练轮次下得到的最佳的 F1 值，引入数值掩码机制的模型相比较未引入数值掩码机制的模型，其抽取效果均有提升，BiLSTM-MASK-CRF 相比基线模型（BiLSTM-CRF）在 F1 值上提升了 4.1%，BiGRU-MASK-CRF 相比基线模型（BiGRU-CRF）提升了 2.1%，而 BERT-BiLSTM-MASK-CRF 相比基线模型（BERT-BiLSTM-CRF）提升了 1.9%。

此外，由表 3-4 可知，在引入预训练模型 BERT-WWM 后的模型相比没有使用预训练模型的抽取模型，其抽取效果有了大幅度提升。BERT-BiLSTM-CRF 相比 BiLSTM-CRF 的 F1 值提升了 30.8%，BERT-BiLSTM-MASK-CRF 相比 BiLSTM-MASK-CRF 的 F1 值提升了 28.6%。由此可见，在当前特定的毁伤领域下，经过大规模公开语料预训练过的模型对下游任务依然具有强大的提升能力。

表 3-4　各模型最佳预测效果比较

模　　型	精确率/%	召回率/%	F1 值/%
BiLSTM-CRF	56.4	41.0	47.5
BiLSTM-MASK-CRF	55.4	48.2	51.6
BiGRU-CRF	58.6	45.0	50.9
BiGRU-MASK-CRF	58.1	48.7	53.0
BERT-BiLSTM-CRF	77.2	79.5	78.3
BERT-BiLSTM-MASK-CRF	82.3	78.1	80.2

3）模型预测时长比较

表 3-5 所列为各个模型在测试一条测试语料的情况下从加载训练好的模型到抽取出结果模型所耗的时间，由此可知，加入预训练模型的抽取模型在预测时抽取耗时较长，两个加入预训练模型的抽取模型均达到了 49s 之多，而未使用预训练模型的模型则在预测时间上耗时均在 3s 左右，相比之下其耗时大幅度减少。

表 3-5　各方法预测用时比较

模　　型	用时/s
BiSTM-CRF	3.41
BiLSTM-MASK-CRF	3.37
BiGRU-CRF	3.03
BiGRU-MASK-CRF	3.35
BERT-BiLSTM-CRF	49.67
BERT-BiLSTM-MASK-CRF	49.41

从上述实验可见以下结果。

（1）引入数值掩码机制的模型相比没有引入掩码机制的模型，无论是否使用了预训练模型,在实体的抽取效果上均有一定幅度的提升。提升主要在于使用更少的训练耗时能达到更好的训练效果(模型收敛更快,训练效率提高),以及加入掩码机制的模型相比于没有加入掩码机制的模型在测试集上能够达到的最佳 F1 值更高,因此抽取效果更好。

(2) 引入预训练模型后的抽取模型耗时较高,相比之下,BiGRU-MASK-CRF 用户体验会更好,且其测试语料的 F1 值已是在不使用预训练模型作为词嵌入的抽取模型中最高,因此在具体模型部署到项目上时,可以考虑使用 BiGRU-MASK-CRF,但如果只追求抽取的效果,而不考虑抽取时长,可以选用 BERT-BiLSTM-MASK-CRF。

3.4 经验算法评价

3.4.1 经验算法评价的作用

随着近年来对于意外爆炸的研究,各国的研究人员总结出了许多用于意外爆炸计算的经验算法,这些经验算法的性能好坏与使用的试验数据呈强相关关系,在一定程度上限制了它们的泛用性。但由于意外爆炸毁伤过程的复杂性,依靠现有的理论分析和数值模拟方法难以准确地揭示实际情况,加之经验算法又具有形式简单、计算快速且在其适用范围内精度较高等优势,因此在实际工程中仍占据重要地位。

一般经验算法主要通过大量试验,基于试验数据的分析并结合一定的理论基础而得到。由于试验数据、研究方法和侧重点不同,各个经验算法之间往往存在较大差别,且各个算法的适用范围受到多种因素影响,如算法开发过程中使用的试验数据分布和算法考虑的参数等,导致经验或半经验算法具有一定局限性,各自的适用范围和条件都有差异,实际进行毁伤效应计算时难以选择适宜的经验算法。在使用中,算法的评价往往与使用者的经验有关,不同使用者收集到的数据可能存在较大差异,这也导致他们在使用这些算法的过程中,算法的性能表现迥异。根据经验算法的平均误差,可以粗略地给出各个区间内的算法优劣情况,但这种方法的效果依赖数据的分布及规模,对于规模较大、数据分布较为均匀的数据,这种方法能够取得较好的效果;而对于小规模的数据,由于数据的分布不均等问题,这种方法会放大极端数据对结果的影响,可能导致较大的偏差。因此,如何对众多经验算法进行评价成为亟待解决的问题。

3.4.2 基于随机森林的经验算法评价方法

下面以具有代表性的高速弹丸对混凝土靶撞击问题为例,介绍多经验算法基于随机森林的评价过程[4]。根据侵彻深度的算法值与试验样本的真实无量纲侵彻深度的偏差,为样本指定类别,从而将多个算法的优劣评价转化为机器学习范畴中的分类问题,并基于随机森林算法实现集成分类,其评价流程如图 3-8 所示。

首先根据专家知识对参数区间进行划分,为数据样本计算待评价的经验算法值,并为它们赋予类别标签;其次在参数区间上使用决策树作为基学习器,将其集成构成随机森林进行集成评价;最后基于预先划分的测试集使用相对多数投票法得到最终结果。

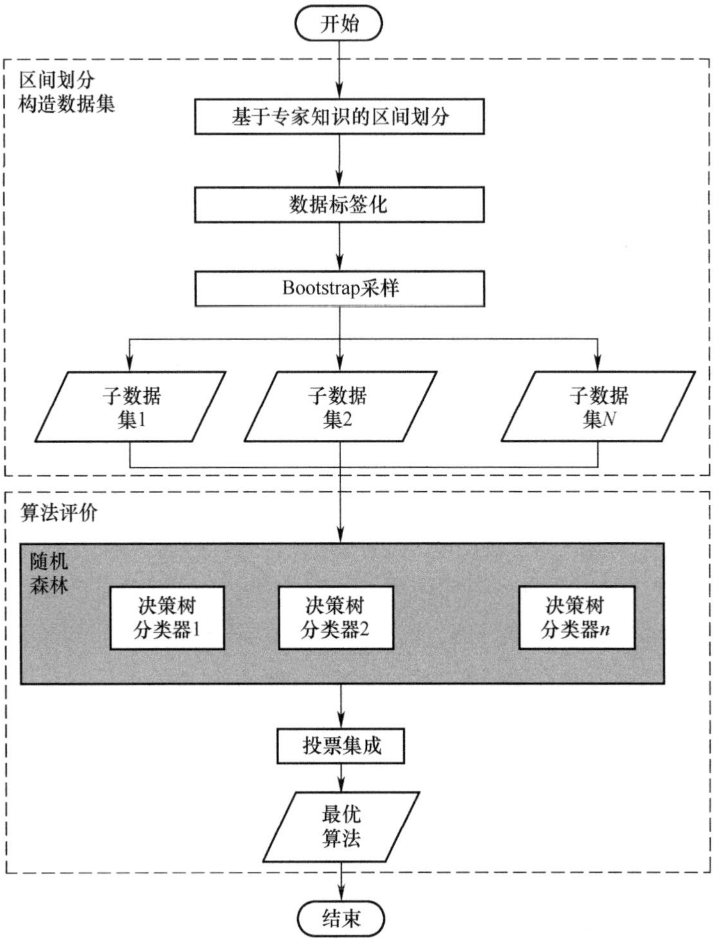

图 3-8 经验算法评价流程

3.4.3 经验算法评价效果

3.4.3.1 基于专家知识的参数区间划分

根据影响侵彻的主要因素即着靶速度和弹体质量划分出表 3-6 所列的四个参数区间。

表 3-6 参数区间划分

区间序号	着靶速度 v/(m/s)	弹体质量 m/kg
1	[0,340)	[0,500)
2	[340,650)	[0,500)
3	[650,∞)	[0,500)
4	[0,∞)	[500,∞)

3.4.3.2 数据标签化

为将混凝土侵彻效应领域中的多种经验算法的评价问题转化为传统机器学习中的分类问题,需要通过某些指标给各个样本打上特定的标签对数据集进行标签化。本章采用基于偏差指标的方法来标注样本。

对于一条试验数据样本,假定现有 n 个不同的经验算法,各经验算法的偏差可表示为

$$\mathrm{bias}_i = \frac{\mathrm{abs}(x_i - x_{\mathrm{true}})}{x_{\mathrm{true}}}, \quad i \in [0, n-1] \tag{3-10}$$

式中: x_i 为第 i 个经验算法的算法值; x_{true} 为该条试验数据样本的真实无量纲侵彻深度值。

该条试验数据样本的标签为 p, 计算公式如下:

$$p = \mathrm{argmin}_{j \in [0, n-1]} \mathrm{bias}_j \tag{3-11}$$

与传统的偏差方法 $\mathrm{bias}_i = \mathrm{abs}(x_i - x_{\mathrm{true}})$ 不同的是,式(3-10)是计算值与真实值的绝对百分比偏差。这是由于实际试验中采集到的试验数据样本间无量纲侵彻深度的幅值跨度较大,采用绝对百分比偏差可以更好地考量算法间的优劣差异,绝对百分比误差(APE)和平均绝对百分比误差(MAPE)定义为

$$\begin{aligned} \mathrm{APE} &= \frac{\mathrm{abs}(x_{\mathrm{true}} - x_{\mathrm{pred}})}{x_{\mathrm{true}}} \times 100 \\ \mathrm{MAPE} &= \frac{1}{N}\sum_{i=1}^{n} \mathrm{APE}(x_{\mathrm{true}}, x_{\mathrm{pred}}) \end{aligned} \tag{3-12}$$

标注后各区间数据分布如表 3-7 所列。

表 3-7 各参数区间数据分布

区间号	1	2	3	4
样本数量/个	411	246	155	14

由表 3-7 可知,划分后的参数区间内样本数量较为悬殊。而混凝土侵彻效应常见的经验算法可达数十种,若以列举的所有经验算法为候选类别,显然在部分区间内将出现类别分布不均匀的情况,这将影响模型的训练收敛速度和模型的泛化能力。

因此,先基于数据集中数据的各经验算法的偏差筛选出数个较优的经验算法,再以这些较优的经验算法为候选经验算法进行标签化。各区间内经验算法的 MAPE 如图 3-9 所示,各个算法在不同区间内的 MAPE 相差较大。

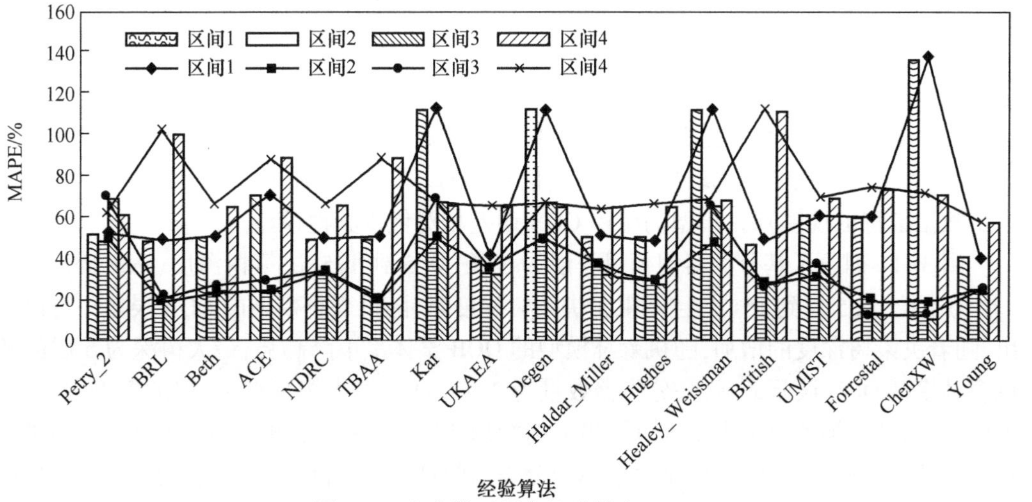

图 3-9 各参数区间内经验算法 MAPE

本章设定候选阈值为 30%，即取各区间 MAPE 最低的前 5 个经验算法作为候选算法。各区间内的候选经验算法如表 3-8 所列。确定候选算法后，对各区间的数据进行标签化，并形成各区间对应的数据集。

表 3-8 各参数区间候选经验算法

区间编号	候选算法 1	候选算法 2	候选算法 3	候选算法 4	候选算法 5
1	UKAEA	Young	British	Hughes	BRL
2	Chen XW	Forrestal	BRL	TBAA	Beth
3	Chen XW	Forrcstal	TBAA	BRL	British
4	Young	Petry_2	Haldar_Miller	UKAEA	Beth

3.4.3.3 随机森林构建

本步骤通过对各个参数区间分别构建随机森林分类模型[5-6]，对区间内的算法进行评价。对于某个区间，首先将该区间数据按比例划分为训练集和测试集，接着使用训练集对随机森林分类模型进行训练；然后使用测试集对模型进行测试，并按相对多数投票法，得到测试集上支持各个算法的数据条数，可认为条数越多的算法效果越佳。

随机森林算法在决策树训练中引入随机属性选择方法，使用相对多数投票法对若干决策树分类器的输出进行决策集成。随机森林算法基于自助采样法的 Bagging[7] 集成方法与属性子空间思想，使基分类器可以并行生成，训练速度快、模型复杂度低且预测高效。随机森林算法实现可分为三步：首先使用 Bootstrap 方法，由原始训练集 D 构建 k 个子训练集 $\{D_1, D_2, \cdots, D_k\}$；其次为每个子训练集 $D_i, i \in [1,k]$ 建立一棵决策树分类器，k 个子训练集构成 k 棵基决策树分类器 $\{h(X,\theta_i), i=1,2,\cdots,k\}$，$\theta_i$ 为随机变量序列，基分类器每次选取划分属性时，先随机选取一个属性子集，再从中选取最佳属性进行分裂；最后，将这 k 棵基决策树分类器集成起来，采用投票法或平均法等得到集成结果。

3.4.3.4 实验及分析

图 3-10、图 3-11 所示为随机森林模型在参数区间 1 内各指标情况。图 3-10 列出了基分类器规模以 5 为步长从 5 到 175，特征子集最大规模(max-feature)分别设置为 1、2、3、4、6 和 8 时，随机森林模型的 OOB 误差。可以看出，随着基分类器决策树的数量增加，不同特征子集规模的随机森林模型的 OOB 误差整体均呈下降趋势，在基分类器数量大于 100 后，OOB 误差呈现震荡趋势，且下降速度明显放缓。其中，特征子集最大规模为 1 的随机森林模型由于特征子集规模过小，从基分类器数量 25 开始，OOB 误差即呈现震荡趋势，这主要是由特征子集选取的随机性过强导致的。其中，特征子集最大规模为 8(100%原始数据集特征规模)时，模型的整体 OOB 误差相对优于其他模型。

图 3-11 列出了基分类器规模以 5 层为步长，从 5 到 175，决策树深度(max depth)以 5 层为步长，从 5 层到 15 层，且不限制决策树深度时，随机森林模型的 OOB 误差。可以看出，随着决策树深度的增加，随机森林模型的 OOB 整体呈下降趋势，最大树深为 5 层的随机森林模型 OOB 误差最高，基分类器数量为 20~60 时，最大树深取 15 层的模型 OOB 误差较低，而基分类器数量大于 60 后，最大树深取 10 层的模型表现更佳，这归功于随机森林对多棵决策树的集成，使模型对于单个分类器的性能要求降低，不限制最大树深的模型的表现介于树深 10 层和 15 层的模型之间。

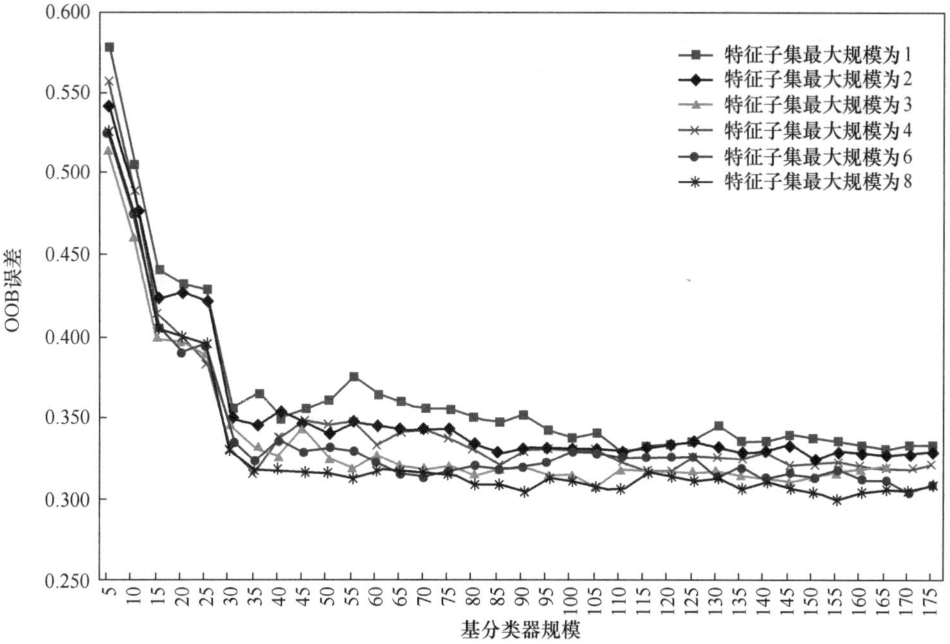

图 3-10　参数区间 1 不同特征子集最大规模随机森林模型 OOB 误差(见彩图)

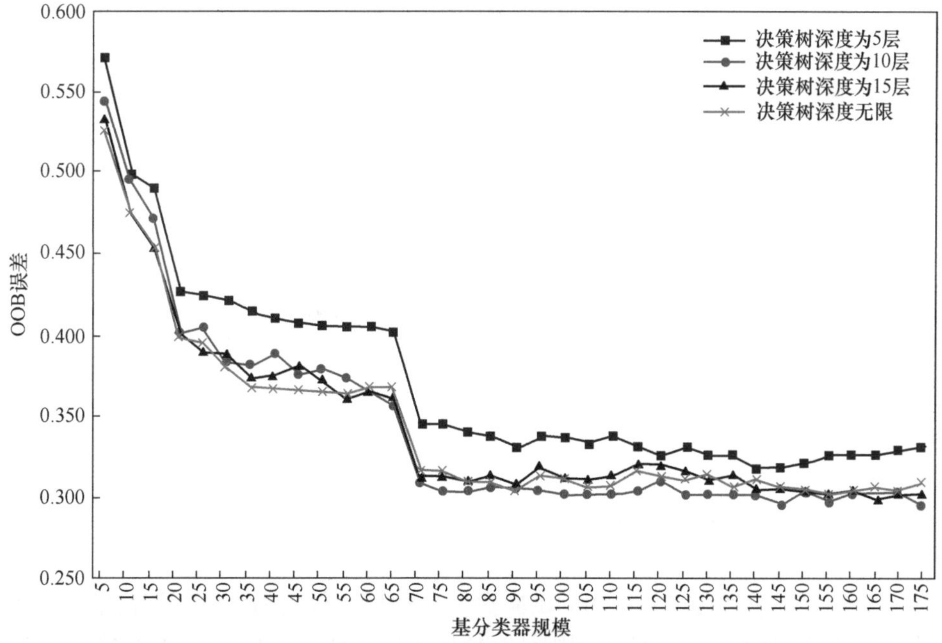

图 3-11　参数区间 1 不同最大树深随机森林模型 OOB 误差(见彩图)

综合上述分析,确定参数区间 1 的随机森林模型各个超参数设置为基分类器数量为 95,特征子集最大规模为 8,不限制最大树深时,模型的性能较优。

基于以上模型参数,混凝土侵彻深度工程算法评价的随机森林方法在参数区间 1 上最终投票的结果见表 3-9。

表 3-9 参数区间 1 投票结果

候选算法	UKAEA	Young	British	Hughes	BRL
测试集上投票	33	22	12	26	31
模型投票	36	19	12	30	27
投票结果	UKAEA>Hughes>BRL>Young>British				

采用此方法,对区间 2、3 和 4 的工程算法进行分析,最终推荐结果见表 3-10~表 3-12。

表 3-10 参数区间 2 投票结果

候选算法	Chen XW	Forrestal	BRL	TBAA	Beth
测试集上投票	17	15	11	23	8
模型投票	21	22	13	20	7
投票结果	Forrestal>Chen XW>TBAA>BRL>Beth				

表 3-11 参数区间 3 投票结果

候选算法	Chen XW	Forrestal	TBAA	BRL	British
测试集上投票	7	17	7	5	11
模型投票	7	21	4	4	11
投票结果	Forrestal>British>Chen XW>TBAA/BRL				

表 3-12 参数区间 4 投票结果

候选算法	Young	Petry_2	Haldar_Miller	UKAEA	Beth
测试集上投票	3	1	0	0	1
模型投票	3	1	0	1	0
投票结果	Young>Petry_2>UKAEA				

3.5 基于经验算法的数据扩充

经验算法是提出者通过一系列的试验数据通过拟合得到的,因此该算法在对应的试验数据范围准确率较高,超出此范围则计算精度无法保证。同时,不同的经验算法彼此之间有存在一定的差异,需对数法的优劣进行评价,给出最优的算法。因此,采用评价后的经验算法,在其精度最高区域生成的数据,可以有效补充试验数据的数量不足,作为机器学习模型的训练数据集。

对混凝土侵彻深度,根据评价后算法,根据表 3-13 的参数步长增量,批量生成伪试验数据,其中,m 在[0.1,10]kg 时步长取 0.1kg,在(10,2000]kg 时步长取 50kg。

表 3-13　侵彻伪试验数据生成参数

字段名称	单位	参数取值范围	步长	精度
v	m/s	(0,1500]	20	—
m	kg	[0.1,2000]	0.1/10	—
d	m	[0.006,0.7]	—	0.001
f_c	Pa	[25000000,41000000]	1000000	—
ψ	—	3/1.5	—	—
N^*	—	0.72/1/1.14	—	—
l_n	m	[0,3]	—	0.001
ρ_t	kg/m^3	2350/2450/2550	—	—

类似地，对空气冲击波超压峰值，也利用评价后的经验算法，对比例距离 Z 在 0.05～40，按步长 0.01 生成 3995 个伪试验数据，见表 3-14。

表 3-14　冲击波超压峰值伪试验数据生成参数

字段名称	单位	参数取值范围	步长	精度
Z	m/kg$^{1/3}$	(0.05,40)	0.01	0.001

3.6　基于数值模拟的数据扩充

经验算法都是通过大量试验得到的，各个算法均在其试验数据分析的基础上进行实弹试验。由于试验数据、研究方法和侧重点不同，各个经验算法之间往往存在较大的差别，且各个算法的适用范围受到多种因素影响，使经验验算法具有一定局限性，因此基于经验算法完成的扩充数据集存在缺陷，不能全面详细描述爆炸毁伤的全部特性。开展数值仿真工作，基于数值模拟的数据扩充是完善意外爆炸毁伤数据集的可靠手段。

3.6.1　高速碰撞的数值模拟

意外爆炸过程中会产生高速飞出的破片，其对周围的设备和建筑物会形成严重的破坏效应，意外爆炸事故调查中也会以破片破坏效应为爆炸威力的评估要素之一。但由于高速碰撞的试验成本昂贵、周期漫长，更需要数值模拟来揭示其冲击与毁伤结果。本节采用任意拉格朗日-欧拉（ALE）算法模拟了长杆弹对混凝土的高速冲击现象，模拟数据作为意外爆炸毁伤效应数据库的源数据之一。

考虑到正入射侵彻过程的对称性，在仿真中将圆柱形混凝土靶与长杆弹简化为二维轴对称模型，模型中心为对称轴。如图 3-12 所示，用细长圆柱杆模拟意外爆炸产生的飞片，金属杆长 32.9mm、半径 2.5mm。靶体半径 150mm、靶长 300mm，靶体外侧设置固定边界条件。杆材料分别选择 20 碳素结构钢、35SiMn 钢、60Si2MnA 钢三种高强结构钢，本构模型均采用 J-C 模型。

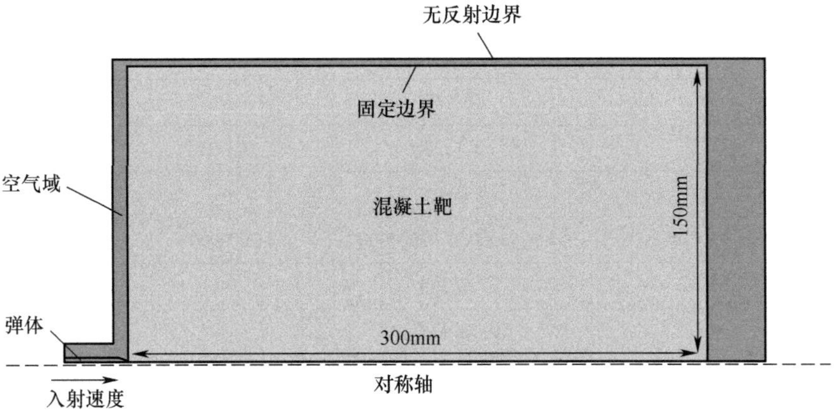

图 3-12　高速碰撞过程数值模拟模型

考虑到超高速下弹体力学行为向流体性质转变,模型使用 ALE 算法。由于该算法的网格不随材料质点固定,因此需要设置包裹整个弹靶区域的空气域,确保长杆弹有足够的移动空间,空气域与长杆弹之间的网格设置共节点,以确保网格内多种物质的正常运动;空气域边缘使用无反射边界包裹,以消除反射作用的影响。靶体采用拉格朗日网格,用流固耦合方法控制弹靶界面的接触。

1) 混凝土本构模型

混凝土在冲击荷载下表现的性质十分复杂,RHT 模型广泛应用于岩石和混凝土等高压、高应变率、大变形的动态力学响应问题的模拟中,可以很好地反映材料的应变率效应、失效及损伤演化等特点。因此,使用 RHT 本构模型模拟混凝土材料的动态力学特性可以得到较好的结果[8]。RHT 模型状态方程可以用式(3-13)所示的 $P-\alpha$ 状态方程和式(3-14)所示的 Hugoniot 多项式描述:

$$\alpha(P) = 1 + (\alpha_0 - 1)\left[\frac{P_c - P}{P_c - P_e}\right]^N \tag{3-13}$$

$$P(\rho, e) = \frac{1}{\alpha}\begin{cases} A_1\mu + A_2\mu^2 + A_3\mu^3 + (B_0 + B_1\mu)\rho e, & \mu > 0(\text{压力}) \\ T_1\mu + T_2\mu^2 + B_0\rho e, & \mu < 0(\text{拉力}) \end{cases} \tag{3-14}$$

式(3-13)所示的 $P-\alpha$ 状态方程用于描述多孔材料从初始压碎到压实的过程,如图 3-13所示,P_e 和 P_c 分别为开始压碎和压实时的压力,α_0 为材料的初始孔隙度,N 为孔隙度指数。式(3-14)所示的 Hugoniot 多项式所描述的压力 $P(\rho, e)$,$\mu = \rho/\rho_0 - 1$ 为压缩系数,ρ_0 和 ρ 分别为初始和当前的材料密度,e 为比内能。

RHT 模型的强度方程可以用三个极限面表示,如图 3-14 所示。混凝土经过弹性阶段到达屈服面后,开始发生塑性变形并发生应变硬化,直到达到失效面后开始累积损伤,发生损伤软化最终到达残余强度面[9]。对应给定应力状态与速率的情况,RHT 模型的弹塑性屈服面可以用式表示:

$$\sigma_y(P_0^*, \dot{\varepsilon}_P, \varepsilon_P^*) = f_c\sigma_y^*(P_0^*, F_r(\dot{\varepsilon}_P), \varepsilon_P^*)R_3(\theta, P_0^*) \tag{3-15}$$

式中:f_c 为单轴抗压强度;σ_y^* 为归一化屈服函数;$R_3(\theta)$ 为洛德角因子;$P_0^* = P_0/f_c$ 为归一化的压力;ε_P^* 为等效塑性应变;$\dot{\varepsilon}_P$ 为应变率。

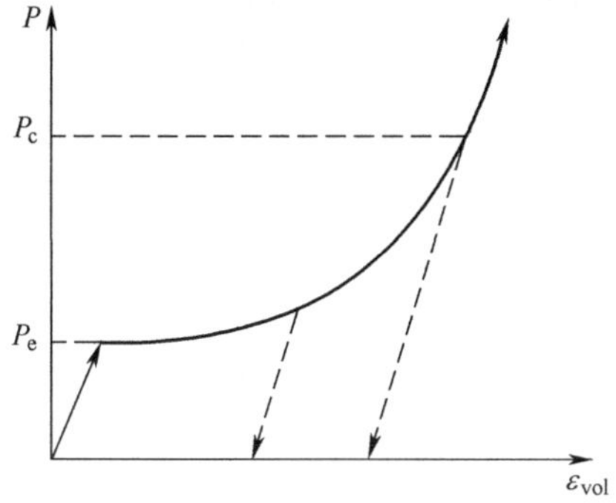

图 3-13 P-α 状态方程示意

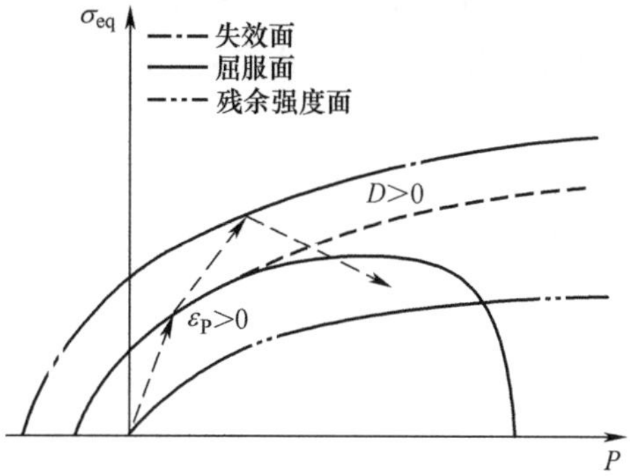

图 3-14 RHT 强度模型中的应力极限表面

除此之外,应变率也能够显著影响混凝土的强度,在 RHT 模型中使用式(3-16)来体现应变率效应 $F_r(\dot{\varepsilon}_P)$ 的影响:

$$F_r(\dot{\varepsilon}_P)=\begin{cases}(\dot{\varepsilon}_P/\dot{\varepsilon}_0^c)^{\beta_c}, & P_0^* \geqslant f_c/3\\ \dfrac{P_0^*+f_t/3}{f_c/3+f_t/3}(\dot{\varepsilon}_P/\dot{\varepsilon}_0^t)^{\beta_c}-\dfrac{P_0^*-f_c/3}{f_c/3+f_t/3}(\dot{\varepsilon}_P/\dot{\varepsilon}_0^c)^{\beta_1}, & -f_t/3<P_0^*<f_c/3\\ (\dot{\varepsilon}_P/\dot{\varepsilon}_0^t)^{\beta_t}, & P_0^*\leqslant -f_t/3\end{cases} \tag{3-16}$$

式中:$\dot{\varepsilon}_0^c=3.0\times10^{-5}\text{s}^{-1}$ 和 $\dot{\varepsilon}_0^t=3.0\times10^{-6}\text{s}^{-1}$ 分别为压缩与拉伸的应变率参考值,β_c 和 β_t 分别为压缩与拉伸的应变率指数,根据文献[10]可知,取值与单轴抗压强度有关,$\beta_c=4/(20+3f_c)$,$\beta_t=2/(20+f_c)$。

损伤模型用变量 $D(0\leqslant D\leqslant 1)$ 来描述,其表达式为

$$\begin{cases}D=\sum\Delta\varepsilon_P/\varepsilon_P^f\\ \varepsilon_P^f=D_1\left[P^*+(1-D)f_t^*\right]^{D_2}\geqslant\varepsilon_P^{\min}\end{cases} \tag{3-17}$$

式中:$\Delta\varepsilon_P$ 为单元在一个积分循环中塑性应变的变化量;ε_P^f 为材料最终失效的等效塑性应变;D_1 和 D_2 为损伤参数;$\varepsilon_P^{\min}$ 为最小失效应变;$f_t^*=f_t/f_c$ 为归一化抗拉强度,f_t 为材料抗拉强度。

混凝土密度 ρ、单轴抗压强度 f_c、剪切模量 G 根据试验测得,抗拉强度依据 $f_t=0.62\sqrt{f_c}$,剪切强度依据 $f_s=0.75\sqrt{f_cf_t}$。各标号混凝土力学性能参数如表 3-15 所列。

表 3.15 各标号混凝土力学性能参数

混凝土标号	泊松比	弹性模量/GPa	剪切模量/GPa	抗压强度/MPa
C30	0.2	38.0	15.8	30.0
C45	0.2	43.0	17.9	50.8
C80	0.2	47.0	19.6	89.3

对于混凝土状态方程参数的确定，利用 Rankine–Hugoniot 方程及 Mie–Gruneisen 状态方程推导出各项多项式参数：$A_1=\rho_0 c_0^2=T_1$，$A_2=\rho_0 c_0^2(2s-1)$，$A_3=\rho_0 c_0^2(3s^2-4s+1)$，$B_0=B_1=2s-1$。其中，$c^0$ 为材料声速，s 为混凝土材料参数，根据文献[10]取 1.13。综上所述，大部分不同标号强度混凝土的模型参数得以确定，剩余参数参考文献[11]中数据给出，最终确定各标号混凝土所用模型参数，如表 3–16 所列。

表 3–16　混凝土材料 RHT 模型主要参数

混凝土	$\rho/(\mathrm{kg/m^3})$	f_c/MPa	f_t^*	f_s^*	G/GPa	A	M	Q_0	B	β_c	β_t
C30	2314	30.0	0.113	0.180	15.8	1.4	0.60	0.6805	0.0105	0.0364	0.0400
C45	2330	50.8	0.087	0.221	17.9	1.53	0.70	0.6805	0.0105	0.0232	0.0282
C80	2350	89.3	0.066	0.192	19.6	1.8	0.81	0.6805	0.0105	0.0139	0.0183
混凝土	A_1/GPa	A_2/GPa	A_3/GPa	B_0	B_1	T_1/GPa	T_2/GPa	g_c^*	g_t^*	D_1	$\varepsilon_{f_{\min}}$
C30	42.22	51.51	10.82	1.22	1.22	42.22	0	0.53	0.70	0.04	0.01
C45	47.77	58.28	12.24	1.22	1.22	47.77	0	0.80	0.70	0.04	0.01
C80	52.22	63.71	13.38	1.22	1.22	52.22	0	0.90	0.81	0.04	0.01

2）破片材料本构模型

高速碰撞过程中，高速破片与靶界面处于大变形和高应变率的特殊状态，破片被严重侵蚀，所以数值模拟中使用 J–C（Jonhson–Cook）本构模型与 Gruneisen 状态方程描述破片材料特征，J–C 模型的强度方程如下：

$$\sigma=[A+B(\varepsilon_P)^N]\left(1+C\ln\frac{\dot{\varepsilon}^P}{\dot{\varepsilon}_0}\right)\left[1-\left(\frac{T-T_0}{T_m-T_0}\right)^M\right] \tag{3-18}$$

式中：A 为准静态屈服强度；B 和 N 分别为应变硬化模量和应变硬化指数；C 为材料应变率硬化系数；M 为温度软化指数；ε_P 为等效塑性应变；$\dot{\varepsilon}_P$ 为塑性应变率；$\dot{\varepsilon}_0=1.0\mathrm{s}^{-1}$ 为参考应变率；T、T_0 和 T_m 分别为瞬时温度、参考温度与熔点；$D_1\sim D_5$ 为材料损伤参数；σ_e 为等效应力。

J–C 模型的损伤方程如下：

$$\varepsilon_{\mathrm{eff}}^{\mathrm{p}}=\left[D_1+D_2\exp\left(D_3\frac{P_0}{\sigma_e}\right)\right]\left[1+D_4\ln\left(\frac{\dot{\varepsilon}_P}{\dot{\varepsilon}_0}\right)\right]\left(1+D_5\frac{T-T_0}{T_m-T_0}\right) \tag{3-19}$$

所采用的 J–C 模型具体参数如表 3–17 所列[12–13]。

表 3–17　弹丸 J–C 模型主要参数

$\rho/(\mathrm{kg/m^3})$	A/MPa	B/MPa	G/GPa	N	C	M	D_1	D_2	D_3	D_4	D_5
7830	822	510	0.77	0.26	0.014	1.03	0.05	3.44	–2.12	0.002	0.61

在获取材料的本构模型和状态方程参数后，系统开展了不同破片–靶标材料及不同撞击速度的高速碰撞模拟，其中部分仿真过程图展示如图 3–15～图 3–17 所示。

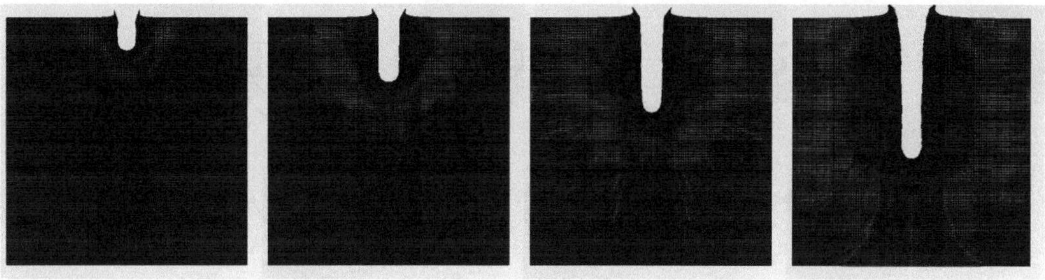

图 3-15 20 碳素结构钢长杆以 1450m/s 的速度冲击 C30 混凝土靶标仿真结果(见彩图)

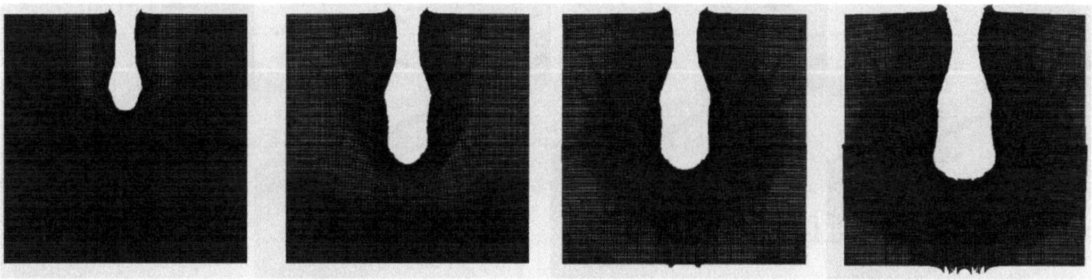

图 3-16 35SiMn 钢长杆以 4000m/s 的速度冲击 C45 混凝土靶标仿真结果(见彩图)

图 3-17 60Si2MnA 钢长杆以 2500m/s 的速度冲击 C80 混凝土靶标仿真结果(见彩图)

通过对仿真可以得到不同情况下弹体、混凝土与速度之和侵彻深度之间的关系,如图 3-18、图 3-19 所示。

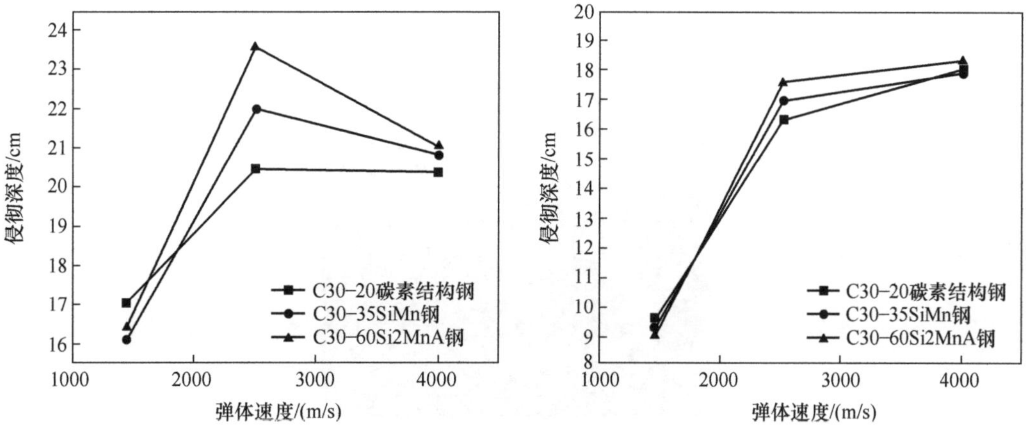

图 3-18 不同材料弹体对相同混凝土靶侵彻深度影响

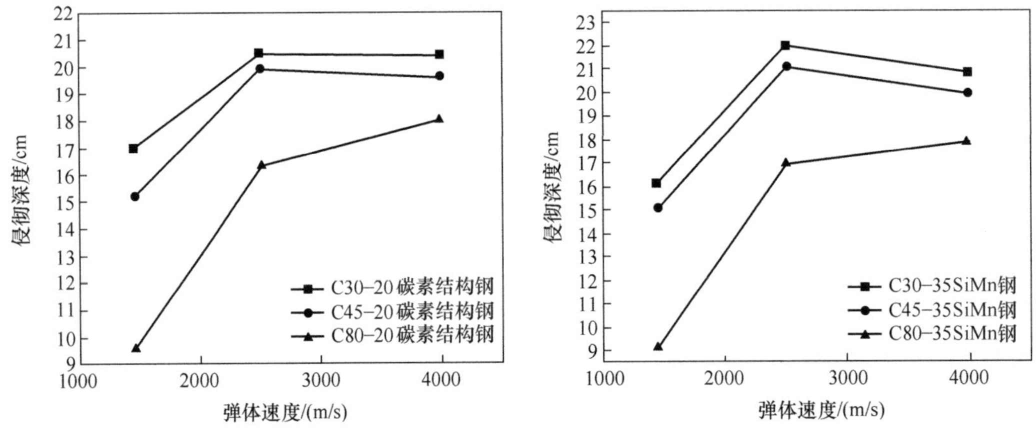

图 3-19　相同材料弹体对不同材料混凝土靶侵彻深度影响

3.6.2　爆炸近区冲击波数值模拟

由于炸药爆炸近区会产生较强的电磁辐射、火光、烟雾等干扰，存在试验数据离散性大、重复性差等突出问题，且现场实验成本高，很难依靠大量现场实爆试验的方式来获得足量有效爆炸近区毁伤数据，因此在试验的基础上开展了数值仿真工作，利用数值模拟扩充数据至关重要。

1）建模过程

使用有限元计算软件 LS-DYNA[14]，基于 ALE 算法建立了圆柱形装药的二维轴对称模型，空气域四周设为无反射边界 * BOUNDARY_NON_REFLECTING_2D，如图 3-20 所示。

图 3-20　计算模型

对空气采用材料模型 * MAT_NULL 及线性多项式 * EOS_LINEAR_POLYNOMIAL 状态方程加以描述。线性多项式状态方程如下：

$$p = C_0 + C_1\mu + C_2\mu^2 + C_3\mu^3 + (C_4 + C_5\mu + C_6\mu^2)e \tag{3-20}$$

式中：$C_0 \sim C_6$ 为常量，$C_0 = -0.1\text{MPa}$，$C_1 = C_2 = C_3 = 0$，$C_4 = C_5 = 0.4$，$C_6 = 0$；e 为初始体积内能；$\mu = 1/V_0 - 1$，V_0 为相对体积，$\mu = 1$。

炸药 TNT 采用模型 * MAT_HIGH_EXPLOSIVE_BURN 来表示炸药的材料模型，状态方程为 * EOS_JWL，通过命令 * INITIAL_DETINATION 来控制炸药起爆的时间和爆心。TNT 炸药具体参数值：炸药密度 $\rho = 1.631\ \text{g/cm}^3$，爆速 $D = 6.717\text{km/s}$，爆轰波阵面压力 $p_{CJ} = 18.5\text{GPa}$，$e_0 = 7\text{GPa}$，$V_0 = 1.0$，$A = 540.9\text{GPa}$，$B = 9.373\text{GPa}$，$R_1 = 4.5$，$R_2 = 1.1$，$\omega = 0.35$。

JWL 状态方程的表达式为

$$p = A\left(1 - \frac{\omega}{R_1 V}\right)e^{-R_1 V} + B\left(1 - \frac{\omega}{R_2 V}\right)e^{-R_2 V} + \frac{\omega e_0}{V} \tag{3-21}$$

式中：p 为爆轰压力；V 为爆轰产物体积相对于初始体积的比值；e_0 为初始体积内能；ω、A、B、R_1、R_2 为方程系数。

该状态方程通过反应爆炸气体压力-体积关系来描述炸药的爆轰过程。

本书分别进行了长径比为 0.25∶1、0.5∶1、1∶1、2∶1、3∶1、4∶1、5∶1、6∶1 八种不同圆柱形 TNT 炸药的自由场爆炸的数值模拟，并在炸药中轴的顶端、1/8 处、1/4 处、3/8 处、中心、底端六个位置分别设置了起爆点，总结了不同起爆点位置对爆炸近区冲击波规律的影响，共进行了 48 种不同工况的建模仿真工作。

在数值仿真每个计算模型按比例距离 0.2~1.5 比例距离内每间隔 0.1 设置一监测点，方位角每间隔 10°设置一组监测点，模型中总共设有 266 个监测点，如图 3-21 所示。通过现场实爆试验及有限元数值模拟系统开展了不同起爆位置、不同形状 TNT 爆炸近区冲击波传播规律的分析，通过仿真得到不同起爆位置、药包形状和尺寸、比例距离方位角等参数对应的爆炸冲击波数据。

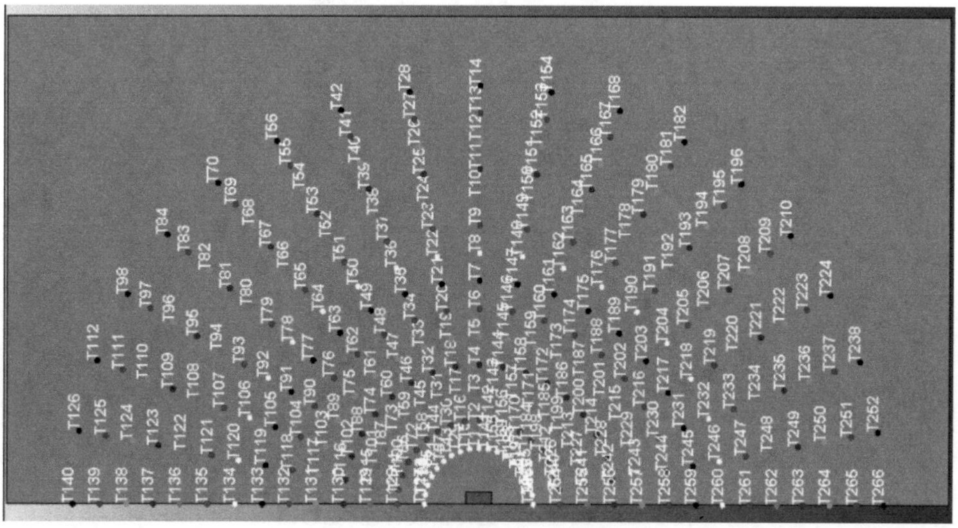

图 3-21 监测点示意（见彩图）

2）数值仿真结果

通过计算可以看到,与球形装药产生的均匀球形冲击波不同,圆柱形装药产生的冲击波不会以球形波的形式进入周围空气,也不会在同一时刻穿过整个装药表面,如图 3-22 所示。可以观察到,冲击波最初,分别在端波、桥波和侧波三个不同的区域产生,如图 3-23所示。相应的三个区域可以划分为轴向区域、顶点区域和径向区域。

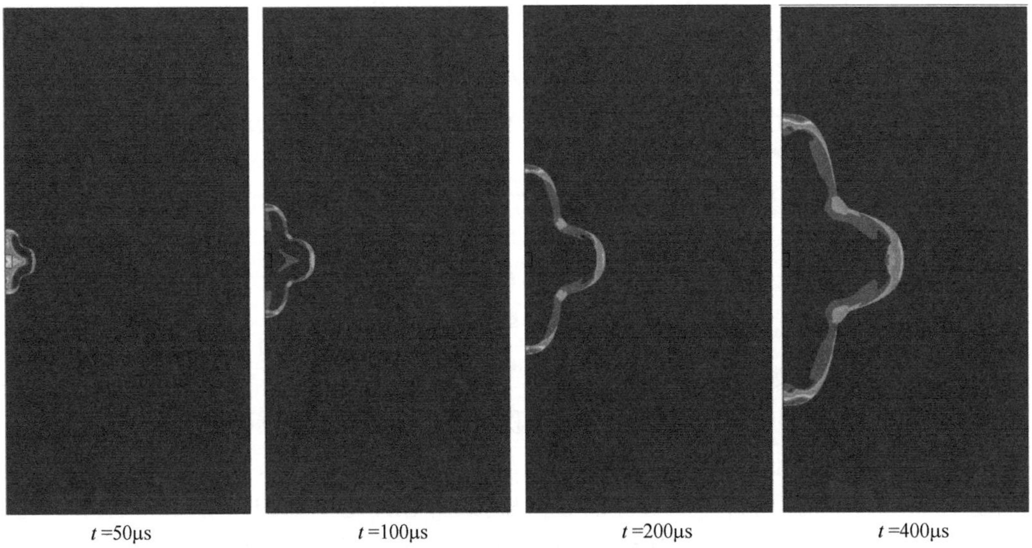

图 3-22　$L/D=1$ 时圆柱形炸药波阵面(见彩图)

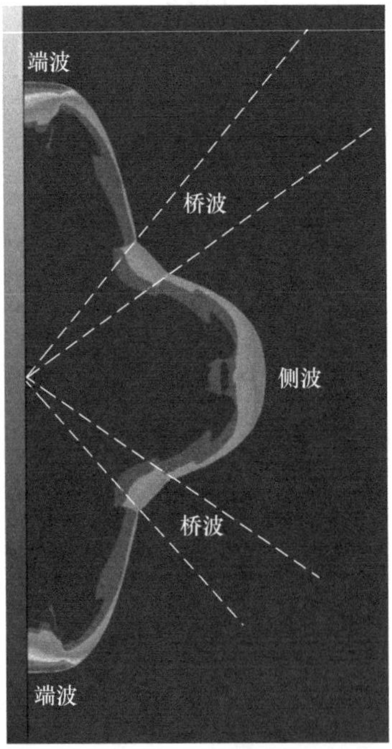

图 3-23　圆柱形炸药冲击波特性(见彩图)

通过数值模拟进行了多种工况的模拟，并通过设置监测点共得到了不同长径比、不同起爆点工况下的19152条冲击波超压数据，为后续建立圆柱形炸药超压预测机器学习模型提供了数据支撑，典型数据曲线如图3-24、图3-25所示。

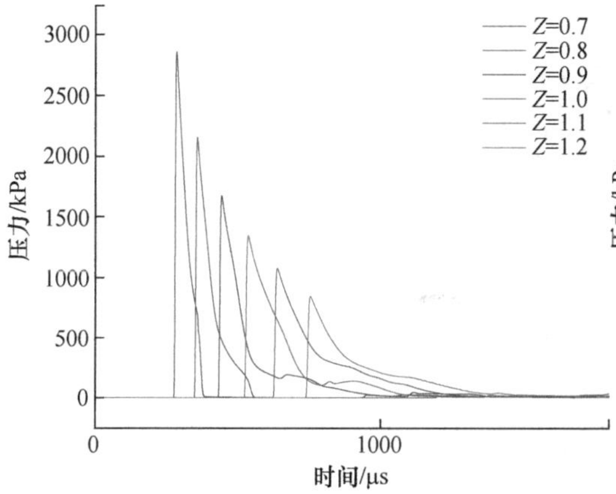

图3-24 $L/D=1$、$\alpha=0$时不同比例距离超压波形

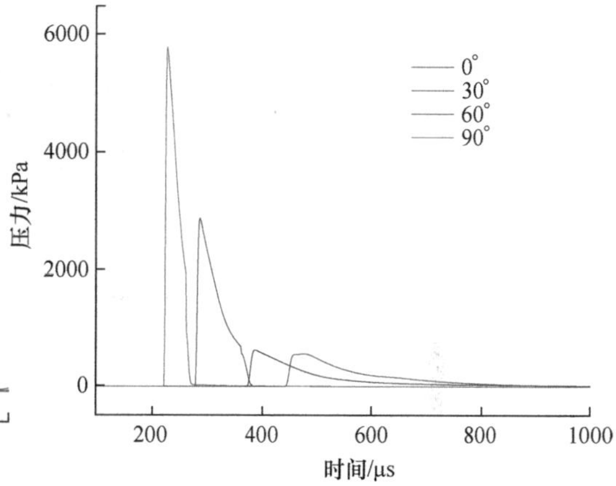

图3-25 $L/D=1$、$Z=0.7$时不同方位角超压波形

3.6.3 爆炸波作用下板件动态响应数值模拟

1）建模过程

CONWEP模型是根据连续物质方程、爆炸能量释放情况及空气动力学原理构建的。它使用了一些基本的输入参数，如炸药质量、离爆点距离、地面反射系数等，计算爆炸产生的压力波在自由空气场中的传播和衰减过程。模型通过计算爆炸产生的冲击波超压和持续时间，可评估爆炸事件对周围环境和结构物的影响。CONWEP模型忽略了空气的刚度和惯性效应，这意味着模型仅考虑空气的压缩性和轻质特性，而忽略空气的惯性和运动过程。因此，在使用CONWEP模型进行分析时，只需要结构模型，不用建立空气域，从而大大节省了计算量。LS-DYNA软件的LOAD_BLAST_ENHANCED能够考虑冲击波的正压段和负压段，同时满足修正的Friedlander方程，更准确地描述了冲击波的入射压力和反射压力[14]：

$$\begin{cases}\Delta P_{\mathrm{i}}(\tau)=\Delta P_{\mathrm{i}}(1-\tau)\mathrm{e}^{-\alpha\tau}\\ \Delta P_{\mathrm{r}}(\tau)=\Delta P_{\mathrm{r}}(1-\tau)\mathrm{e}^{-\beta\tau}\end{cases} \tag{3-22}$$

式中：ΔP_{i}和ΔP_{r}分别为入射和反射超压峰值；α和β为衰减系数；τ为无量纲时间，$\tau=t/t_{+}$，其中t_{+}为正压作用时间。

不同位置单元的压力载荷P_1计算公式为

$$P_1=P_{\mathrm{r}}\cos^2\theta+P_{\mathrm{i}}(1+\cos^2\theta-2\cos\theta) \tag{3-23}$$

式中：θ为入射角，即单元上表面中心和爆心连线与单元法线的夹角。

选用有限元软件LS-DYNA建立钢化玻璃构件的三维模型。钢化玻璃板四周采用夹具约束,并使用具有简化积分和沙漏控制的实体单元进行建模,以限制单元锁定并允许严重的单元变形,同时降低计算成本。钢化玻璃通过周围设有 1cm 宽的刚性夹具固定。玻璃模型为 100cm×50cm×1cm(长度×宽度×厚度)。厚度方向以 2mm 划分网格,长宽方向以 4mm 划分网格。有限元模型如图 3-26 所示。

图 3-26　钢化玻璃板件有限元模型

钢化玻璃作为典型的脆性材料,无法用塑性模型来表征材料脆性张压破坏及拉伸破坏等力学特征,在 LS-DYNA 软件中经常使用 JH-2 模型来进行高应变率下对脆性材料的仿真分析,该模型可模拟出脆性材料的力学特征。特别的是,在应变率偏小即外部冲击载荷偏小时,该模型表现出塑性材料的力学特征,这符合钢化玻璃材料的变化过程中会出现的“塑性”阶段,而当外部冲击载荷超过钢化玻璃材料的屈服应力后,材料内部的微观裂纹扩展导致材料“脆性”破坏。因此,该模型能详细模拟钢化玻璃高应变率下材料的力学特征及破坏特点。JH-2 模型主要由两部分组成:强度模型,可通过该模型确定材料的动态响应;状态方程,可通过该方程来表征材料的体积形变。

JH-2 材料模型强度是完整强度、断裂强度、应变速率和损伤的平滑变化函数,强度的归一化等效应力可表述为

$$\overline{\sigma}^* = \overline{\sigma}_I^* - D(\overline{\sigma}_I^* - \overline{\sigma}_F^*) \tag{3-24}$$

$$\overline{\sigma}_I^* = A(P^* + T^*)^N(1 + C\ln\dot{\varepsilon}^*) \tag{3-25}$$

式中:D 为材料的损伤因子;$\overline{\sigma}_I^*$ 为 $D=0$ 时的归一化等效应力;$\overline{\sigma}_F^*$ 为 $D=1$ 时的归一化等效应力。

归一化等效应力主要表现为材料的静态压缩应力,即材料在试验过程当中,单轴向应变超过材料自身的弹性极限应变。材料完全破坏的归一化等效应力可以表示为

$$\overline{\sigma}_F^* = B(P^*)^M(1 + C\ln\dot{\varepsilon}^*) \tag{3-26}$$

在式(3-25)和式(3-26)中:P^* 为静水压力;T^* 为归一化静态拉伸应力峰值;A、N、

C、B、M 均为材料常数。

对于损伤材料,其静水压力 P 可表示为

$$P = K_a \mu + K_b \mu^2 + K_c \mu^3 \tag{3-27}$$

$$\mu = \frac{\rho}{\rho_0} - 1 \tag{3-28}$$

式中:K_a 为材料体积模量(GPa);K_b 与 K_c 为材料常数(GPa);μ 为材料比容;ρ 为材料即时密度;ρ_0 为材料的初始密度。

材料损伤参数 D 大于 0 时,代表此时材料,内部产生微观裂纹并开始扩展,材料体积会发生膨胀,此刻静水压力公式变为

$$P = K_a \mu + K_b \mu^2 + K_c \mu^3 + \Delta P \tag{3-29}$$

$$I = \frac{\sigma_1^2}{6G} \tag{3-30}$$

式中:ΔP 为导致材料破坏的静水压力 P 的变化数值;I 为弹性能量;σ_1 为材料的等效塑性应力;G 为材料的剪切模量,可以根据静水压力对钢化玻璃材料进行定义。

钢化玻璃材料最终确定的 JH-2(* MAT_JOHNSON_HOLMQUIST_CERAMICS)模型参数如表 3-18 所列。

表 3-18 钢化玻璃模型材料参数

ρ_0/(kg/m^3)	G/GPa	A	B	C	M
2530	3166	0.93	0.31	0.003	1.0
N	EPSO/(10^6s^{-1})	T^*/GPa	SFMAX	HEL/GPa	PHEL/GPa
0.77	1.0	0.06452	0.5	5.95	2.92
β	D_1	D_2	K_a/GPa	K_b/GPa	K_c/GPa
1.0	0.04	0.8	66.7	138	290

注:EPS_0—准静态阀值度变率;T^*—最大拉伸强度;SFMAX—最大归一化断裂强度;HEL—弹性极限,$HEL = P_{HEL} + \frac{2}{3} * \bar{G}_{HEL}$　$HEL = K_a \mu_{HEL} + K_b \mu_{HEL}^2 + K_C \mu_{HEL}^3 + \frac{3}{4} * G * \frac{\mu_{HEL}}{\mu_{HEL+1}}$ D_1、D_2—损伤参数;

2) 数值仿真结果

通过设定不同的炸药质量和爆心距组合,模拟出不同的爆炸情况。为研究不同冲击波强度对钢化玻璃的影响,开展爆距 R 为 3m 的触地爆数值仿真模拟,TNT 当量分别为 100g、200g、400g、600g、800g、1000g。在数值模拟中使用 * DATABASE_BINARY_BLSTFOF 关键字获得的对钢化玻璃试件施加冲击波超压时程曲线,如图 3-27 所示。

通过有限元 LS-DYNA 数值仿真,可以得到钢化玻璃构件在不同强度冲击波作用下的动态响应,详细观察钢化玻璃构件破坏过程,如图 3-28 和图 3-29 所示。通过监测点可以记录钢化玻璃对应位置的动态响应数据,如图 3-30 所示。

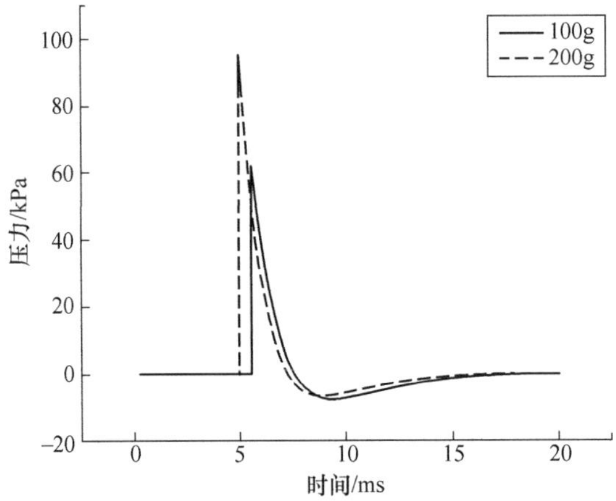

图 3-27　爆距 3m、不同质量 TNT 爆炸时构件冲击波超压时程曲线

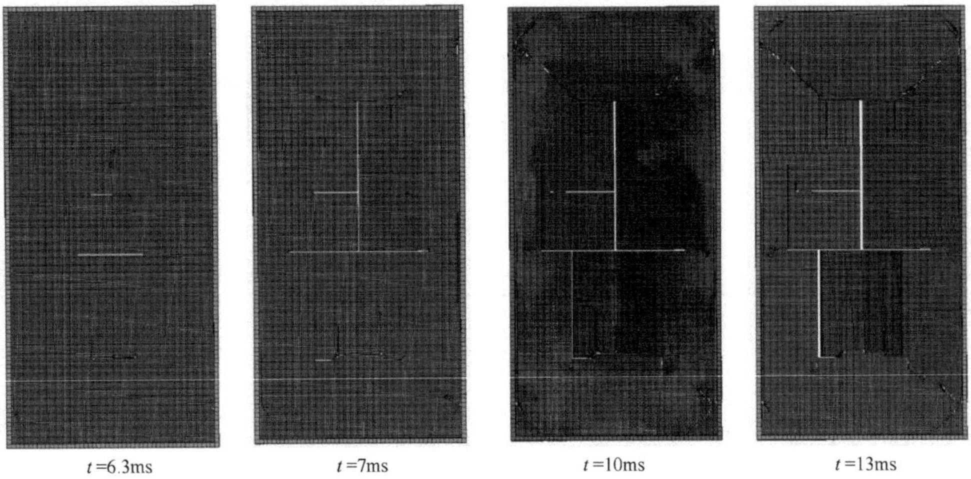

图 3-28　爆距 3m、600g TNT 爆炸时裂纹扩展示意图(见彩图)

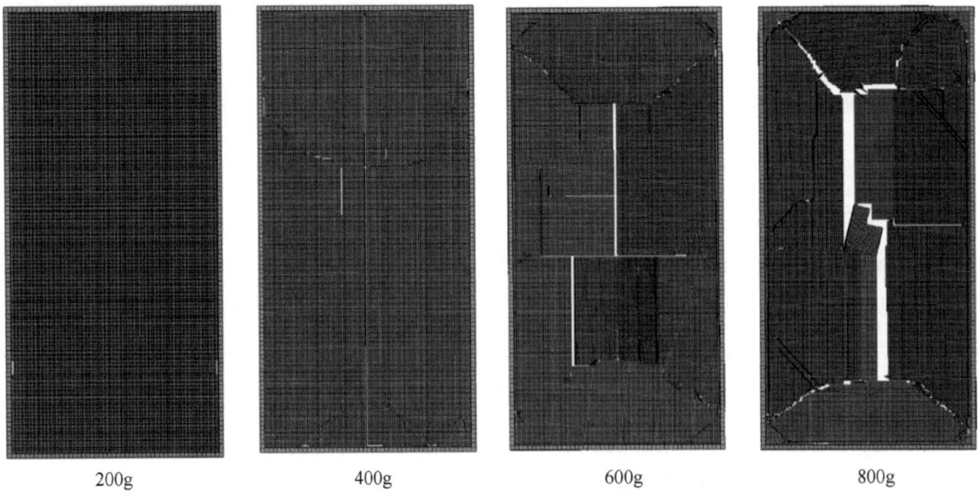

图 3-29　爆距 3m、不同质量 TNT 爆炸时钢化玻璃的毁伤(见彩图)

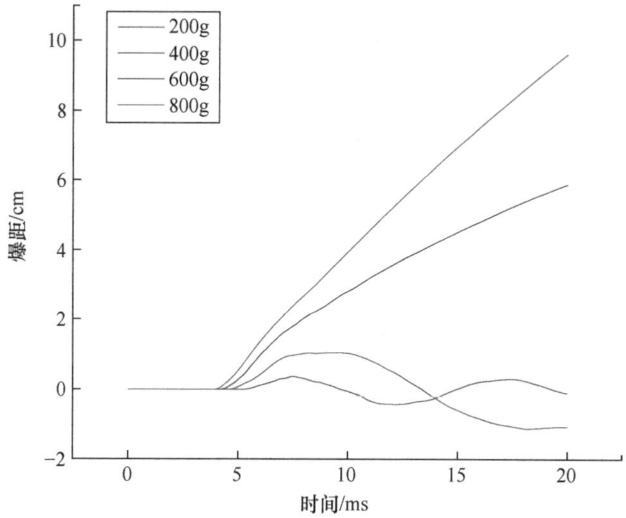

图 3-30 不同药重毁伤钢化玻璃中心位移

3.6.4 复杂流场冲击波传播数值模拟

为了研究复杂间室结构环境下爆炸冲击波的传播规律,选用 ANSYS/LS-DYNA 作为计算工具开展数值仿真工作。采用 LS-DYNA 对空气冲击波传播规律的模拟包括 TNT 炸药的起爆、爆轰波及空气冲击波的形成及传播、冲击波的相互作用等复杂的物理化学过程。

分别建立三种间室结构,如图 3-31~图 3-33 所示。

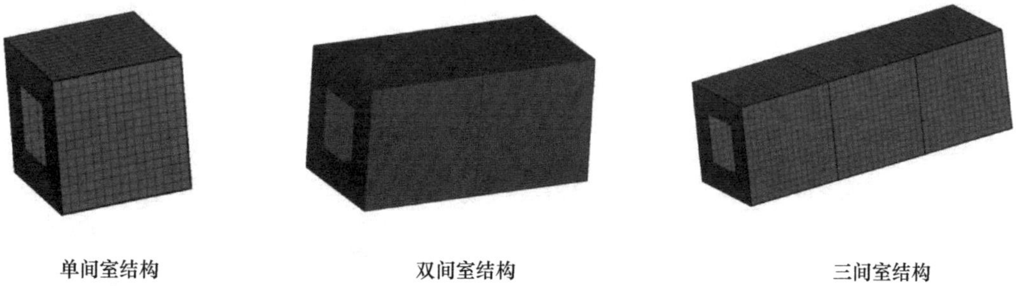

图 3-31 间室结构有限元模型

图 3-32 单箱结构数值模型

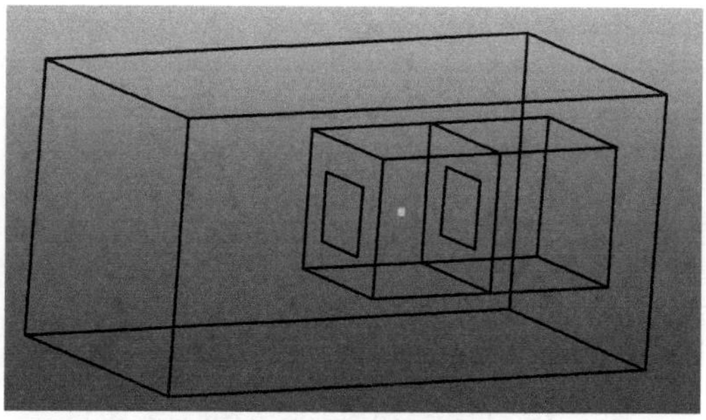

图 3-33 双箱结构数值模型

为简化计算,间室结构采用刚体模型 * MAT_RIGID。使用任意拉格朗日-欧拉(ALE)单元计算爆炸物/空气界面和构件处的流固耦合(FSI)。由于计算域有限,对外部空气边界应用了无反射边界条件 * BOUNDARY_NON_REFLECTIN。

空气域与炸药模型建立过程见 3.6.2 节。

炸药通过 * INITIAL_VOLUME_FRACTION_GEOMETRY 命令插入空气域,该方法不需单独建立炸药模型,通过 ALE 单元(空气域)中插入对应体积的炸药模块,便于更改炸药模块的当量及位置。为充分研究爆炸冲击波在复杂间室结构中的传播规律,考虑内爆与外爆不同情况,通过初始体积分数法设置了不同的炸药位置。建模过程中通过在空气域中布置监测点来监测爆炸冲击波压力的分布规律。内爆工况下监测点主要布置在间室结构内部及开窗前侧,用来监测结构内部压力变化规律及开窗泄压规律。外爆工况下监测点位于间室结构四周和内部,记录爆炸冲击波绕射影响和爆炸冲击波对结构内的影响,监测点布置如图 3-34 所示。

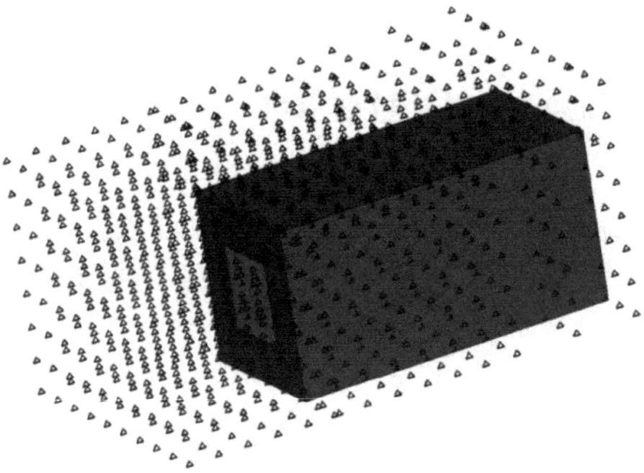

图 3-34 有限元模型监测点示意

通过数值模拟计算,得到了炸药冲击波流场在单箱结构中的传播过程,并取得多点的冲击波压力时程曲线。通过数值仿真,得到不同当量炸药在双箱结构中冲击波流场的传播过程,不同位置的超压峰值数据被存入数据库中,用于训练对应的机器学习模型(图3-35~图 3-38)。

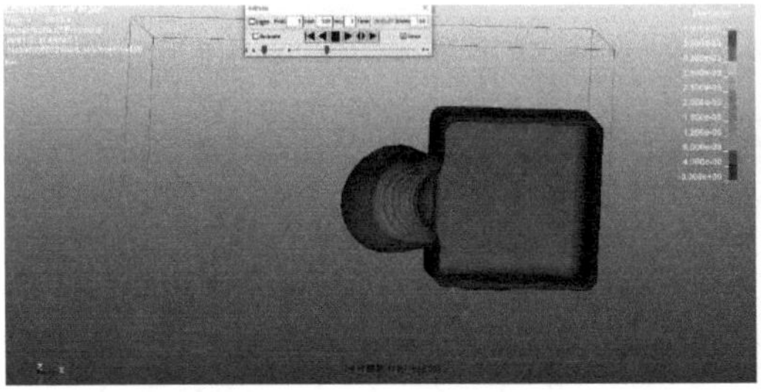

图 3-35 单箱结构冲击波流场(见彩图)

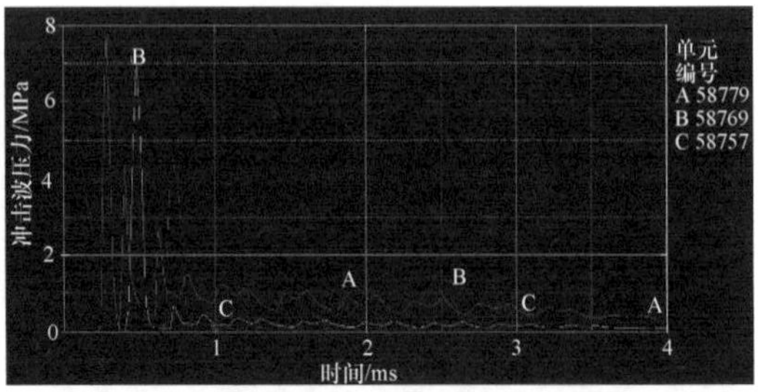

图 3-36 单箱结构泄压口压力时程曲线(见彩图)

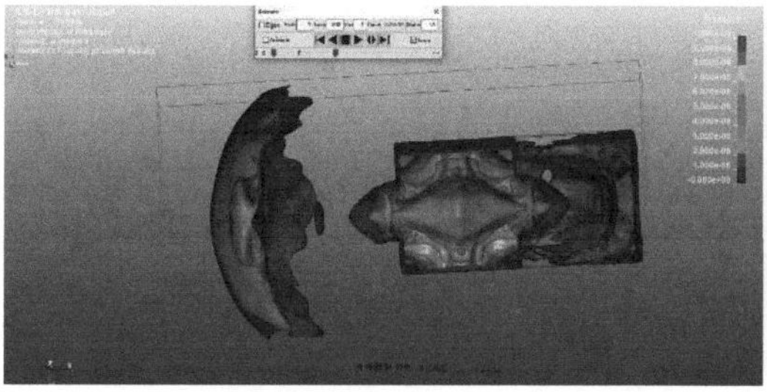

图 3-37 双箱结构冲击波流场(见彩图)

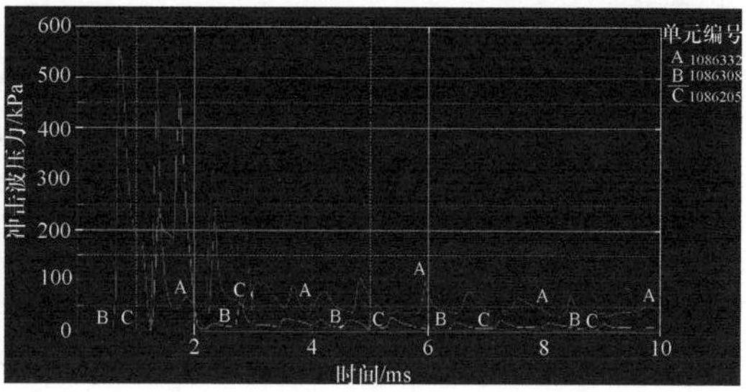

图 3-38 双箱结构泄压口压力时程曲线(见彩图)

3.7 数据异常检测

3.7.1 数据异常检测的必要性

数据质量是数据驱动模型有效性和准确性的基础,缺乏可信数据,数据驱动模型无疑是空中楼阁。数据源中的异常点在数据处理过程中会将错误信息逐渐累积,最终造成错误的挖掘结果。另外,它还会降低数据挖掘算法的效率,也可能会在数据模型中引入非正态分布或其他的数据复杂性,从而很难甚至不可能找到准确的数学模型。由于试验条件、量测技术、人为因素及噪声数据和虚假数据等,会导致原生数据中存在异常点。因此,为确保数据驱动模型的准确性,必须先对原生数据进行异常值剔除操作。

3.7.2 意外爆炸数据异常检测的难点

数据异常主要体现在如下 3 个方面:①单点异常,也称全局异常,即某个点与全局大多数点都不一样;②集体异常,这类异常往往由多个对象组合构成,即单独看某个个体可能并不存在异常,但这些个体同时出现时,则构成了一种异常;③上下文异常,这类异常点常出现在时间序列数据中,表现形式为某个时间点的数据表现与前后时间段内存在较大的差异。对于意外爆炸毁伤效应数据而言,上述三种数据异常可能都会存在。

意外爆炸毁伤效应数据来源主要有事故调查数据、科研试验数据及产品研发生产过程中产生的数据等,与金融领域、网络安全、电商领域和工业界的大数据相比,意外爆炸毁伤效应数据异常检测难度主要存在以下几个方面。

(1) 在大多数实际的场景中,数据本身是没有标签的,即数据本身的规律性并没有被挖掘,或者虽然有了一些标签但标签的可信度很低,导致放入异常检测模型后效果很差而无法直接使用一些成熟的有监督的学习方法。

(2) 意外爆炸事故的调查数据,常常存在噪声、欺诈(示伪)数据和异常点混在一起的情况,难以区分。

(3) 对于一维或者维度较低的数据,定义异常性较为简单。但当数据对象有多个属性(多个维度)时,它很可能在一个属性上正常而在另一个属性上异常,此时异常的定义比较困难。对于易燃易爆品偶然爆炸毁伤效应数据而言,其属性都是多维的,属性数越多,定义异常就越困难。

(4) 一个数据对象可能从全局看是异常,但从局部看是正常的,也可能会导致异常检测错误。

由于没有明确标签，也没有对具体诈骗（示伪）数据特征的描述和定义，就导致数据异常分析中陷入“鸡生蛋”或者“蛋生鸡”的循环之中，使传统的数据异常方法都具有一定的不足。目前比较常用的方法是将无监督学习方法和专家经验相结合，基于无监督学习得到检测结果，并让专家基于检测结果给出反馈，以此为基础及时调整模型，反复进行迭代，最终得到一个越来越准确的模型。

传统的数据异常检测方法主要包括基于统计的方法、基于深度的方法和基于距离的方法。基于统计的方法主要算法思想假定正常数据遵循特定分布（如高斯分布、泊松分布等），而且异常点位置存在比较大的偏移，比如高斯分布，在平均值加减3倍标准差以外的部分仅占了0.2%左右的比例，一般将这部分数据就标记为异常数据。但其也具有明显的缺点，首先均值和方差本身都对异常值很敏感，其次对于意外爆炸数据而言大部分数据分布未知，这就限制了该方法在意外爆炸毁伤数据异常检测中的应用。基于深度的方法，其假定数据分布比较集中，密度较高的点是正常点，而异常点位于分布比较稀疏的地方，通过定义深度阈值方法即可确定异常点，即深度小于阈值点为异常点。但基于深度的方法无法适应复杂高维数据，而且该方法的性能严重依赖人工定义的深度阈值。

3.7.3 融合先验知识的数据异常检测

3.7.3.1 问题描述

在意外爆炸毁伤效应问题研究中，基于理论分析和试验总结，已经积累了较丰富的先验知识。以刚性弹侵彻无限厚混凝土靶为例，空腔膨胀模型已经得到了较广泛的应用，在可以获取简化靶标材料本构模型的基础上，空腔膨胀模型一般可给出侵彻弹体运动的封闭解，但高压高应变率下混凝土材料本构模型的复杂性限制了空腔膨胀模型的应用[15]。基于试验数据和量纲分析，也建立了多个量纲相符的半经验-半解析公式，它们一方面具有形式简单、便于求解的优势；另一方面结合理论分析和试验规律，给出了基础物理量组合而成的无量纲数，作为控制弹体侵彻深度的主要控制参数，有效避免纯经验方程基本物理概念不清晰、不便推广应用等不足[16]。目前，刚性弹对无限厚混凝土靶侵彻深度半经验-半解析模型主要有：Chen 等[17]提出的两参数模型、Li 等[18]提出单参数模型，以及文献[19]建立的三参数模型等，这些组合参量形式简单、易于获取，而且现有研究结果表明其能较真实地反映弹和靶的物理性能对侵彻过程的影响[20]，因此可作为刚性弹对无限厚混凝土靶侵彻深度预测的先验知识。

某些特定领域，由于试验数据获取困难、代价昂贵、实际试验过程中干扰因素较多，数据数量有限、数据分布不均匀甚至缺失，以及数据噪声和异常数据等，纯依赖神经网络模型从原生数据中自动拟合数据分布，可导致模型仅学习到局部分布规律和错误知识，会严重影响模型性能，甚至会由训练样本的数据量有限、数据坏点、数据分布不良等问题导致错误的预测结果。同时，数据质量不高也会减慢模型的收敛速度。从机器学习角度来看，神经网络的训练过程就是从样本数据中学习拟合数据分布规律的过程，通过加入额外输入分支的方式为模型赋予领域先验知识相当于使模型提前掌握一定的数据分布规律，从而节省模型学习时间，加快模型收敛速度。本书通过集成相应领域专家知识的形式为模型赋予先验知识，将混凝土侵彻深度的物理模型、参数约束和参数间依赖关系等知识以额外输入参数的形式提供给模型，以提升模型的性能，增强模型的鲁棒性，同时加快模型收敛速度。

基于上述观点，在传统 BP 神经网络模型的基础上，加入不同专家先验知识提升模型性能，约束模型对试验数据分布的拟合，结合基于偏差的指标剔除试验样本异常点，再利用经验公式检验模型异常检测的准确率。同时，利用数值实验结果分析不同先验知识对数据异常检测结果的影响，为意外爆炸数据异常检测提供一种可靠高效的机器学习算法。

3.7.3.2 神经网络模型构建及训练优化

1）融合先验知识模型的神经网络模型

BP 神经网络是一种前馈型神经网络，在机器学习中得到了广泛应用。神经网络每个层包含多个神经元，神经元之间通过连接权重传递信息，数据从输入层经过隐藏层逐层传递，最终得到输出结果。BP 神经网络利用激活函数引入非线性，使它能够学习和表示复杂关系。BP 神经网络训练过程包括前馈传播和反向传播两个阶段。前馈传播计算输出并计算预测误差，然后反向传播误差，逐层调整连接权重，使误差减小。通过多次迭代，网络逐渐优化，学习输入与输出之间的复杂映射关系。这样，BP 神经网络能够逐步提高在各种监督学习任务中的预测准确性。具体地，每个神经元的输出 y_i 为

$$y_i = F\left(\sum_{i=1}^{n} w_i x_i + \theta\right) \tag{3-31}$$

式中：x_i 为神经网络模型的输入；w_i 为神经元之间的连接权重值；θ 为神经元偏置项；$F(\cdot)$ 为激活函数。

由量纲分析可知，在弹体满足刚体侵彻假设并忽略应变率效应和摩擦效应时，正侵彻深度和主要影响因素的依存关系可归纳为

$$\frac{x}{d} = F(m, d, N^*, v, f_c) \tag{3-32}$$

式中：x 为侵彻深度；m 为弹体质量；d 为弹体直径；N^* 为弹头形状因子；v 为侵彻初速；f_c 为靶标材料强度。

这 5 个参数被认为是影响刚性弹对无限厚混凝土靶侵彻深度的主要控制参数，也是相关试验需记录的主要特征参数。

Chen 等[17]给出了两参数形式的侵彻深度公式：

$$\frac{x}{d} = N^* F\left(\frac{m}{\rho_t d^3}, \frac{mv^2}{f_c d^3}\right) \tag{3-33}$$

式中：除弹体形状因子 N^* 外，另外两个无量纲因子 $m/(\rho_t d^3)$ 和 $mv^2/(f_c d^3)$ 分别为弹体无量纲质量 λ 和撞击因子 I^*。

在弹头形状函数 $N = \lambda/N^* \gg 1$ 及撞击函数 $I = I^*/S \ll N$ 的条件下（其中，S 为与靶标材料抗压强度 f_c 相关的经验常数，可由试验确定），可进一步简化成单无量纲数 I 的形式[18]：

$$\frac{x}{d} = \begin{cases} \sqrt{\dfrac{4k}{\pi} I}, & x < kd \\ \dfrac{k}{2} + \dfrac{2I}{\pi}, & x \geqslant kd \end{cases} \tag{3-34}$$

式中：k 为锥形坑深度的经验常数，一般 $1.5<k<2.5$。

任辉启等认为以上模型都忽略了重力加速度 g 的影响，基于提出了三参数形式的无量纲侵彻深度公式[19]：

$$\frac{x}{d}=N^{*}KF\left(\frac{m}{\rho_{t}d^{3}},\frac{mv^{2}}{f_{c}d^{3}},\frac{v^{2}}{gd}\right) \tag{3-35}$$

式中：K 为弹体质量修正因子，其他参数含义同前。

基于以上分析，构建了图 3-39 所示的 4 种神经网络模型[21]。

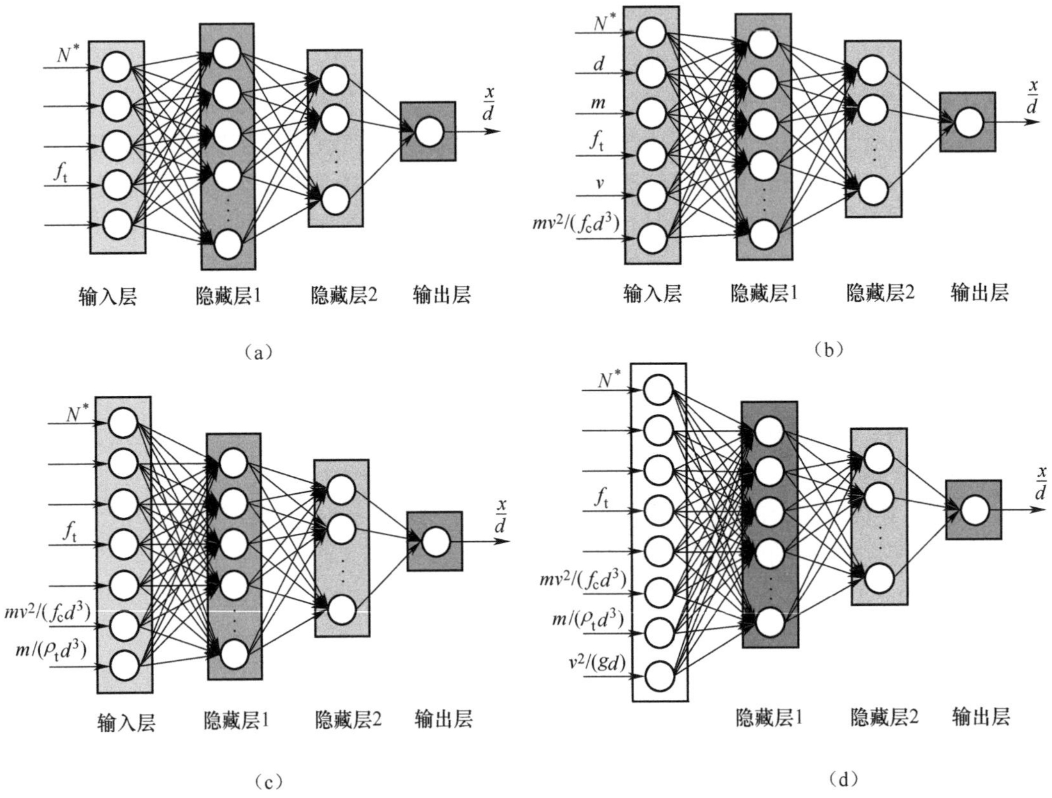

图 3-39　嵌入先验知识的 BP 神经网络模型

(a)无先验知识；(b)一个先验参数；(c)两个先验参数；(d)三个先验参数。

图 3-39 (a)所示为无融合先验知识的模型，模型为四层 BP 神经网络，输入层包括 5 个参数：弹头形状因子 N^{*}、弹体直径 d、弹体质量 m、靶标材料强度 f_c 和着靶速度 v，模型隐藏层 1 选择 128 个节点，隐藏层 2 选择 28 个节点，输出层为一个节点，对应无量纲侵彻深度 x/d。图 3-39 (b)所示为采用融合单参数先验知识模型，在 5 个基本控制参数的基础上，增加撞击因子 $mv^2/(f_{cd}^3)$ 作为神经网络模型的输入参数。图 3-39 (c)增加了 $mv^2/(f_{cd}^3)$ 和 $m/(\rho_t d^3)$ 两个先验知识模型参数为神经网络模型输入参数。图 3-39 (d)在图 3-39(c)的基础上增加 $v^2/(gd)$ 构成融合三参数先验知识的神经网络模型。

2）模型训练优化

神经网络模型训练优化过程是一个迭代的过程，旨在最小化预测误差，提升网络性能。通过前馈传播计算输出并与真实标签比较得到误差，然后利用反向传播算法，从输出层向后传播误差，调整连接权重以减小误差。训练过程中通常使用优化算法（如梯度下降）来更新权重，并设置学习率来控制权重调整的步伐[22]。为防止过拟合，还可以使用正则化技术。

混凝土侵彻深度试验数据中存在一定噪声异常数据，因此在训练过程中，采用全量梯度下降算法。该算法每次迭代更新参数时使用整个训练集，使每次参数更新都朝着整体误差减小的方向进行，从而使迭代更新过程更加稳定，并最终能够保证收敛于极值点。全量梯度下降算法能更全面地利用整个训练集的信息，减少异常点对模型训练的影响，因此在处理数据异常点时效果良好[21]。

在模型训练优化过程中，加入了动量优化思想。动量优化方法优点是能够加快神经网络的收敛速度，有效缓解梯度下降的震荡问题，从而提升训练的稳定性和效率[23]。经数值实验调试，模型训练总动量优化系数设置为0.9。同时还采用了学习率衰减策略，在模型损失经过多轮迭代没有明显降低时自动缩小学习率。

3.7.3.3 模型设置及异常检测性能评价

实验中拟合侵彻试验数据的神经网络模型共有4层，第1层隐藏层有128个节点，第2层隐藏层有28个节点，输出层1个节点。无融合先验知识的模型输入层节点数为5，融合单参数先验知识模型有6个输入节点，融合双参数先验知识模型有7个输入节点，而融合三参数先验知识模型有8个输入节点，其包括3个额外的组合变量参数，即3个先验知识模型参数。神经网络模型选择使用Relu激活函数，输出层无激活函数，直接将线性结果作为预测值输出。训练过程中初始学习率 l_r 设置为0.001，动量优化系数设置为0.9，正则化项系数 α 设置为 10^{-4}。针对学习率衰减策略，设置模型损失 L 在经过250次迭代后仍不降低则学习率变为原来的1/10。

模型实际训练时，使用全部1078条样本数据，在经过多轮迭代收敛后得到的神经网络模型是一个拟合大量试验样本的非线性函数，输入为侵彻深度主要控制参数和对应的先验知识模型参数，输出为无量纲侵彻深度 x/d。在测试时，使用模型输出的无量纲侵彻深度值与样本数据实际无量纲侵彻深度值作对比，如果偏差较大，则认为此样本为异常样本。定义样本 i 的模型预测无量纲侵彻深度为 $Y_i^{\mathrm{P}}(i=1,2,\cdots,1078)$，试验样本真实的无量纲侵彻深度为 $Y_i^{\mathrm{T}}(i=1,2,\cdots,1078)$，偏差可定义为

$$p_i=\frac{|Y_i^{\mathrm{P}}-Y_i^{\mathrm{T}}|}{Y_i^{\mathrm{T}}},\quad i=1,2,\cdots,1078 \tag{3-36}$$

考虑到目前混凝土侵彻深度试验数据的偶然误差及常用经验算法偏差一般约为20%，可定义偏差指标为0.2，即 $p_i\geqslant 0.2$ 时样本 i 为异常样本。

由于混凝土侵彻试验数据是无标签样本，无法直接判断剔除样本异常点的准确性。因此，建立了一种基于经验算法的评价方法：针对模型筛选出的样本异常点，通过经验算法计算其无量纲侵彻深度，然后根据偏差指标判断此样本基于经验算法是否同样为异常样本。定义模型筛选样本异常点数量为 n，样本 j 的模型预测无量纲侵彻深度为 $Y_j^{\mathrm{P}}(j=1,2,\cdots,n)$，基于经验算法计算的无量纲侵彻深度为 $Y_j^{\mathrm{E}}(j=1,2,\cdots,n)$，可定义偏差为

$$p_j^{\mathrm{E}}=\frac{|Y_j^{\mathrm{P}}-Y_j^{\mathrm{E}}|}{Y_j^{\mathrm{E}}},\quad i=1,2,\cdots,n \tag{3-37}$$

当 $p_j^E \geqslant 0.2$ 时,基于经验算法判断样本 j 为异常样本,即模型筛选此样本点为异常样本判断正确。定义基于经验算法筛选异常样本点 ($p_j^E \geqslant 0.2$) 数量为 m,则可定义模型异常检测准确率为

$$\eta = m/n \tag{3-38}$$

由于刚性弹对无限厚混凝土侵彻深度经验算法较多,不同公式的适用范围和计算精度并不相同,且彼此计算结果之间存在一定差异。为解决此问题采用基于随机森林的方法,依据侵彻试验数据中着靶速度及弹体质量两个参数的不同分布区间来推荐混凝土靶标侵彻深度经验算法,从而避免了采用单一经验算法对试验数据评价的可能存在的不公平性。推荐的混凝土侵彻深度算法如下。

区间 1:着靶速度 $v>340$m/s,且弹体质量 0kg<m<500kg,推荐公式为 UKAEA 公式[24]。

区间 2:着靶速度 340m/s≤v<650m/s,且弹体质量 0kg<m<500kg,推荐公式为 Forrestal 公式[15]。

区间 3:着靶速度 $v\geqslant 650$m/s,且弹体质量 0kg<m<500kg,推荐公式为 Forrestal 公式[15]。

区间 4:着靶速度 v>0m/s,且弹体质量 $m\geqslant 500$kg,推荐公式为 Young 公式[25]。

4 种模型的相对偏差对比如图 3-40 所示,横坐标代表混凝土侵彻深度试验数据样本点编号,纵坐标代表神经网络模型预测的无量纲侵彻深度与真实无量纲侵彻深度的相对偏差,图 3-40 (a)所示是所有 1078 条数据样本的折线图, 图 3-40(b)所示为 4 个模型检测出的异常样本点的散点图。

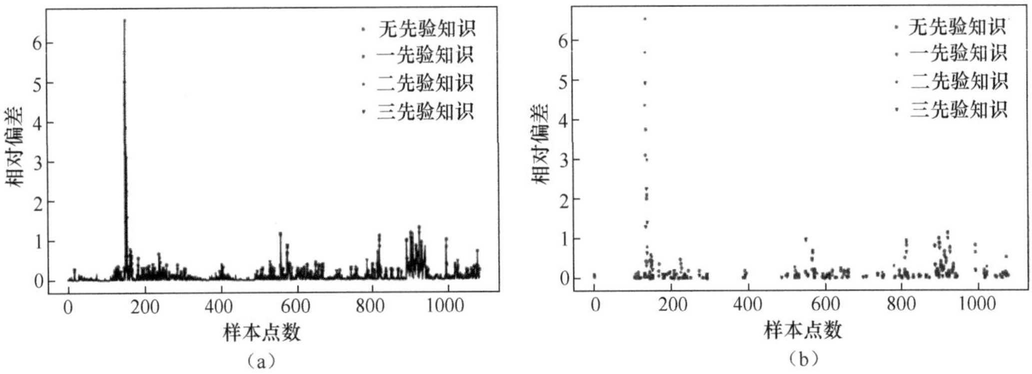

图 3-40 4 种神经网络模型预测的无量纲侵彻深度与真实无量纲侵彻深度的相对偏差(见彩图)
(a)异常点检测折线图;(b)异常点检测散点图。

利用神经网络模型检测异常数据点的基本假设是混凝土侵彻深度试验数据遵循一定的大数分布,也就是基本控制参数弹头形状因子 N^*,弹体直径 d、弹体质量 m、靶标材料强度 f_c 及着靶速度 v 与无量纲侵彻深度 x/d 之间存在一定的映射关系,偏离分布的离群点则是异常点。而神经网络模型经过训练迭代至收敛之后可以有效拟合相应的数据分布,得到的模型是一个拟合大量混凝土侵彻试验样本的非线性函数,输入是相应基本控制参数,输出是无量纲侵彻深度,此时真实侵彻深度值与模型预测值偏差较大的点则视为偏离数据分布的异常点。

从图 3-40（a）可以看出，针对绝大部分样本点，4 个模型的相对偏差都较小，说明 4 个模型都有效地拟合了混凝土侵彻试验数据的样本分布。从图 3-40（b）可以看出，4 个模型检测出的原生数据中的分布外的离群点绝大部分是重合的，说明 4 个模型在收敛之后学习到的数据分布是基本相同或者说是吻合的，间接反映了模型成功拟合了数据分布，并且说明筛选出的异常样本点确实是原生数据中的分布外的离群点。

3.8 小　结

充足的数据是进行意外爆炸毁伤效应分析和评估的基础，本章介绍了意外爆炸毁伤效应数据的采集和质量处理，包括数据分类、文献数据抽取、经验算法评价和批量数据计算、基于仿真的数据计算及数据异常检测。通过这些技术，可以获取不同来源的毁伤效应数据，并建立一致的数据。

参考文献

[1] 杨江．毁伤领域信息抽取方法研究[D]．南京：河海大学，2021.

[2] HAO QIN, YONGLI WANG. Enhancing named entity recognition from military news with bert[J]. Journal of Physics: Conference Series. IOP Publishing, 2020, 1453(1): 1-7.

[3] Pre-training with whole word masking for Chinese BERT[EB/OL]. (2019-06-19)[2021-11-25]. https://arxiv.org/abs/1906.08101.

[4] 季昌政. 基于多源数据融合的毁伤效应预测建模方法研究[D]. 南京：河海大学，2021.

[5] HO T K. The random subspace method for constructing decision forests[J]. IEEE Transactions on Pattern Analysis & Machine Intelligence, 1998, 20(8): 832-844.

[6] BREIMAN L. Random forests[J]. Machine Learning, 2001, 41(1): 5-32.

[7] BREIMAN, LEO. Bagging predictors[J]. Machine Learning, 1996, 24(2): 123-140.

[8] RIEDEL W, THOMA K, HIERMAIER S, et al. Penetration of reinforced concrete by BETA-B-500 numerical analysis using a new macroscopic concrete model for hydrocodes [C]// Proceedings of the 9th International Symposium on the Effects of Munitions with Structures, 1999, Berlin-Strausberg Germany, c1999: 315.

[9] 聂铮玥，彭永，陈荣，等．侵彻条件下岩石类材料 RHT 模型参数敏感性分析[J]. 振动与冲击，2021, 40(14): 108-116.

[10] BORRVALL T, RIEDEL W. The RHT concrete model in LS-DYNA[C]// Proceedings of The 8th European LS-DYNA user conference. May 23-24, 2011, Strasbourg, France, c2011: 1-14.

[11] ABDEL-KADER M. Modified settings of concrete parameters in RHT model for predicting the response of concrete panels to impact [J]. International Journal of Impact Engineering, 2019, 132: 103312.

[12] JOHNSON G R, COOK W H. Fracture characteristics of three metals subjected to various strains, strain rates, temperatures and pressures [J]. Engineering Fracture Mechanics, 1985, 21(1): 31-48.

[13] 何翔，徐翔云，孙桂娟，等．弹体高速侵彻混凝土的效应实验[J]. 爆炸与冲击，2010, 30(1): 1-6.

[14] Livermore Software Technology Corporation. LS-DYNA® keywords user's manual volume Ⅱ Material Models R13.0 [M]. Livermore: Livermore Software Technology Corporation, 2021.

[15] FORRESTAL M J, LUK V K. Dynamic spherical cavity-expansion in a compressibleelastic-plastic

solid[J]. Journal of Applied Mechanics,1988,55(2): 275-279.

[16] 文鹤鸣. 混凝土靶板冲击响应的经验公式[J]. 爆炸与冲击,2003,23(3): 267-274.

[17] CHEN X W, LI Q M. Deep penetration of a non-deformable projectile with different geometrical characteristics[J]. International Journal of Impact Engineering,2002,27(6): 619-637.

[18] LI Q M,CHEN X. W. Dimensionless formulae for penetration depth of concrete target impacted by a non-deformable projectile[J]. International Journal of Impact Engineering,2003,28(1): 93-116.

[19] 任辉启,穆朝民,刘瑞朝,等. 精确制导武器侵彻效应与工程防护[M]. 北京: 科学出版社,2016.

[20] 陈小伟. 穿甲/侵彻力学的理论建模与分析[M]. 北京: 科学出版社,2019.

[21] 秦帅,刘浩,陈力,等. 融合先验知识的混凝土侵彻深度试验数据异常点检测算法[J]. 爆炸与冲击,2024: 24(3):1-10.

[22] 李秦超,姚成宝,程帅,等. 神经网络状态方程在强爆炸冲击波数值模拟中的应用[J]. 爆炸与冲击,2023,43(4): 102-112.

[23] MUSTAPHA A,MOHAMED L,ALI K. An overview of gradient descent algorithm optimization in machine learning: Application in the ophthalmology field[C]// International Conference on Smart Applications and Data Analysis25-26,2020, Marrakesh,Morocco,SADASC c2020: 349-359.

[24] FULLARD K,BARR P. Development of design guidance for low velocity impacts on concrete floors[J]. Nuclear engineering and design,1989,115(1): 113-120.

[25] YOUNG C W. Penetration equations[R]. OSTI. GOV:Sandia National Lab,Albuquerque,NM,United States,1997:1-21.

第 4 章　意外爆炸破坏效应试验研究

本章针对意外爆炸的特点,以及试验数据的不足,开展了意外爆炸毁伤效应试验,主要包括三类试验:①爆炸近区冲击波试验;②复杂流场冲击波效应试验;③典型构件动力响应试验。爆炸近区冲击波试验主要通过不同长径比圆柱 TNT 爆炸时不同方位、不同爆心距处的冲击波测量,为获取易燃易爆品爆炸时其附近空气冲击波分布规律数据。复杂流场冲击波效应试验主要用于模拟真实爆炸环境中空气冲击波传播规律,重点关注两类工况:一类是密闭/半密闭结构内爆炸时,结构内空气冲击波分布规律及对结构的破坏效应,同时还可以获取通过结构开口外溢冲击波分布规律数据;另一类是模拟爆炸波在街区环境中传播规律数据。典型构件动力响应试验是模拟爆炸波对梁、板、柱、墙等典型建筑构件的破坏效应,为分析不同易燃易爆品爆炸对构件的不同破坏效应,模拟爆源的易燃易爆品分别选择块状 TNT、粉末 TNT、硝酸铵和乳化炸药。

通过意外爆炸破坏效应试验研究,一方面可以为意外爆炸毁伤效应数据库扩充数据,另一方面可以为数值模拟确定相关参数。基于试验研究所建立的经验方程、理论模型也可以为融合“物理-数据”耦合驱动的机器学习模型提供先验知识模型。

4.1　爆炸近区冲击波试验

4.1.1　试验设计

通过圆柱形 TNT 炸药爆炸近区冲击波试验,获取爆炸近区冲击波分布规律。为获取空气冲击波超压峰值与炸药质量、爆心距、炸药长细比、方位角等参数的关系,开展了不同质量炸药、不同长细比的圆柱 TNT 装药爆炸试验,测量了在不同爆心距、不同方位角冲击波超压波形。

4.1.1.1　炸药质量对冲击波影响规律试验

试验采用 1.5kg、10kg 和 30kg 三种质量的 TNT 炸药,炸药长径比均为 1,每种工况重复 2 次。试验装置示意如图 4-1 所示。

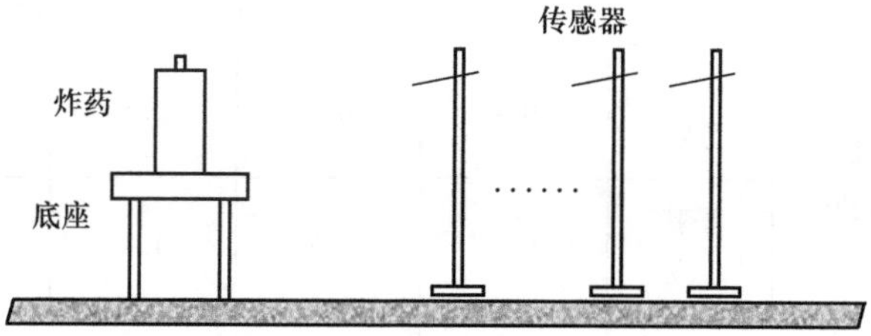

图 4-1　炸药质量对冲击波影响规律试验示意

针对不同质量炸药爆炸冲击波压力的测试需求,共布置15个自由场冲击波压力传感器,在方位角0°与±90°方向线各布置5个,如图4-2所示。传感器比例距离 $Z=R/W^{1/3}$ 如表4-1所列。

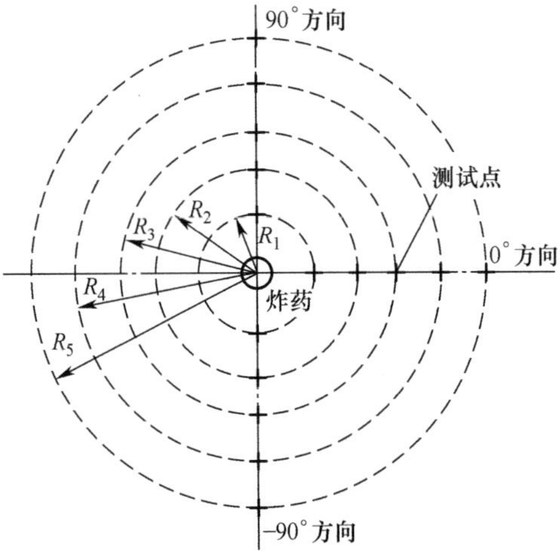

图4-2 传感器布局

表4-1 传感器测点位置

炸药质量/kg	试验次数	长径比	炸药尺寸/(cm×cm)	测点比例距离/(m/kg$^{1/3}$)				
				Z_1	Z_2	Z_3	Z_4	Z_5
1.5	2	1	ϕ10.54×10.54	0.5	1.0	2.0	4.0	6.0
10	2	1	ϕ19.84×19.84	0.5	1.0	1.5	2.0	2.5
30	2	1	ϕ28.62×28.62	0.5	0.7	1.0	1.5	2.0

4.1.1.2 爆距对冲击波影响规律试验

爆距影响的试验采用长径比为1的1.5kg TNT炸药,药柱尺寸为 ϕ10.54cm×10.54cm。试验时炸药平躺1发、竖立2发,共计3发。炸药固定后中心距离地面高度为2m。每发试验布置15个自由场超压传感器,传感器至爆心的比例距离及传感器量程如表4-2所列。

表4-2 1.5kg炸药试验传感器

炸药质量	参量属性		对应的比例距离超压与传感器型号				
1.5kg	比例距离/(m/kg$^{1/3}$)	竖立2发	0.4	0.7	1.5	3	5
		平躺1发	0.4	0.7	1.5	3	5
	传感器×3(量程/MPa)		137B21B(6.895)	137B24B(1.725)	137B24B(1.725)	137B23B(0.345)	137B23B(0.345)

4.1.1.3 炸药长径比对冲击波影响规律试验

不同长径比对冲击波影响规律试验中,选用 1.5kg 药柱,长径比 0.5∶1、1∶1、2∶1、3∶1、4∶1 五种工况。每次试验在方位角 0°与±90°方向线各布置 5 个共布置 15 个传感器,传感器的比例距离及对应量程和型号如表 4-3 所列。

表 4-3 传感器测点位置

炸药质量	参量属性		测点比例距离($m/kg^{1/3}$)与传感器量程				
			Z_1	Z_2	Z_3	Z_4	Z_5
1.5kg	比例距离/($m/kg^{1/3}$)	$L/D=0.5$	0.4	0.7	1.5	3	5
		$L/D=2$					
		$L/D=3$					
		$L/D=4$					
	传感器×3(量程/MPa)		137B21B (6.895)	137B24B (1.725)	137B24B (1.725)	137B23B (0.345)	137B23B (0.345)

4.1.1.4 方位角对冲击波影响规律试验

方位角对冲击波规律影响的试验中,选用 1.5kg、10kg 和 30kg 三种质量炸药,炸药长径比均为 1。自由场压力传感器距爆心的比例距离 Z 均为 $2m/kg^{1/3}$,每次试验布设 12 个传感器,传感器布设图如图 4-3 所示。

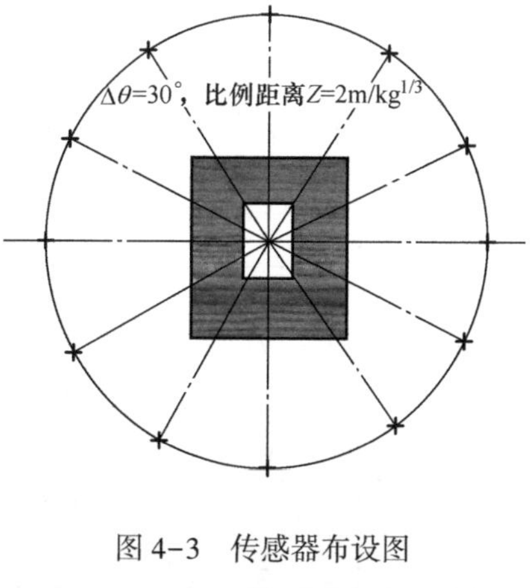

图 4-3 传感器布设图

4.1.2 试验数据获取与分析

通过 18 次爆炸近区冲击波试验,共获取了 267 个爆炸近区冲击波压力时程数据,试验典型冲击波波形如图 4-4 所示。长径比为 1 的 1.5kg TNT 爆炸不同测点超压峰值如表 4-4所列。

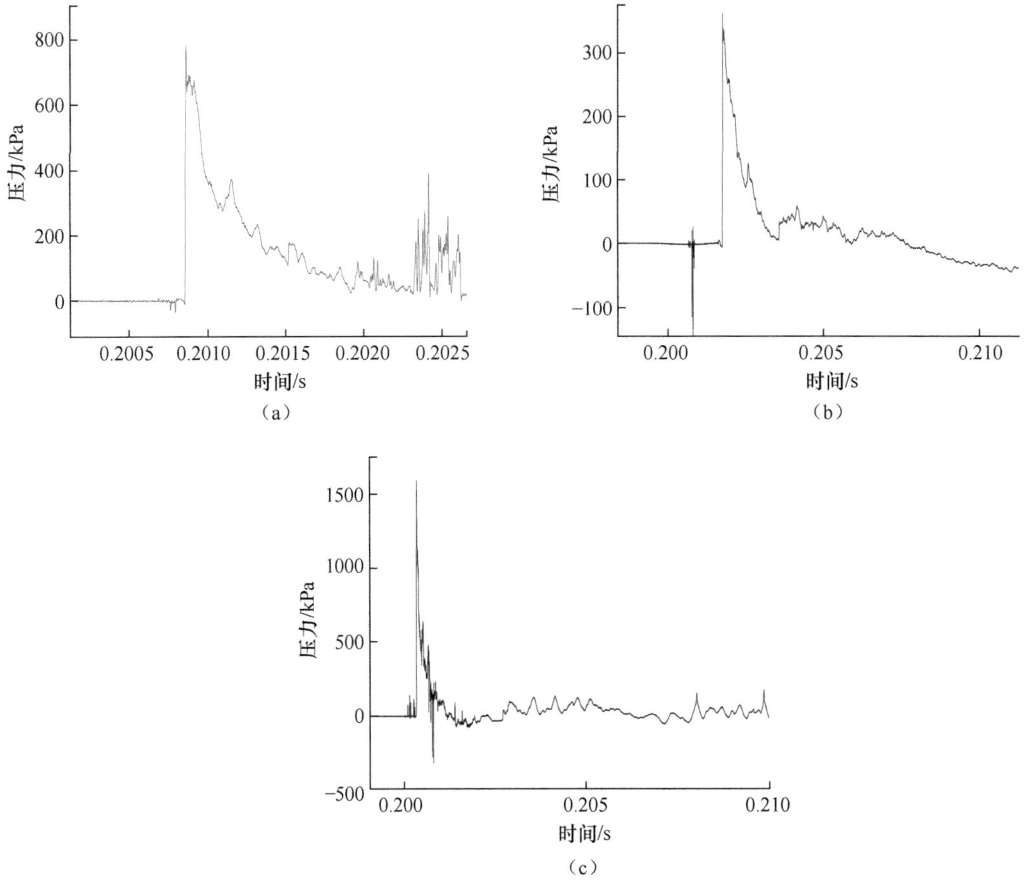

图 4-4　爆炸近区典型冲击波波形
(a)测点 1;(b)测点 2;(c)测点 3。

表 4-4　长径比为 1 的 1.5kg TNT 爆炸不同测点超压峰值　　单位:MPa

炸药质量		测点				
1.5kg	第 1 发	1	2	3	4	5
		2.858	0.928	0.185	0.039	0.028
		6	7	8	9	10
		2.952	0.916	0.180	0.045	0.022
		11	12	13	14	15
		2.878	0.822	0.179	0.047	0.026
	第 2 发	1	2	3	4	5
		2.945	0.855	0.186	0.044	0.030
		6	7	8	9	10
		2.899	0.911	0.182	0.049	0.024
		11	12	13	14	15
		2.853	0.834	0.168	0.042	0.023

4.2 复杂流场冲击波效应试验

4.2.1 试验设计

为探究街区意外爆炸复杂流场试验及组合间室结构复杂流场试验,设计了典型组合间室结构,用开窗的钢箱模拟缩比间室结构,分别在间室内、外部开展含能材料的爆炸试验。模拟爆炸冲击波在复杂流场环境内传播规律和对间室结构、结构内人员和设备的毁伤效应。实验主要目的是模拟复杂环境下爆炸的毁伤效应,采集多源、异构、不同类型传感器数据,为数据融合算法研究提供训练数据。采集的毁伤效应数据包括不同位置空气冲击波,效应物表面冲击波,效应物的加速度、速度、位移、应变等参数,试验种类包括城市街区复杂流场冲击波试验、间室结构内爆试验及间室结构外爆试验三类。

为完成复杂流场冲击波效应研究,设计并加工了试验所需的箱式结构,其中尺寸为1m×1m×1m 钢箱 2 个、尺寸为 0.5m×0.5m×0.5m 钢箱 4 个。钢箱一侧钢板留有正方形开口模拟间室结构开窗,开口处固定玻璃试件及铝合金板,以模拟结构隔墙破坏。钢箱试件实物照片如图 4-5 所示。

图 4-5 钢箱试件

4.2.1.1 城市街区意外爆炸冲击波测试

为探究城市街区复杂流场环境下意外爆炸冲击波特性,开展了结构外爆炸冲击波传播规律及箱型构件动态响应试验。试验现场布置示意如图 4-6 所示,现场照片如图 4-7 所示。

钢箱构件的迎爆面安装钢化玻璃板,在钢化玻璃及钢箱上分别布置超压传感器、加速度传感器和应变传感器。超压传感器安装位置为每个钢箱前侧,以及第一排两个钢箱后侧,共8 个。加速度传感器及应变传感器初在前两排钢箱的玻璃试件上,每块玻璃共 4 个应变传感器和 1 个加速度传感器。在试验场地不同位置分别布置地面压力传感器及自由场面超压传感器。地面压力传感器共 6 个。每个钢箱迎爆面位置布置一个自由场超压传感器。

试验爆源中心位于钢箱前侧,共三个位置(图 4-6)。为模拟意外爆炸,选用工业生产常见的乳化炸药为爆源,由雷管引爆。在三个爆源点位开展多种质量炸药的爆炸试验,炸药质量分别为 200g、400g、600g、8000g、1000g,共 15 炮次试验。

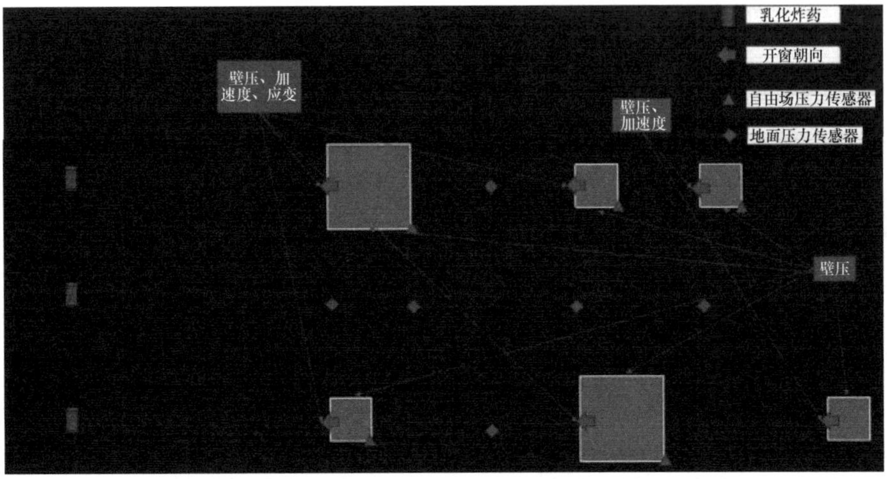

图 4-6　街区环境爆炸试验现场示意图

图 4-7　街区环境试验现场

4.2.1.2　组合间室结构内爆及外爆试验

双箱间室结构通过同尺寸钢箱组合而成，形成两个不同尺寸的组合间室，如图 4-8 所示。该试验分为内爆和外爆两部分试验。

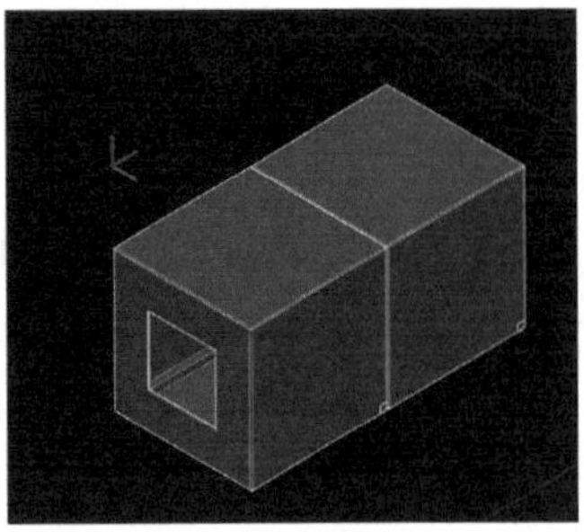

图 4-8　双箱间室结构

外爆试验时，乳化炸药放置在开窗正前方地面钢板上触地爆，如图 4-9 所示。分别在钢箱迎爆面及内部钢板上安装压力传感器,单个双箱布置5个地面压力传感器。在钢箱迎爆面及钢箱后表面安装加速度传感器,共2个。间室结构外爆试验乳化炸药放置在钢箱构件前方3m处,共进行了200g、600g、1000g、1400g、1800g、2000g六次试验。

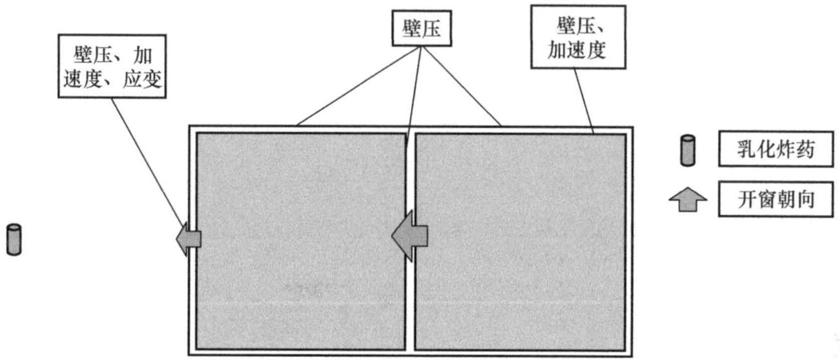

图4-9 双间室结构外爆试验示意图

内爆试验时,乳化炸药垫高安放在钢箱内部中心位置,在间室结构开窗前侧设置3个自由场压力传感器,测量间室结构爆炸泻出的冲击波压力。在间室结构上布置多种类传感器,测得冲击波在双箱结构中的传播数据。共布置了5个地面压力传感器,3个自由场压力传感器,布置位置如图4-10所示。1m钢箱内爆试验开展4次不同质量炸药的爆炸试验,分别为50g、100g、150g、200g;0.5m钢箱开展3次试验,分别为10g、20g、30g。

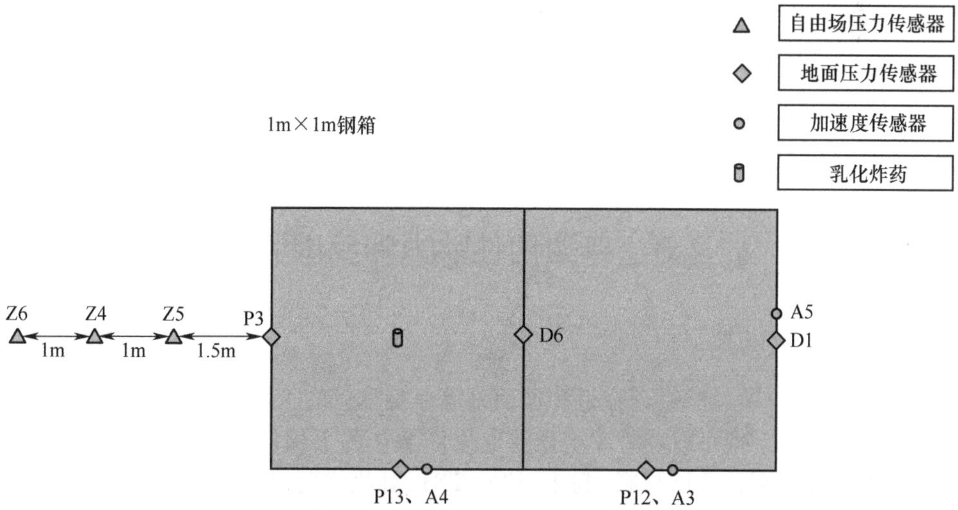

图4-10 双间室结构内爆试验示意图

4.2.2 试验数据获取与分析

通过复杂流场冲击波试验,测得了不同工况下的冲击波压力数据及构件的应变、加速度数据,为后续开展复杂流场冲击波传播规律研究提供了数据支撑。典型试验波形如图4-11~图4-14所示。

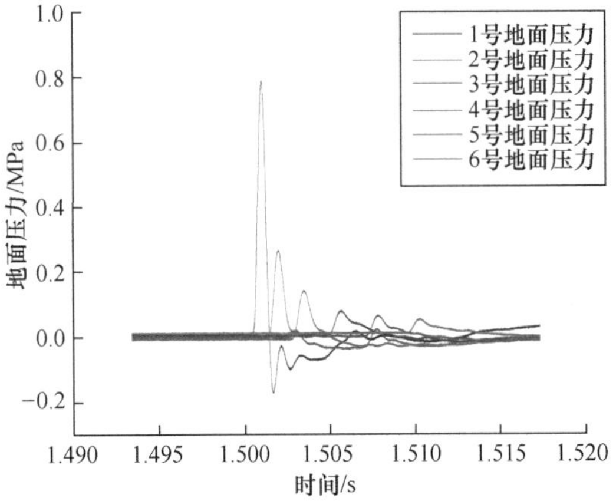

图 4-11　地面压力时程曲线(见彩图)

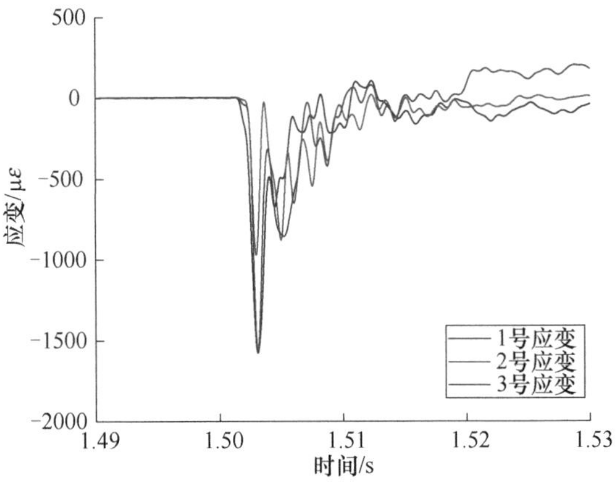

图 4-12　钢箱背板应变时程曲线(见彩图)

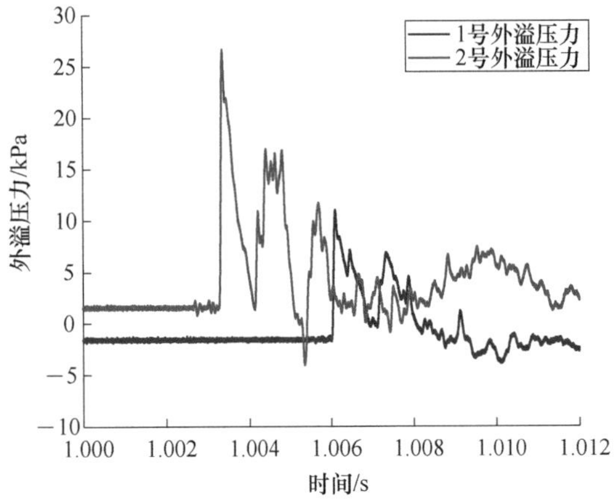

图 4-13　结构内爆开口外溢压力时程曲线

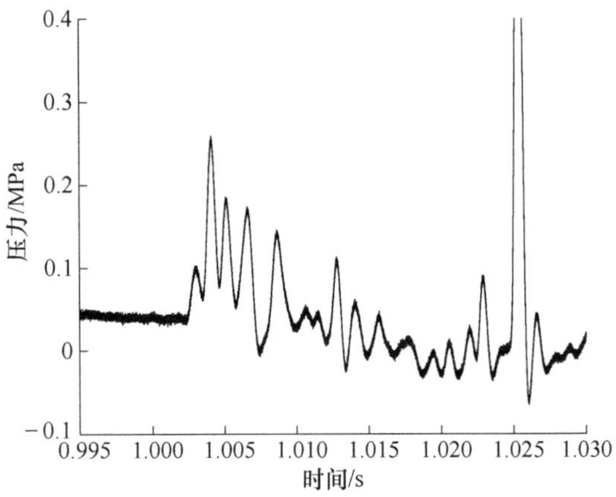

图 4-14　结构内爆钢箱背板压力时程曲线

4.3　典型构件动力响应试验

4.3.1　试验设计

钢筋混凝土板、梁、柱、铝合金板和玻璃幕墙等是常见的工业与民用建筑构件，是爆炸事故常用调查对象。但事故调查中很难获取爆炸波作用下构件的动态响应及破坏准则，为此科研人员开展多种含能材料(粉末/块状 TNT、乳化炸药、粉末硝酸铵)爆炸对典型构件毁伤效应试验研究。实验测量的主要数据包括不同位置空气冲击波超压、不同位置构件表面压力、应变和位移等参数，以及钢筋混凝土构件内压力和变形、爆炸成坑和抛掷效应。

4.3.1.1　典型构件 TNT 爆炸毁伤效应试验

选择粉末 TNT 和块状 TNT 为爆源，模拟意外爆炸对铝合金板和钢化玻璃板毁伤效应，以获取不同装药密度 TNT 爆炸的空气冲击波特性、构件的冲击波载荷特性，以及构件在冲击波载荷作用下的加速度、应变和位移等动态响应。

1）试验内容

为分析粉末 TNT 爆炸和块状 TNT 爆炸所产生的冲击波参数及对板状试件的毁伤效应的差别，开展不同质量（5kg、2kg 和 1kg）粉末 TNT 和块状 TNT、爆高 1m 和触地状态的爆炸试验，试件为四边固支的不同尺寸铝合金板和钢化玻璃板。试验现场布设如图 4-15 所示，试验现场照片如图 4-16 所示。

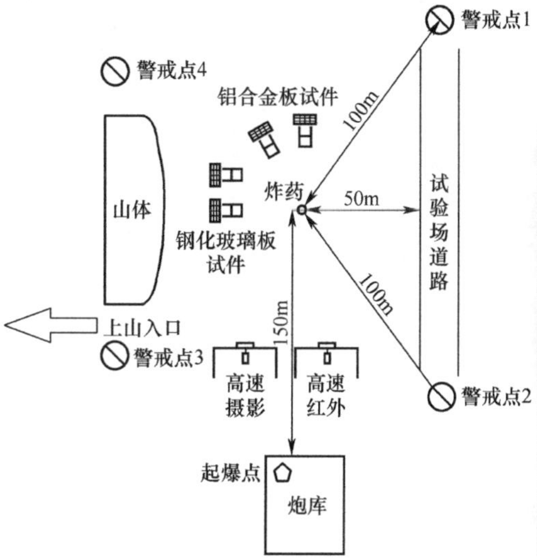

图 4-15 TNT 爆炸试验布置

图 4-16 试验现场照片

试验需测量的主要参数包括自由场空气冲击波（自由场压力、地面压力）、试件表面的壁面反射压、试件不同位置加速度、不同位置应变和板中心挠度，以及试件残余变形和破坏情况。试件上主要传感器布设位置如图 4-17 所示。

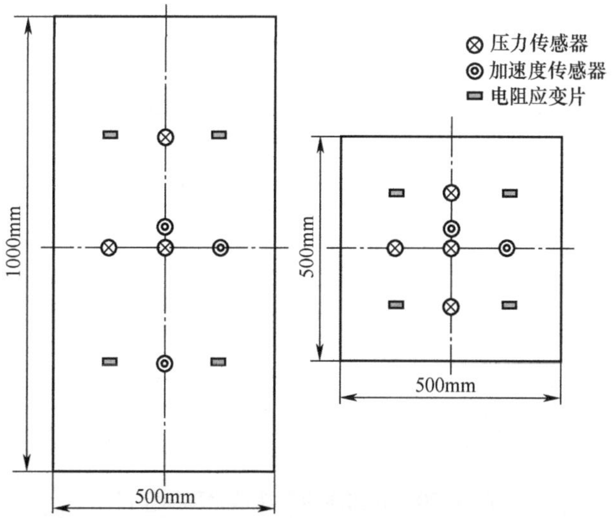

图 4-17 试件传感器布置示意

4.3.1.2 典型构件乳化炸药毁伤效应试验

在 TNT 爆炸毁伤效应试验的基础上，开展乳化炸药爆炸对典型构件和结构毁伤效应试验。为消除冲击波绕流对板构件响应的影响,试件在板件的基础上,新增了如图 4-18 所示的钢箱,不同尺寸的玻璃板件固定在钢箱支架的迎爆面。该部分试验试件选取两种常见的玻璃幕墙原件——钢化玻璃板和 PVE 夹胶玻璃板,进行爆炸毁伤试验,测得两种玻璃板构件在爆炸载荷下的动力响应数据,试验现场照片如图 4-19 所示。

图 4-18 钢化玻璃板的钢箱支架

图 4-19 乳化炸药爆炸试验现场照片

试验需测量的主要参数包括自由场空气冲击波(自由场压力、地面压力)、试件表面的壁面反射压、试件不同位置加速度、不同位置应变和板中心挠度,以及试件残余变形和破坏情况。试验现场布设如图 4-20 所示。

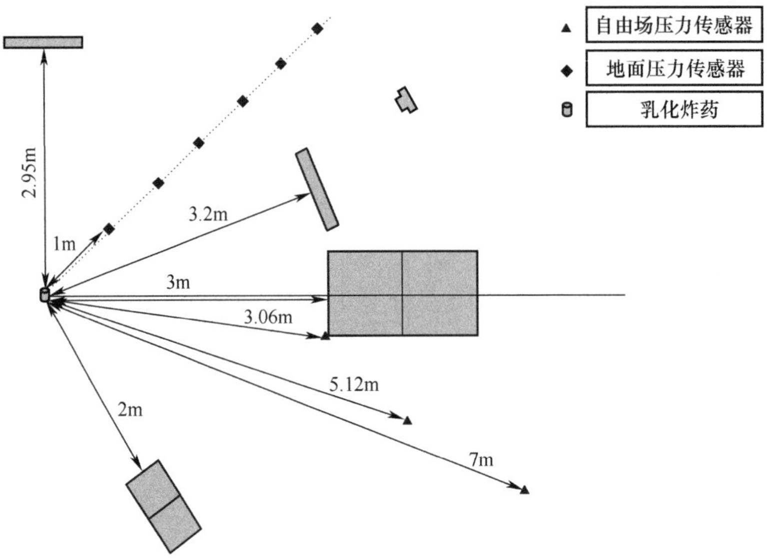

图 4-20 乳化炸药爆炸试验现场布设

4.3.1.3 典型构件硝酸铵毁伤效应试验

为了分析粉末硝酸铵所产生的冲击波特征参数及其对板状试件的毁伤效应差别,开展了不同质量(200g、400g、1600g、3200g)的硝酸铵,分别在爆高 1m 和触地状态下的爆炸试验，试件为不同尺寸的铝合金板和钢化玻璃板。试验现场布置如图 4-21 所示。

图 4-21　硝酸铵爆炸试验现场布置

测量得到了自由场空气冲击波（自由场压力、地面压力）、试件表面的壁面反射压、试件不同位置加速度、不同位置应变和板中心挠度，以及试件残余变形和破坏情况。

4.3.2　试验数据获取与分析

4.3.2.1　粉末/块状 TNTN

粉末 TNT 及块状 TNT 爆炸试验所获取的典型波形如图 4-22～图 4-25 所示。其中，图 4-22 所示为自由场超压波形，测点到爆心的水平距离分别为 2.1m、3.6m、2.9m、4.57m 和 5m；图 4-23 所示为地面超压波形，测点到爆心的水平距离分别为 2m 和 4.93m；图 4-24 所示为距离爆心水平距离 4.93m 的铝合金板中心位置加速度波形；图 4-25 所示为同一铝合金板上的应变波形。

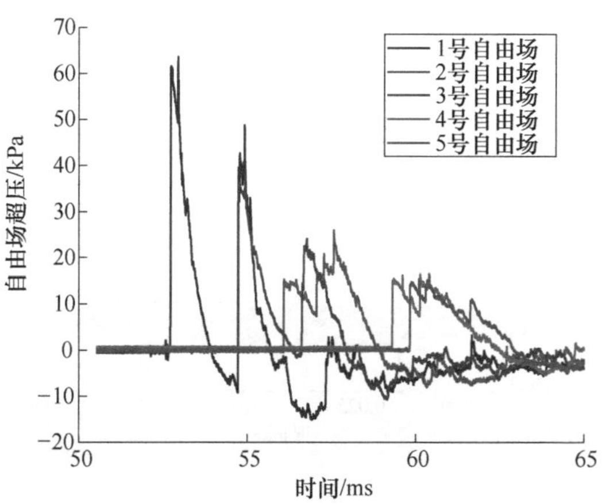

图 4-22　TNT 爆炸试验
自由场超压时程曲线（见彩图）

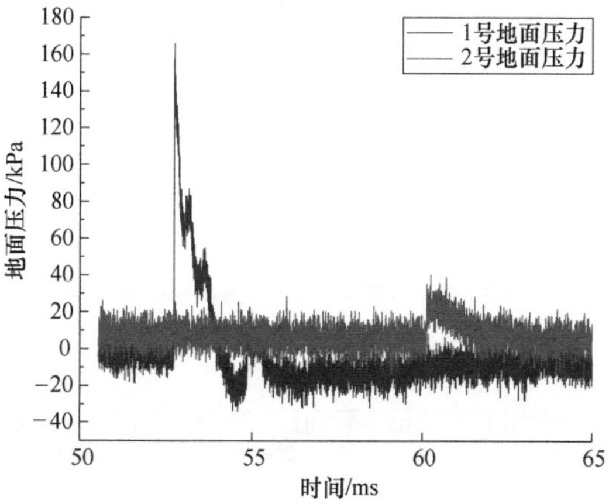

图 4-23　TNT 爆炸试验
地面超压时程曲线

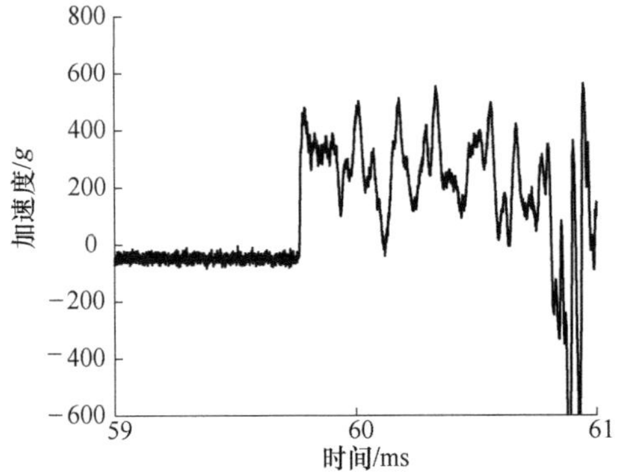

图 4-24 铝板中心位置加速度时程曲线

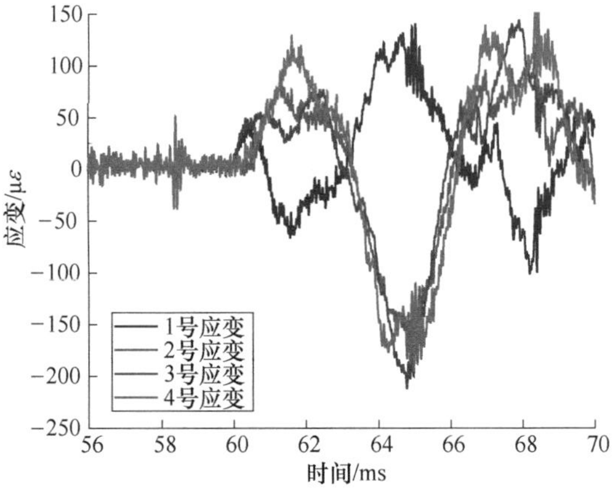

图 4-25 铝板应变时程曲线(见彩图)

4.3.2.2 典型构件乳化炸药毁伤效应试验

通过乳化炸药爆炸效应试验,测得了不同质量炸药工况下的多点冲击波超压,以及板构件的加速度、应变等数据,其典型波形如图 4-26~图 4-29 所示。其中,图 4-26 所示为距爆源水平距离分别为 3.06m、5.12m、7m 的自由场超压波形;图 4-27 所示为距爆源水平距离分别为 1m、2m、3m、4m、5m、6m 的地面超压波形;图 4-28 所示为玻璃板上应变波形;图 4-29 所示为玻璃板上的加速度波形。

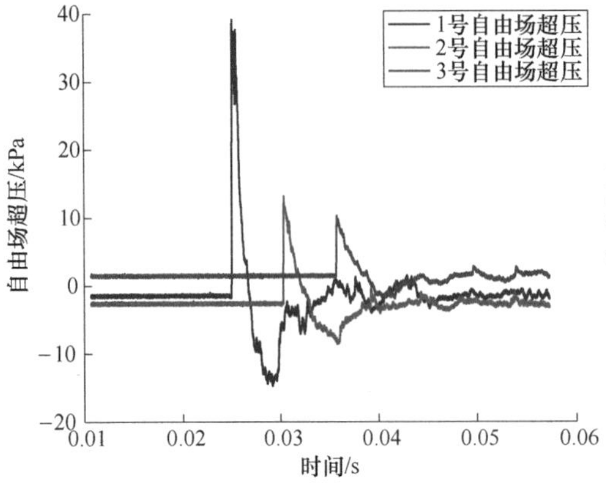

图 4-26 自由场超压时程曲线(见彩图)

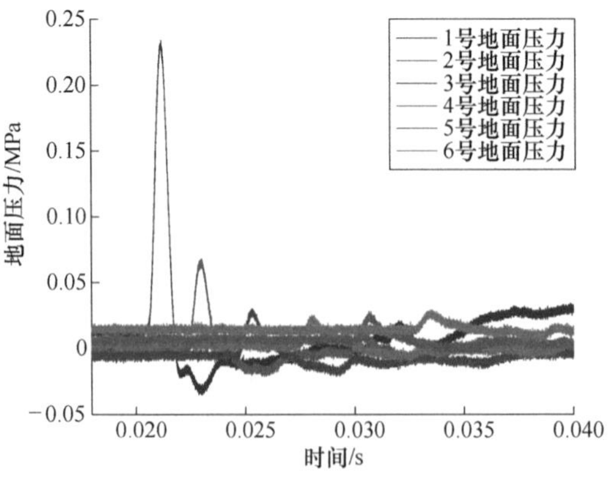

图 4-27 地面压力时程曲线(见彩图)

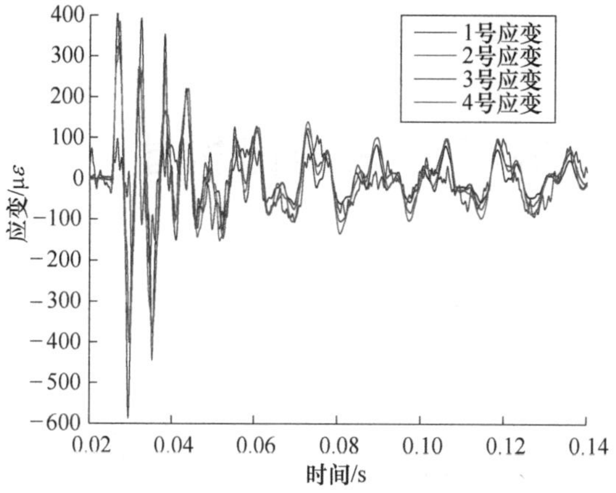

图 4-28 钢化玻璃板应变波形(见彩图)

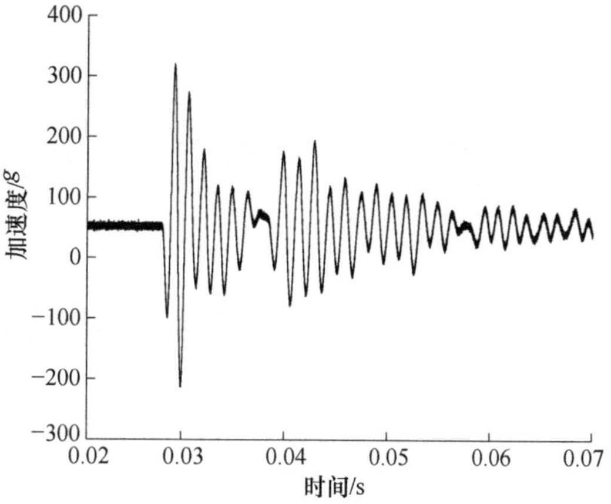

图 4-29 钢化玻璃板加速度

4.4 小 结

试验研究是爆炸毁伤研究方法之一。本章介绍了意外爆炸毁伤效应的试验研究,包括爆炸近区冲击波效应试验研究、复杂流场冲击波效应试验研究、典型构件动态响应试验研究。通过这些现场试验,可以获取大量真实可靠的试验毁伤效应数据,为后续工作提供试验数据支撑。

第5章　意外爆炸毁伤效应知识图谱构建

5.1　意外爆炸领域知识图谱研究现状

知识是在人类在实践中认识客观世界(包括人类自身)的成果,包括事实、信息、描述,以及在教育和实践中获得的技能。知识图谱是一种具有图结构的知识库,采用图的形式将知识表示出来。其节点通过一些边链接,可视为一类语义网络。例如,Google就是通过一个强大的知识图谱(Freebase知识库)来提升用户的搜索体验。所谓语义网络,就是一种表示网络中概念之间语义关系的知识库,通常是一个有向图或无向图,由表示概念的节点和表示概念之间语义关系的边组成[1]。本章主要研究意外爆炸毁伤领域知识图谱,与单纯的意外爆炸事件[2]相比,更侧重研究意外爆炸过程中爆炸源的起爆方式、爆炸产生的毁伤元,以及作用于目标的毁伤过程,而目前主流的意外爆炸研究更侧重事件发生的时间、地点、原因,二者的研究侧重点不同、数据粒度也不同。目前,知识图谱在百科、金融、医疗、电商等领域发展较为成熟[3],而在意外爆炸毁伤领域相近的领域的知识图谱研究较少。在相近的军事和化工领域知识图谱中[4-6],军事领域主要研究军事行动、武器及打击目标,化工领域主要研究易爆品特性和管理措施[7-10],这些工作都没有深入研究爆炸源、毁伤元、目标及毁伤效应,与意外爆炸毁伤领域的研究内容相差很大,因此目前缺乏可直接复用的意外爆炸毁伤领域本体。传统的本体构建方法都是采用人工方式自顶向下构建本体,过分依赖构建者所掌握的专家知识、缺乏对本领域文本中概念的分析和归纳,而不同的意外爆炸文本材料可能包含许多额外的有用信息,人工构建本体可能会导致信息的粒度过大、遗漏关键信息。

事件抽取按照阶段任务的划分可分为管道抽取和联合抽取两种方式。先前中文领域的事件抽取方式大多采用管道式抽取方法,将事件抽取工作分为两个阶段完成:首先检测触发词并根据触发词判断事件类型;然后在此基础上利用论元抽取模型抽取事件论元并对论元角色进行分类[11-14]。管道式事件抽取存在两个问题:一是意外爆炸毁伤领域关系中不仅存在大量爆炸事件,还存在如毁伤事件、引燃事件等其他类型的事件,这些事件之间可能存在事件嵌套和重叠的关系,意外爆炸毁伤领域事件抽取任务中存在的问题如表5-1所列,而管道式事件抽取方法无法有效解决这些问题;二是触发词抽取和事件类型检测结果的误差会传递到论元抽取阶段,造成误差累积,影响事件的最终抽取效果。为解决管道式事件抽取存在的问题,近年来有很多工作围绕事件联合抽取进行,如CasEE[15]、JRNN[16]等,但这些模型在训练过程中存在暴露偏差的问题,没有实现真正的单阶段事件抽取。

本章构建意外爆炸毁伤效应知识图谱的技术路线[17]包括:针对传统本体构建法完全依赖人工构建和专家知识的问题,采用聚类的方式改进七步法,提出半自动七步法(seven steps based on TextRank and K-Means,SSTK)提高意外爆炸领域本体构建工作的效率和质量;采用基于动态掩码的中文事件联合抽取模型 RoBERTa-GPLinker 解决意外爆炸毁伤领域的重叠事件和嵌套事件的问题,避免暴露偏差,增加事件抽取的效果。

表 5-1　意外爆炸毁伤领域事件问题类型

问题	例　子	说　明
重叠事件	爆炸导致小轿车爆燃	触发词:爆燃 事件类型:爆炸事件、引燃事件
嵌套事件	爆炸的碎石砸毁了附近的房屋	论元:碎石 事件类型:爆炸事件、毁伤事件

5.2　方 法 架 构

实体是对应一个语义本体,如"破片""冲击波"。属性描述一类实体的特性,如"侵彻深度",侵彻深度为 0.5m。关系对应语义本体之间的关系,将实体联系起来,如对混凝土的侵彻深度为 0.6m。

知识图谱模式中节点表示语义实体或概念,由概念组成的体系称为本体,本体的表达能力比模式强,且包含各种规则。本体强调概念之间的相互关系,描述知识图谱的模式,而知识图谱在本体的基础上增加了更丰富的实体信息(图 5-1)。通俗来讲,模式是骨架,知识图谱是血肉。

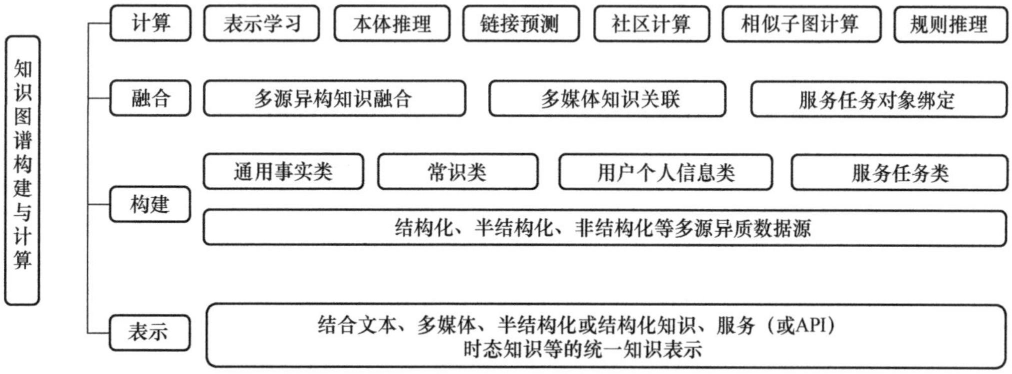

图 5-1　知识图谱构建与计算

1) 知识图谱构建与计算应考虑的内容

结合文本、多媒体、半结构化知识、服务或 API 及时态知识等统一知识表示,进一步考虑结合结构化(如关系型数据库)、半结构化(HTML 或 XML)和非结构化(文本、图像等)多源异构数据源来分别构建通用事实类(各种领域相关实体知识)、常识类、用户个人记忆类和服务任务类知识库等。为了得到融合的图谱,除考虑离线的多源异构的知识融合外,还要考虑服务任务类动态知识的对象绑定。

2）知识图谱的存储

知识是互联、庞大的，且联系是数据的本质所在，传统数据库对于数据联系的表现较差，所以在知识图谱的存储上，图数据库比较灵活，尤其是设计多级关联查询时，图数据库的效率会远比关系型数据库高。

3）针对不同类型的知识和数据的不同构建技术

针对结构化采用知识映射。针对半结构化知识采用包装器。针对非结构化知识采用文本挖掘（充分利用 Web 和大规模语料库的冗余信息来发现隐含的模式）、自然语言处理（在开发或确定的 Schema 下进行各种知识抽取）。

5.3 知识图谱构建

5.3.1 方法框架

本章提出了一种基于动态掩码的中文事件联合抽取方法，构建意外爆炸毁伤知识图谱（accidental explosion damage knowledge graph，AEDKG），具体工作步骤如图 5-2 所示[17]。主要分为四部分：意外爆炸毁伤领域本体的半自动构建、意外爆炸毁伤语料库（accidental explosion damage corpus，AEDC）的构建、基于动态掩码的中文事件联合抽取以及事件共指融合。

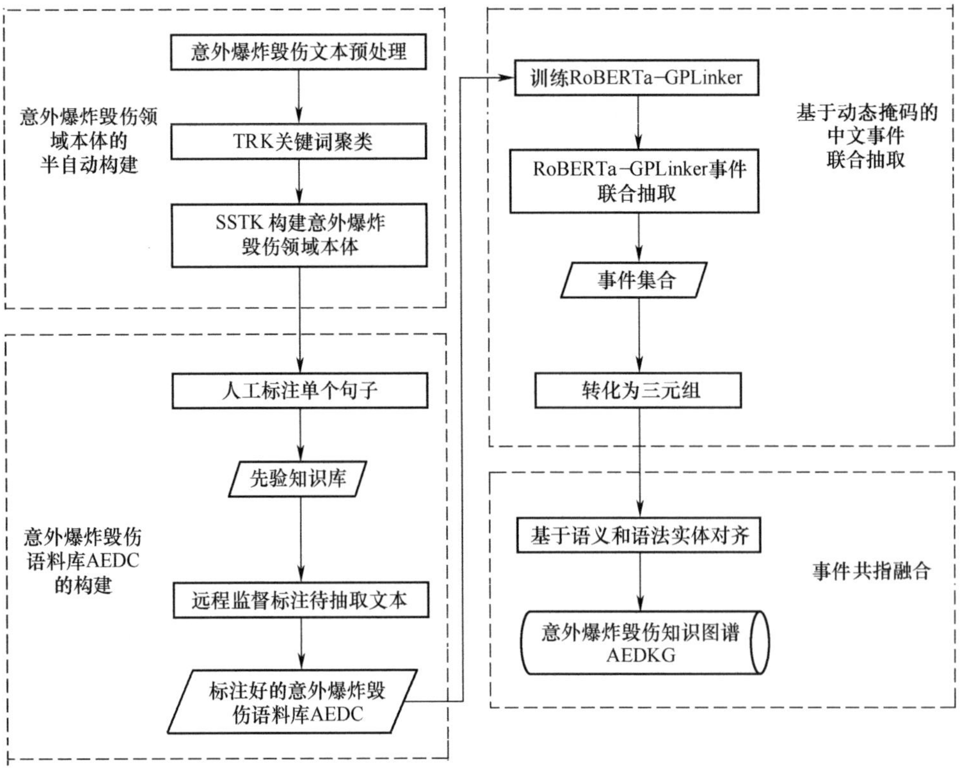

图 5-2　意外爆炸毁伤知识图谱构建方法框架

1）意外爆炸毁伤领域本体的半自动构建

利用基于 TextRank 的 K-Means 聚类(K-Means with TextRank,KMTR)自动获取意外爆炸毁伤领域关键词聚类的结果,然后利用专家知识对聚类结果进一步抽象和总结,定义意外爆炸毁伤领域涉及的事件模板,完成意外爆炸毁伤领域本体构建。

2)意外爆炸毁伤语料库 AEDC 的构建

收集、清洗、预处理收集的意外爆炸毁伤领域文本,人工标注单个句子中的事件,为增加样本数量将人工标注作为先验知识远程监督自动标注跨句子文本,构造意外爆炸毁伤语料集 AEDC。

3)基于动态掩码的事件联合抽取模型

本章提出一种中文联合抽取模型 RoBERTa-GPLinker,采用动态掩码的 RoBERTa 模型作为事件抽取模型 GPLinker 的编码层,以解决意外爆炸毁伤领域事件中存在的大量重叠事件和嵌套事件的问题,以及现有的事件联合抽取模型中普遍存在的暴露偏差问题。利用 AEDC 语料库训练 RoBERTa-GPLinker 模型,然后利用训练好的模型从未标注的意外爆炸毁伤领域的文本中自动地抽取事件,得到结构化的信息,将其转为三元组的形式。

4)事件共指融合

基于语法和语义语法实体对齐,去除冗余的论元,将实质相同事件的不同部分集成到某一个事件上,构建爆炸毁伤领域知识图谱 AEDKG。

5.3.2 意外爆炸毁伤领域本体的半自动构建

本体是共享概念的模型明确的形式化规范说明。基于聚类对传统"七步法"改进获取重要领域术语和定义类的层级过程,提出了一种 SSTK 构建意外爆炸毁伤本体。

SSTK 框架如图 5-3 所示。

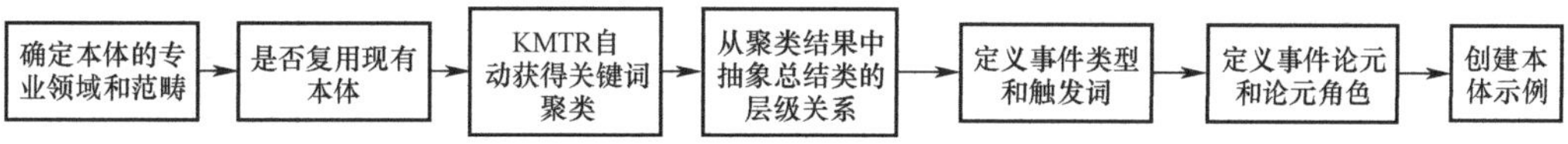

图 5-3 SSTK 框架图

传统的构建本体分为 7 个步骤:确定本体的专业领域和范畴、复用现有本体、列出本体中的重要术语、定义类和类的等级体系、定义类的属性、定义属性的分面、创建本体实例。

本节在对分析聚类的关键词集的基础上,进一步人工拆分、合并分类,并根据分类抽象出实体、关系类型等概念,改进传统七步法的框架构建意外爆炸毁伤的本体。SSTK 构建意外爆炸毁伤领域本体的具体方法如下。

1）确定本体的专业领域和范畴

研究和应用的专业领域为意外爆炸毁伤领域。文本来源包括从易安网、化工安全网、新浪微博等网页上爬取共 2559 篇调查报告、国家技术报告图书馆(National Technical Reports Library,NTRL)下载的 155 篇意外爆炸相关研究文献,美国国家航空航天局、美国国土安全部等机构的报告,以及从书籍《石油化工典型事故分析》《化工事故案例分析与防范》《过程工业中的爆炸危险》《爆炸与爆炸波的建模》中提取的 63 篇历史意外爆炸事件调查报告。将这些多源的资料利用 PDF 转换工具将资料转储为文本,然后利用正则表达库转化为文本并进行数据清洗、分句分词存储。

2）是否复用现有本体

目前,国内外有关知识图谱在意外爆炸毁伤领域方面的研究较少,在少量相近的军事领域和化工领域知识图谱的研究中,由于这些研究侧重点不在毁伤效应上,因此研究工作中术语不同、本体不同,目前没有可直接复用的现有本体。

3）KMTR 自动获得关键词聚类

重要术语最主要通过三种方式获得:一是机构或出版社发行的专业调查报告或书籍的附录里往往会列举本领域的专业名词及其他重要信息;二是通过本书,使用 KMTR 算法自动筛选出的关键词并聚类;三是由意外爆炸毁伤领域的专家在这些重要术语的基础上补充遗漏的关键术语。KMTR 从意外爆炸毁伤领域的文本中自动提取关键词并聚类,具体的流程如表 5-2 所列。

表 5-2　KMTR 算法

输入:语句集的分词集合 S 输出:聚类个数 k,以及各类关键词聚类结果

1. 根据公式(3-1)对 S 排序,得到 TOPK1000 关键词 S_{key};
2. 利用 Word2vec 学习 S_{key} 的向量表示集合 $S_{key\_represent}$;
3. while(T>T_min) {
4. ΔE =DBI(K(i+1))-DBI(K(i)) ;
5. 　if(ΔE<=0):
6. 　　DBI(K(i+1))= DBI(K(i)) ;
7. 　else{
8. 　　if exp(ΔE/T)>random(0,1):
9. 　　　ΔE=DBI(K(i+1))-DBI(K(i));
10. 　　　　调用 K-Means 计算 DBI;
11. 　　}
12. 　$T = r * T$;
13. 　i ++ ;}
14. return k

算法流程如下:第 1~2 行,利用 TextRank 算法从意外爆炸毁伤领域文本分词后的集合 S 里,筛选重要性得分最高的关键词集合,然后利用预训练的 Word2Vec 模型将关键词转为向量表示;第 4~13 行,以 K-Means 的 DBI 值为判断标准,利用模拟退火算法,在迭代的过程中不断寻找最佳的关键词聚类数目 k;第 14 行模拟退火的过程结束,返回最佳关键词聚类数目 k 作为 K-Means 的参数。

首先,预处理的语料上使用 TextRank 算法挑选出语料中的关键词。TextRank 算法可以对文本进行重要性计算,本书通过 TextRank 选出得分高的词语作为意外爆炸毁伤领域的关键词。TextRank 算法是一种对于文本关键词语、语句进行提取的算法。TextRank 进行关键词提取时,会将词看成图的节点,如果一个词频繁出现在其他词上下文,则认为该词比较重要。此外,如果 TextRank 认为一个词语重要性高,那么相邻的词语往往也具有较高的重要性。

TextRank 算法计算出保留词的得分,假设语料库有词语集合 $\{V_1,V_2,\cdots,V_n\}$,V_i 为第 i 个词,根据式(5-1)计算每个词语的重要性得分。

$$\mathrm{WS}(V_i)=(1-d)+d\cdot\sum_{V_j\in \mathrm{In}(V_i)}\frac{w_{ij}}{\sum_{V_k\in \mathrm{out}(V_j)}w_{jk}}\mathrm{WS}(V_j) \tag{5-1}$$

式中: $\mathrm{WS}(V_i)$ 表示词语 V_i 的重要性得分; $\mathrm{In}(V_i)$ 表示节点 V_i 的相邻的词语。

若 V_i 得分为 0,则其不是关键词。

然后对得到的关键词聚类,使用 Word2vec[18] 将这些关键词转为语义向量,对向量使用 K-means 的方法进行聚类,使用模拟退火算法根据聚类的效果(DBI 指数)对 K-means 最重要的聚类个数 K 调优,取 DBI 得分最小的情况作为最佳的聚类个数,DBI 得分的计算公式如下:

$$\mathrm{SDBI}=\frac{1}{N}\sum_{i=1}^{N}\max_{j\neq i}\left(\frac{\overline{S_i}+\overline{S_j}}{\|w_i-w_j\|_2}\right) \tag{5-2}$$

式中: $\|w_i-w_j\|$ 为聚类中心间的距离;N 为聚类个数, $\overline{S_i}$ 为类别 i 内所有的点到该类别中心的平均距离之和;DBI 得分越小代表类内距小、类间距大,聚类的效果好。

采用表 5-2 所列伪代码,对意外爆炸毁伤领域文本采用 KMTR 进行关键词聚类,关键词聚类效果如表 5-3 所列。

表 5-3 KMTR 后部分关键词聚类效果

编号	聚类结果
1	硝酸钡、硝酸钾、镁铝合金、雷管、高氯酸钾
2	煤气、焦化、粉碎性、混合气、苯胺、硝基苯、苯酚、苯酐、乙基、苯类、污染物
3	2. 45400、49. 42、1. 5、28. 08、2. 7、5. 8、17. 6、2266. 6、1. 0、3. 5、7. 9、2. 0
4	孙家湾、西山、江面、气化、法兰、厦内、土堤、涵洞
5	点燃、送入、正式、移交、使用、摧毁、遭到、破坏、彻底、炸飞、砸死、震坏、赶赴、处于、聚集
6	爆炸、事故、管理、所属、死亡、重伤

基于聚类的方式可以将具有相似语义特征的关键词聚合到一起,虽然由于聚类为一种无监督的机器学习,聚类的结果不可避免地会存在噪声,但从中分析并抽象出意外爆炸毁伤领域的概念,如从以上的部分关键词中可以看出,语料中频繁出现“意外爆炸发生的地点”、导致爆炸发生的“易燃易爆品”、爆炸产生“破片”和“毁伤”等,通过聚类还可直观看到意外爆炸毁伤领域内的触发词。

4) 从聚类结果中抽象总结类的层级关系

对 KMTR 得到的关键词聚类结果根据专家知识拆分、合并,抽象出本体的层级。将意外爆炸本体分为 13 个一级分类,本体的层次划分如图 5-4 所示。

本体类型共分为爆炸事件、起爆方式、爆炸源、国际规范、反应过程、产物、毁伤源、目标、点火方式、TNT 当量、次生灾害、环境、目标响应共 13 个。结合专家知识,在此基础上划分二级本体:爆炸源下的子类分为化学制剂、火药、核三类;毁伤元进一步划分为冲击波、破片、燃烧、成坑、地冲击、震动五类;目标划分为建筑、设施、人三类;目标响应包括距离、速度、加速度、压力、位移、变形程度、人员伤亡和经济损失八类。

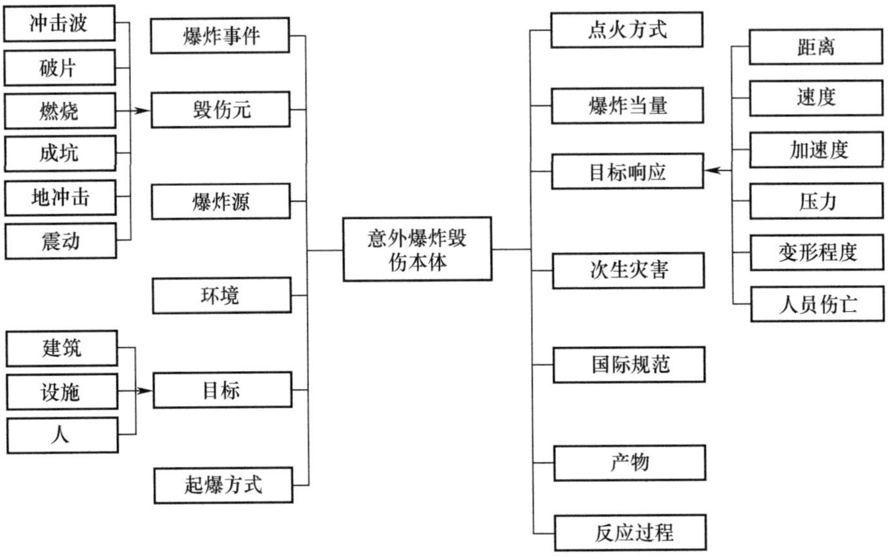

图 5-4　意外爆炸毁伤领域本体类型层次划分

5）定义事件类型和触发词

根据 4）所定义的意外爆炸毁伤本体类型，将其划分为事件类型和触发词。

将意外爆炸毁伤过程中发生的事件类型进行分类，经过分析意外爆炸毁伤领域主要存在四类事件，事件类型和触发词示例如表 5-4 所列。这四类事件间，爆炸事件和其他三类事件联系紧密，且具有一定的因果关系，爆炸事件的触发词可能也是引燃事件的触发词，事件间触发词存在共享，因此意外爆炸毁伤领域存在事件重叠的情况。

表 5-4　意外爆炸毁伤领域事件类型和触发词

编号	事件类型	标　记	触　发　词
1	爆炸事件	BOOM	爆炸、爆燃、炸、闪爆、爆裂
2	毁伤事件	DAMAGE	砸毁、冲击、砸、震碎、死亡、受伤、震飞、燃烧
3	反应事件	REACT	氧化、硝化
4	引燃事件	INGITE	点燃、引燃、点着、起火、爆燃

6）定义事件论元和论元角色

基于关键词聚类结果和事件类型，定义论元示例和论元在对应的事件中扮演的角色。进一步地，对其他本体概念进行划分，为四类事件分配其相关的论元。参考 ACE 事件类型及模板。意外爆炸毁伤领域中事件类型、论元及论元角色如表 5-5 所列。

7）创建本体示例

本书构建的本体效果如图 5-5 所示。其中方框为事件类型，椭圆为论元角色。但在应用实例中椭圆代表论元实例，事件与论元间的关系为论元角色。可以看出，意外爆炸毁伤领域中事件共享论元，存在嵌套事件。且四种事件类型有因果关系，并不相互独立，通过共享论元将这四种事件联系起来才是一个意外爆炸毁伤知识图谱的示例。

表 5-5 意外爆炸毁伤领域中事件类型、论元角色和论元

事件类型	论元角色	论　　元
爆炸事件	事件名称	天津港“8・12”特大爆炸、深圳清水河大爆炸
	时间	凌晨5点30分、2017年8月
	地点	工厂、车间
	爆炸源	化学制剂类、火药类、粉尘、混合物
	环境	潮湿、高温、雷击、阵雨、风、封闭
	TNT当量	1000t、0.05t、1.7kg
	次生灾害	二次爆炸、水污染等
	毁伤元	冲击波、破片、火焰、深坑等
	目标	建筑、设施和人
	损失金额	美元、1亿元
引爆事件	爆炸源	化学制剂、火药类、粉尘、混合物等
	点火方式	明火、阴燃、火星、摩擦、热表面
反应事件	爆炸源	化学制剂、火药类、粉尘、混合物等
	产物	氮气、水蒸气、一氧化碳、二氧化碳、氨气
毁伤事件	毁伤元	冲击波、破片、火焰、深坑等
	目标	建筑、设施和人
	响应程度	飞出100m、位移7m
	毁伤描述	重度变形、深坑8m
	环境	潮湿、高温、雷击、阵雨、风、封闭

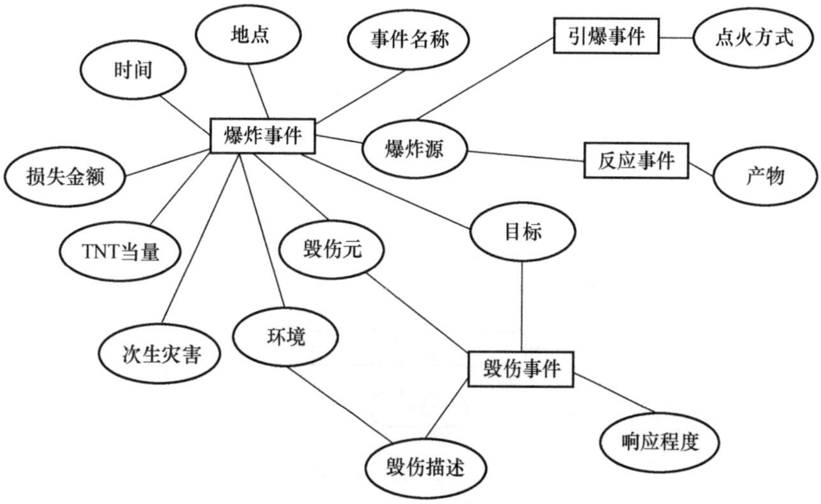

图 5-5 意外爆炸毁伤领域本体模型

5.3.3 意外爆炸毁伤语料库构建

构建意外爆炸毁伤领域本体前已对收集的与意外爆炸研究相关的2559篇调查报告、NTRL的155篇文献,以及多本意外爆炸领域相关书籍中提取的63篇历史案例报告进行了数据清洗、分词、分句等操作,根据本体所定义的13种一级实体类型及其子类、属性和16种关系标签,对意外爆炸领域的知识进行标注,构建意外爆炸毁伤领域数据集AEDC。关系标注采用人工标注和利用先验知识标注两种方式。首先人工标注单个句子中出现的事件触发词和论元,其次将人工标注得到的三元组作为先验知识采用远程监督的方式增加标注样本量。

1) 人工标注

人工标注任务由一名管理员A与7名标注人员共同完成,人工标注语料的流程如下:第一,A从分句后的句子集中人工筛选出包含意外爆炸本体所涉及的事件的句子,第二,将这些句子分配给7名研究人员按照定义好的Schema进行实体关系三元组标注并提交给A,A将标注有争议的语料筛选整理出来,交换顺序进行二次标注;第三,A对最终标注的结果进行审核,如果审核不通过则集体讨论,最终由A按照讨论结果修改标注不当的样本、补完遗漏标注的关系。人工标注所采用的方法流程大致如图5-6所示。

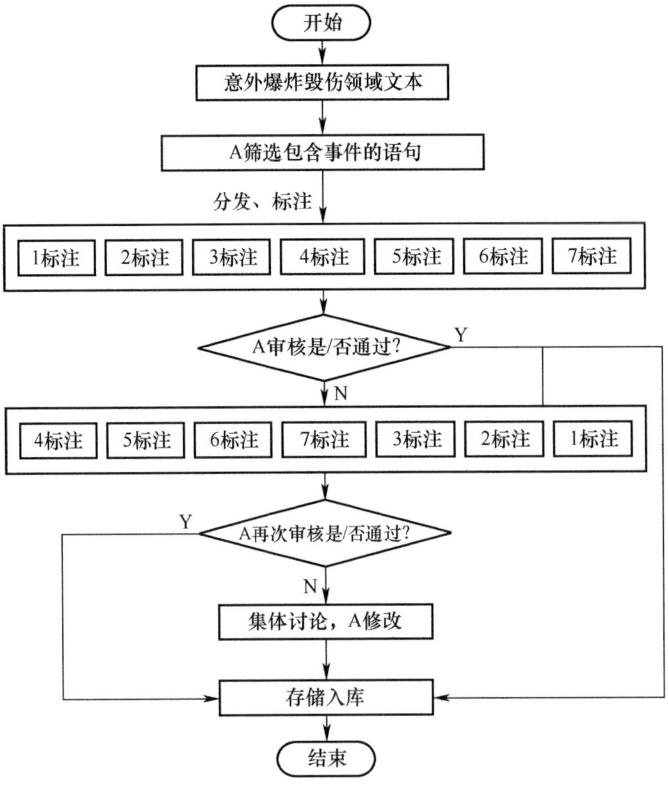

图5-6 人工标注语料流程

2) 利用先验知识标注

人工标注后,基于先验知识增加标注样本量。利用本体筛选出与意外爆炸毁伤相关的三元组,使用这些三元组构建先验知识库。通过程序将同一篇文章里包含先验知识库中触发词和论元的句子筛选出来,共得到 k 个句子,将这些句子两两拼接起来,得到 $k(k-1)$ 个构造文本。然后利用先验知识库采用远程监督的方式标记待构造文本。远程监督是一种启发式学习思想,即如果构造句子中存在实体对 (e_1, e_2),且先验知识库中存在三元组 (e_1, r, e_2),则为该句子标注关系 (e_1, r, e_2)。本书利用这种思想扩充意外爆炸毁伤语料集,如果跨句子构造的文本中出现了单个句子标注过的事件信息,则在构造文本中标记触发词、事件类型、论元和论元角色等信息。

经过以上步骤,得到意外爆炸毁伤领域的标注语料集 AEDC。为方便读取采用 JSON 格式存储,用于训练、验证和测试中文事件联合抽取模型 RoBERTa-GPLinker。

5.3.4 基于动态掩码的中文事件联合抽取模型

提出的基于动态掩码的中文事件联合抽取模型 RoBERTa-GPLinker 的结构是由输入层、RoBERTa 编码层、GlobalPointer 层、事件抽取层和输出层组成。其中,输入层将待被抽取事件的意外爆炸毁伤领域文本输入 RoBERTa-GPLinker 中;RoBERTa 编码层将自然语言进行编码;GlobalPointer 得到 token-pair 的向量表示;事件抽取层进一步实现事件抽取,包括触发词识别和分类、事件元素检测和识别论元角色;输出层输出文本中抽取出的事件类型、事件元素和事件角色信息。

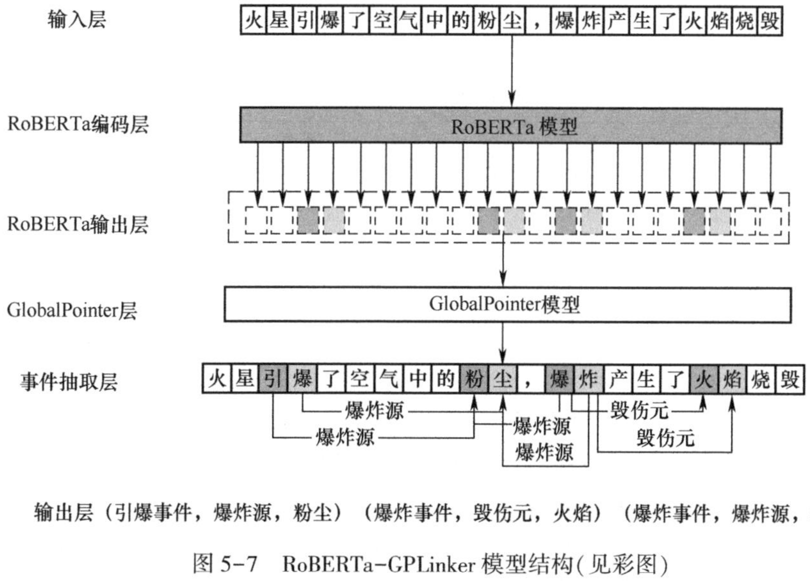

图 5-7 RoBERTa-GPLinker 模型结构(见彩图)

1)输入层

输入层将 AEDC 的标记语料传入 RoBERTa-GPLinker 模型,将标记的触发词、事件类型、论元和论元角色作为关系抽取任务最终的真实值。RoBERTa-GPLinker 的输入为中文文本,以字符为单位将待抽取文文本切分,得到一个文本序列 $\boldsymbol{S}_{\text{input}} = \{w_1, w_2, \cdots, w_n\}$,其中 $i \in (0, n)$,w_i 为待抽取文本中第 i 个字符。

2)RoBERTa 编码层

本书采用中文预训练模型 RoBERTa 作为编码层,模型采用 12 层 Transformer。

RoBERTa 编码层的输入为 $S_{\text{input}} = \{w_1, w_2, \cdots, w_n\}$，然后经过 12 层 Transformer 后得到最终的向量表示 $\{h_1, h_2, \cdots, h_n\}$。

RoBERTa 编码具体计算公式如下：

$$\boldsymbol{h}_0 = \mathrm{SW_s} + W_{\mathrm{p}} \tag{5-3}$$

$$\boldsymbol{h}_\alpha = \mathrm{Trans}(\boldsymbol{h}_{\alpha-1}), \quad \alpha \in [1, N] \tag{5-4}$$

式中：$\boldsymbol{h}_0$ 为初始的向量，每一层 Transformer 的输出向量作为下一层 Transformer 的输入；$\boldsymbol{h}_\alpha$ 为输入序列 $\boldsymbol{S}_{\text{input}}$ 经过 α 层 Transformer 编码后的向量；N 为 Transfomer 的层数，$N=12$。

RoBERTa 通过一系列改进措施大幅提升了 BERT 的性能及其鲁棒性，BERT 使用的是静态掩码，RoBERTa 模型实现了动态掩码。具体的方法：将一个训练样本复制多份，对于每一个训练样本使用不同的掩码，这样就间接实现了动态掩码效果。原始的 BERT 采用单个单词掩码（word piece mask，WPM），会割裂强相关的单词，RoBERTa 对于中文单词使用了全词掩码（whole word mask，WWM），将相连的单词一起掩码，这样可以更好地学习上下文语义。区别如表 5-6 所列。

表 5-6　WPM 与 WWM 的对比

名称	Mask 方式
WPM	11 日早晨，A 地区发生一起煤气[MASK]炸事件。
WWM	11 日早晨，A 地区发生一起煤气[MASK][MASK]事件。

此外，RoBERTa 对 Adam 优化器进行针对性的调参。原始 BERT 优化函数采用的是 Adam 默认的参数，其中 $\beta_1 = 0.9$，$\beta_2 = 0.999$，$\varepsilon = 10^{-6}$。本章 RoBERTa 采用了更大的批（batch），将 β_2 调优为 0.98。

3）GlobalPointer 层

GlobalPointer 层将 RoBERTa 输出层学习到的字符矢量按其在序列中的次序两两拼接，得到 token-pair 的矢量表示。GlobalPointer 与 TPLinker 一样，都是基于 multi-head 思想构造出的 token-pair 矩阵，这种矩阵可以有效解决事件抽取中的论元、触发词重叠的情况。GlobalPointer 会用枚举的方式将句子中所有出现的 token 拼接起来，然后使用关系矩阵表示 token-pair 之间可能存在的关系。

GlobalPointer 将 (S, P, O) 表示为 $(S_{\text{h}}, S_{\text{t}}, P, O_{\text{h}}, O_{\text{t}})$ 的形式，S_{h} 和 S_{t} 分别为 token 对是否为 S 的起始位置，O_{h} 和 O_{t} 分别为 token 对是否为 O 的起始位置，S_{h} 和 O_{h} 分别为 P 两端实体的开始的 token 位置，同理 S_{t} 和 O_{t} 分别为 P 两端实体结束的 token 位置。利用关系矩阵存储标记的结果，如果 token-pair 可以标记，则将矩阵对应的元素置为 1。但仅仅使用一个矩阵无法解决嵌套事件的问题，因此针对每一种关系 r 都要分配一个矩阵，随之带来稀疏矩阵的问题、导致空间的浪费。压缩关系矩阵，将矩阵左下角的变量翻转到左上角，然后进一步对矩阵进行扁平化处理。压缩操作将原本展平为 $2n+1$ 个长度的序列压缩到 $(n^2+n)/2$，这样就缓解了矩阵稀疏的问题。此外，GlobalPointer 会区分实体的类型，所以会生成 $2R+T$ 个 $(n^2+n)/2$ 大小的矩阵，其中 R 为边的数量，T 为实体的数量。

4）事件抽取层

事件抽取层实现对输入文本中事件的联合抽取。GPLinker 进行事件抽取任务时将一个独立的事件看作一个完全子图。触发词和论元为节点,默认在一个事件内,任意两个节点间都存在联系;如果两个节点间没有相连的边,则这两个论元不属于同一个事件。这样就将事件抽取任务转化为完全子图搜索。

借助 GlobalPointer 的 token-pair 识别模块,可以将特定联系下的某边及其两端节点抽取出来,利用 GlobalPointer 进行论元和论元间的"头-头"($S_h - O_h$)匹配和"尾-尾"($S_t - O_t$)匹配抽取出论元节点间的边,并且判断边的类型得到论元角色,通过 $S_h - S_t$ 匹配和 $O_h - O_t$ 匹配就得到了触发词和论元。此外,由于 GlobalPointer 有单独记录实体类型的矩阵,因此抽取出的触发词的同时对触发词分类即可确定事件类型,进而完成了事件抽取任务。事件类型检测的公式如下:

$$\boldsymbol{q}_i = \boldsymbol{W}_q \cdot \boldsymbol{h}_i + \boldsymbol{b}_q \tag{5-5}$$

$$\boldsymbol{k}_j = \boldsymbol{W}_k \cdot \boldsymbol{h}_j + \boldsymbol{b}_k \tag{5-6}$$

$$\boldsymbol{s}_\alpha(i,j) = \boldsymbol{q}_{i,\alpha}^{\mathrm{T}} \cdot \boldsymbol{k}_{j,\alpha} \tag{5-7}$$

矩阵 $\boldsymbol{W}$ 为权重,矩阵 $\boldsymbol{b}$ 为偏置项,$\boldsymbol{q}_i$ 为实体类别的开始向量,$\boldsymbol{k}_j$ 为实体类的结束向量。式(5-7)通过内积计算从 i 到 j 的连续片段是一个触发词或论元,且其类别为 α 的得分。

5）输出层

输出层为事件抽取层解码后的结果,得到 RoBERTazh-GPLinker 模型抽取的触发词、事件类型、论元和论元角色等信息。将其转为(事件类型,论元角色,论元)的三元组形式,便于之后意外爆炸毁伤知识图谱的构建。

6）损失函数

在事件抽取任务中,事件类型的检测和事件元素分类为多目标分类任务,损失函数如下:

$$L = \log\left(1 + \sum_{j \in P} \mathrm{e}^{-s_j}\right) + \log\left(1 + \sum_{i \in N} \mathrm{e}^{s_i}\right)$$

式中:P 为正类别集合;N 为负类别集合;s_i 为类别 i 的得分。

该损失函数结合了 softmax 和交叉熵的思想,将目标类别得分与非目标类别得分两两比较,自动平衡权重。

5.3.5 事件共指融合

在做意外爆炸毁伤领域的事件抽取时,发现同一爆炸事件可能对应多篇不同调查报告,因此需要对抽取出事件进行共指融合,在避免信息冗余的同时建立更加全面、完整、视角统一的意外爆炸毁伤信息库。针对不同事件,根据事件的特定论元是否相同,判断这些事件是否为同一事件。实体对齐是事件共指融合的基础,将论元看作实体,如果可以进行实体对齐,则认为表述不同的论元实质上是相同的,将同一事件的冗余的论元消除。

5.3.5.1 基于语义语法相似度的实体对齐

在应用中判断多个论元的对齐问题可以转为两两实体对齐的问题,表 5-7 给出判断两个实体是否对齐的方法。

表 5-7　基于语义和语法相似度的实体对齐

```
输入:待对齐的实体 ent1 和 ent1,其上下文 sen1 和 sen2,相似度阈值 τ
输出:ent1 和 ent2 对齐结果
1. 将所有抽取出的实体加入分词词典 w_dict
2. 按照 w_dict 对 sen1 和 sen2 进行分词
3. 预训练 BERT 模型计算 ent1 在 sen1 的表示 vec1,ent2 在 sen2 中的表示 vec2
4. //1. 语义相似度计算
5. vec1 和 vec2 扁平化处理
6.   if vec1. shape[0]>vec1. shape[0]:
7.       vec2 进行零填充操作
8.   else
9.       vec1 进行零填充操作
10. 计算 Sem(ent1,ent2)= 1-cos(vec2,vec1)
11. //2. 语法相似度计算
12. 利用 NTLK 库词法分析判断 ent1 在 sen1 中的词性 flag1,ent2 在 sen2 中的词性 flag2
13.   if flag1 = =flag2:
14.    Pos(ent1,ent2)= 1
15.   else
16.     Pos(ent1,ent2)= 0
17.   if  Pos(ent1,ent2) * Sem(ent1,ent2)<τ:
18.    return
19. return len(ent1)>len(ent2)? ent1:ent2
```

在表 5-7 中 1~10 行计算实体的语义相似度,利用 BERT 模型得到实体在句中的向量表示,通过零填充统一向量长度、计算实体之间的余弦相似度,进而得到两实体的语义相似度 Sem;12~16 行判断实体在语法上是否相似,利用 NTLK 的词法分析判断实体在各自句子中的词性,如果实体词性不同则语法 Pos 不相似、不对齐;17~19 行表示如果两实体语法相似且语义相似度大于阈值,则认为两个实体在语义、语法上都相似,两个实体实质上为同一实体、将其对齐,返回信息更全面的实体作为最终对齐后的结果。

为便于理解,表 5-8 给出意外爆炸毁伤领域的基于语义语法相似度实体对齐的示例,可以看出,第一个例子中两实体语义相似度高且词性相同,因此应该对齐;第二个例子中虽然两实体字面上完全一样,但词性不同、在句子中的含义也不同,因此不对齐两个实体。

表 5-8　基于语义和语法进行实体对齐的示例

序号	样　　例	语法	语义相似度	是否对齐
1	电路老化产生火星点燃氧气和空气的混合物。	名词	0.78	是
	空气氧气混合物被点燃,导致 A 地发生爆炸。	名词		
	导致这次爆炸发生的原因是设施老化。	名词		
2	10 月 11 日在 A 工厂 B 楼锅炉突然爆炸了。	动词	1	否

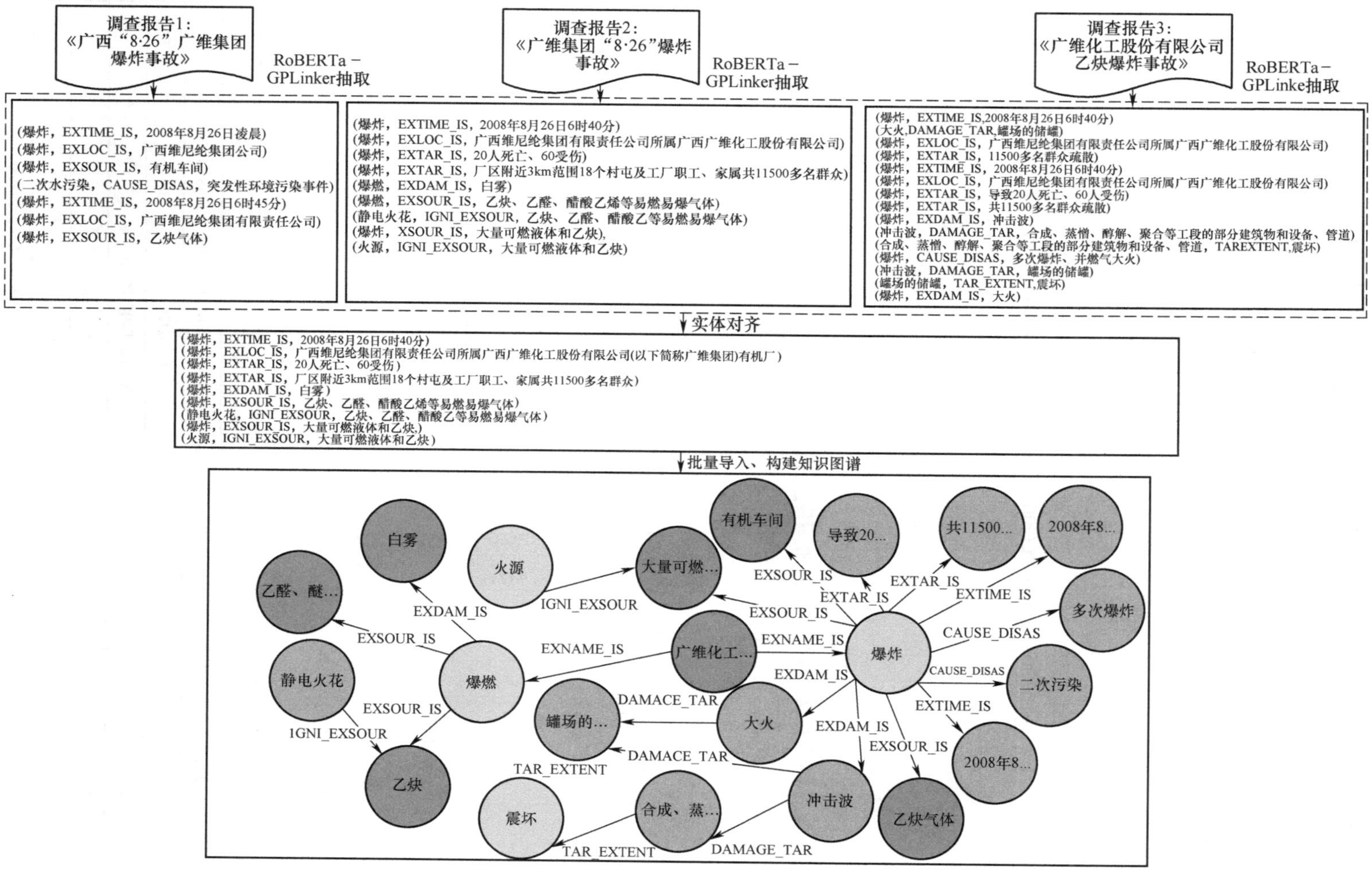

图 5-8 以“广西宜州广维集团爆炸事故”为例构建知识图谱

5.3.5.2 意外爆炸事件共指融合

根据表 5-7 中的算法,针对同一篇调查报告中不同的句子中抽取出的事件,如果爆炸发生的时间和地点唯一,则将该文章内所有爆炸事件进行融合,对所有不同的事件元素进行保留、相同的事件元素仅保留一个;若爆炸事件对应不同的爆炸时间和地点,则两个爆炸事件不进行事件融合。此外,由于爆炸事件、引燃事件、反应事件和毁伤事件间存在共享论元,需要对不同事件类型间的论元实体对齐,整合一场意外爆炸完整的爆炸毁伤过程。

通过这种方式将不同报道来源,实质相同的事件合并为一个,得到关于某特定事件全面的、精简的信息,实现多源异构爆炸信息的融合,完成意外爆炸毁伤知识图谱的构建。

以“广西宜州广维集团爆炸事故”为例,构建意外爆炸毁伤知识图谱的全过程如图 5-8所示。首先使用训练完成的事件联合抽取模型 RoBERTa-GPLinker 模型从三篇不同的针对该爆炸事故的报告中抽取出事件的触发词和论元,然后将抽取得到的事件信息转化为三元组列表,三篇调查报告分别抽出 7 个、15 个、9 个三元组;对三元组的实体对齐,保留不同的事件元素、相同的事件元素仅保留一个,按照时间、地点等元素进行实体对齐对三元组列表整合为 CSV 表格的形式。未进行事件融合前,三篇调查报告共包含 31 个三元组,实体对齐后,爆炸事故的知识图谱共包含 24 个关系三元组。

用 Neo4j 图数据库对融合后的知识图谱进行存储,Neo4J 数据库可以为意外爆炸毁伤数据提供可视化界面。将三元组整理为 csv 表格,借助工具 neo4j-import 将实体对齐整理后的“事件类型和论元 . csv”和“论元角色 . csv”批量导入 Neo4J 数据库中。Neo4J 提供 Cypher 语言,便于知识查询和关联分析。此外,还提供了多度关联查询、正则查询、最短路径查询等功能,可以深度挖掘知识节点间的关联,在此基础上进一步分析推理,高效地从海量数据中查找出所需的重要信息,从而辅助意外爆炸领域的决策分析、开展爆炸溯源、毁伤评估等下游任务。

5.4 实验与分析

5.4.1 实验环境

实验在 Windows 10 操作系统下进行,以 Python 语言为编程语言、以 Pycharm 平台为开发工具。软硬件环境情况如表 5-9 所列。

表 5-9 实验软硬件环境

名称	标　　准
处理器	Intel(R) Xeon(R) Platinum 8255C 32768MB
内存	32GB
显卡	Nvidia T400 16GB
开发工具	PyCharm
编程语言	Python
开发平台	torch 1. 6. 0、tensorflow 2. 6. 2 、keras 2. 6. 0

5.4.2 实验数据与数据预处理

事件抽取是构建知识图谱的基础,本书使用的数据集为构造的意外爆炸毁伤领域数据集 AEDC,利用 AEDC 训练 RoBERTa-GPLinker 模型,训练完成的 RoBERTazh-GPLinker 模型可从未标注的意外爆炸毁伤领域文本中自动抽取事件信息,将抽取出的事件转化为三元组构建意外爆炸毁伤知识图谱。

语料来源于社交网页新闻、相关研究文献、历史重大意外爆炸事故调查报告、国内意外爆炸总结书籍等。使用 5.3.3 节的方法构造跨句子标注文本共得到 5015 条数据,以 JSON 格式存储。标注数据的格式如图 5-9 所示,“text”为根据规则生成的待抽取文本,“event_list”为在文本 text 中出现的所有意外爆炸毁伤领域事件的集合,“event_type”标记事件的类型,“trigger 标记”为文本中出现的触发词,“trigger_start_index”为触发词在待抽取文本中出现的位置,“argument_start_index”为论元在待抽取文本中出现的位置,“role”为论元角色,“argument”为文本中出现的论元。对于标记后的数据划分训练集和测试集,训练数据和测试数据比例为 4 : 1。

```
{“text”:“A城市路口发生爆炸”,
  “id”: “01”,
 “event_list”:
 [
   {“event_type”:“爆炸事件”, “trigger”: “爆炸”, “trigger_start_index”: 7,
     “arguments”: [
     {“argument_start_index”: 0,
       “role”: “地点”,
       “argument”: “A城市”,
       “alias”: []
     }]
   }]}
```

图 5-9 意外爆炸毁伤领域相关事件标注格式

用图 5-9 所示格式所标记的数据训练和验证中文事件联合抽取模型 RoBERTa-GPlinker,在 AEDC 中重叠事件和嵌套事件的占比如表 5-10 所列。

表 5-10 AEDC 重叠嵌套事件占比

事件类型	占比/%
重叠事件(Overlapped Event)	32%
嵌套事件(Nested Event)	54%

从表 5-4 可以看出,在 AEDC 语料库中约 22%的事件共享一个触发词,意外爆炸毁伤领域中存在事件重合的情况,不同事件包含相同的论元、触发词存在重合。其中,嵌套事件的占比较高,由于在意外爆炸毁伤领域中毁伤事件伴随爆炸事件发生,这两种事件有较多论元重合。重叠事件是由于不同类型事件的触发词重合,爆炸事件、毁伤事件和引爆事件都有一定概率发生重叠。

AEDC 中各类论元角色的数量占比如图 5-10 所示。从图 5-10 可以看出,意外毁伤领域数据集 AEDC 中爆炸时间、地点、爆炸源、毁伤程度、毁伤元、目标等论元角色占比较高,而反应物、环境等论元角色的占比较少,论元角色存在分布不均衡的问题。

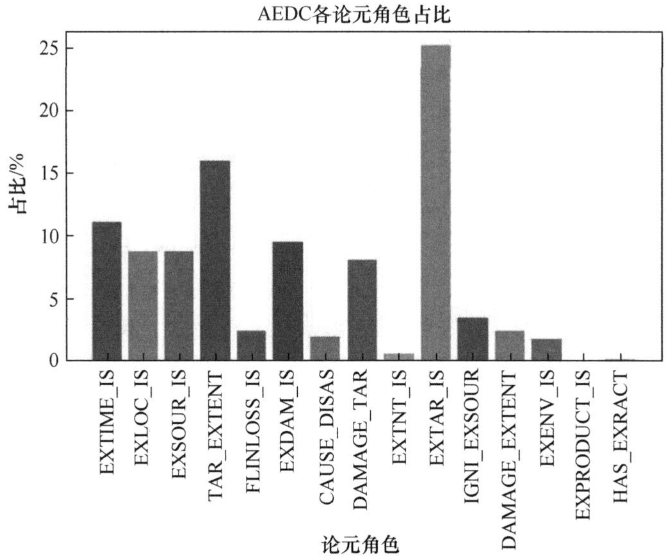

图 5-10 AEDC 中各类论元角色占比

5.4.3 评价指标

本章采用事件抽取任务通用的精确率(P)、召回率(R)及综合评价指标 F1 值对事件抽取的结果进行评价,如表 5-11 所列。实验是将事件从非结构化的文本中抽取出来,只有在触发词抽取和论元都正确抽取的前提下,才能认为当前的事件抽取结果是正确的、其他情况都是错误的。

表 5-11 分类结果混淆矩阵

真实情况	预测结果	
	正　例	反　例
正例	TP(真实例)	FN(反实例)
反例	FP(假实例)	TN(真反例)

实验以精确率(P)、召回率(R)、F1 值作为评价标准来验证模型的有效性,计算公式分别如下:

$$P = \frac{\mathrm{TP}}{\mathrm{TP} + \mathrm{FP}} \times 100\%$$

$$R = \frac{\mathrm{TP}}{\mathrm{TP} + \mathrm{FN}} \times 100\%$$

$$\mathrm{F1} = 2 \times \frac{P \times R}{R + P} \times 100\%$$

本章事件联合模型抽取模型从语料中抽取出结果,将事件类型、论元角色抽取的结果是否正确看作一个二分类问题,即“正确”和“错误”两种。F1 值的 TP、FP、TN、FN 分别表示表 5-11 中对应类型的样例数量。

5.4.4 实验方法

实验主要分为两部分。

第一部分针对 SSTK 的核心工作 KMTR 自动获得关键词聚类进行实验,验证 KMTR 按语义自动聚类关键词的可行性,为 SSTK 构建意外爆炸领域本体提供理论依据。在获得最终关键词聚类的基础上按照图 5-2 所示流程进行人工调整,完成意外爆炸毁伤领域本体构建工作。

第二部分验证 RoBERTa-GPLinker 的事件抽取效果。与现有模型对比,验证 RoBERTa-GPLinker 可以解决嵌套事件和重叠事件的抽取问题,避免现有模型普遍存在的暴露偏差,取得较好的事件抽取效果。

5.4.4.1 KMTR 自动获得关键词聚类

首先需要对搜集到的语料进行分句、去除停用词、分词等操作,借助 Jieba 工具包对数据进行清洗,使用分词后的语料预训练 Word2Vec 模型并保存词语向量字典;其次将 TextRank 算法提取的关键词集合,将关键词作为键值从词典中查询出对应的向量;最后使用模拟退火算法优化的 K-Means 模型,对关键词有效分类。聚类的效果以 DBI 为标准,本章采用模拟退火算法主要对关键词的聚类的个数和词向量的维度个数进行参数调优,以得到意外爆炸毁伤领域关键词最佳聚类效果。

5.4.4.2 事件抽取对比

本章将实体关系的对比实验分为两组。

(1)将本章改进后的 RoBERTa-GPLinker 与 GPLinker 模型和 CasEE 模型对比在 AEDC 上的事件抽取效果。CasEE 可以抽取重叠事件和嵌套事件,与 CasEE 对比证明 RoBERTa-GPLinker 可以有效解决暴露偏差问题,获得更好的事件抽取效果;与 GPLinker 对比,验证 RoBERTa-GPLinker 引入动态全词掩码可以增强事件抽取的效果。

(2)在 AEDC 上与 BERT-BiLSTM-CRF、BiLSTM-CRF、DMCNN 模型对比事件类型检测效果;与 C-BiLSTM、BERT-QA、DMCNN 对比事件元素分类效果,验证 RoBERTa-GPLinker 可以有效抽取重叠事件和嵌套事件、解决暴露偏差问题,相比传统模型,可以增强意外爆炸毁伤领域事件抽取的效果。

5.4.5 实验结果和分析

5.4.5.1 实验一:KMTR 自动获得关键词聚类效果

本书采用模拟退火算法将 DBI 分数作为调参的依据自动调节聚类数目,其中限定聚类数目的变化范围是[20,40],模拟退火开始前使数目和维度初始值在区间中间分别为 50,最大温度和最小温度分别取 $T_{max}=100$、$T_{min}=10^{-14}$,以保证有足够的循环次数寻找相对最优解。

由图 5-11(a)可知,经过迭代当关键词分类为 32 时,DBI 得分最小,关键词取得最好的聚类效果。图 5-11(b)所示为 K-Means 的参数 $k=32$ 的聚类效果,从图中可以看到,不同的聚类有明显的间隔，同一类别的点聚集在一起、没有散落在整个图像中，每种聚类中点的数目数相对均衡，分布在散点图边缘和离群区域的噪声点的占比很少。

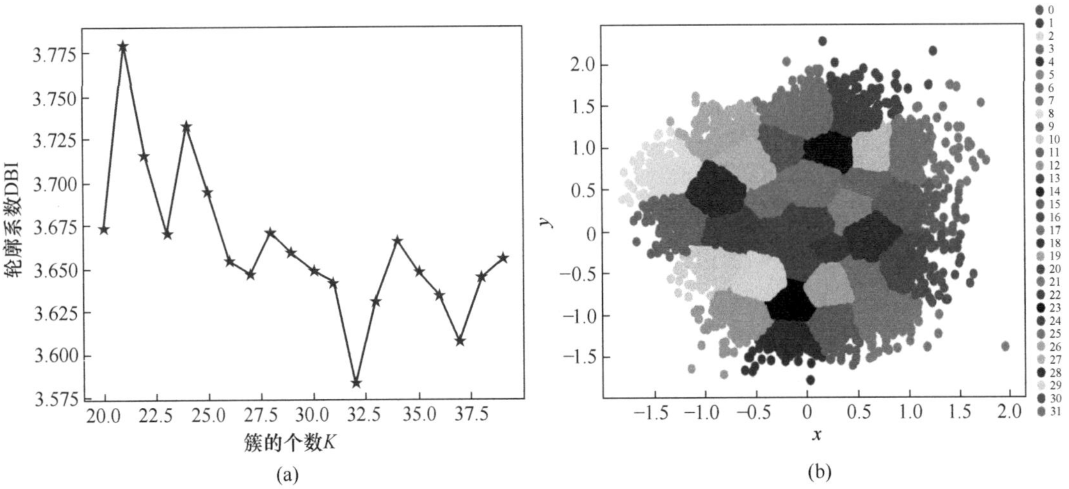

图 5-11　KMTR 调参及结果展示（见彩图）

（a）聚类个数与轮廓系数 DBI；（b）关键词最佳聚类效果。

以上分析可以说明，当聚类数为 32 时聚类的效果较好。采用 TextRank 提取关键词、K-Meaus 聚类、模拟退火调参 KMTR 过程可以有效地从意外爆炸毁伤文本中提取重要的专业术语并根据关键词的语义自动聚类，进而提高专家利用 SSTK 半自动法建法构建意外爆炸毁伤领域本体的效率。

5.4.5.2　实验二：事件抽取效果

1）对比 CasEE、GPLinker 和 RoBERTa-GPLinker 在 AEDC 的事件抽取效果。

从图 5-12 可以看出，在本书所构造的意外爆炸毁伤领域语料集 AEDC 上，RoBERTa-GPLinker 整体收敛的速度最快。而 RoBERTa-GPLinker 的编码层在训练时采用了动态掩码，在模型训练的过程中，每个训练轮次（epoch）的掩码位置都会发生变化，这就迫使模型更多地依赖上下文预测词汇，并赋予了模型纠错的能力。相比采用静态掩码编码的 GPLinker 和 CasEE 模型有效提升了模型的泛化性能。

RoBERTa-GPLinker 模型的 F1 值、精确率、召回率相比原版的 GPLinker 模型分别高出约 6.3%，7.9%和 5.4%。这是因为 RoBERTa-GPLinker 的编码层在训练时采用动态全词掩码，全词掩码会将完整的词语替换为［mask］特殊符号，因此在模型训练阶段，RoBERTazh-GPLinker 模型获取了更多的单词上下文和语法语义信息，可以更好地学习论元在句子中位置、语义和跨度信息，相比 GPLinker 模型在事件联合抽取的精确率和召回率上都有显著提升。

相比 CasEE，RoBERTa-GPLinker 具有更快的收敛速度、更高的计算效率，在 F1 值、精确率和召回率上分别高于 CasEE 约 12%、4%和 17.4%，验证了本章的方法与 CasEE 等联合抽取模型有效解决了暴露偏差的问题，进而提升了意外爆事件联合抽取的效果。CasEE 的召回率低证明了 CasEE 在进行事件联合抽取时有遗漏的情况；CasEE 基于指针标注，而指针标注通常只能基于局部上下文信息、缺乏有效的全局优化机制，因此 CasEE

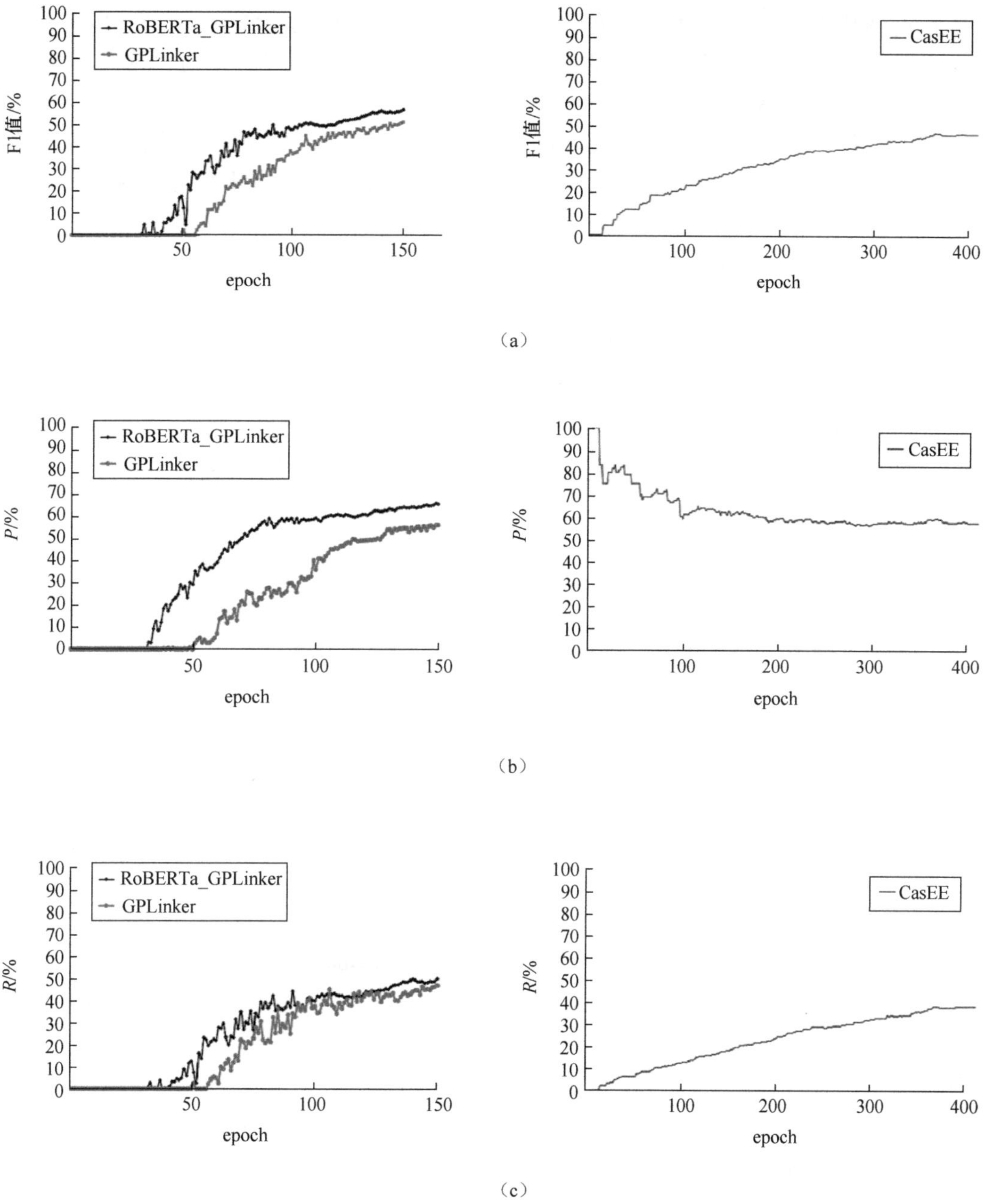

图 5-12 AEDC 数据集事件联合抽取效果对比
(a)F1 值变化;(b)*P* 值变化;(c)*R* 值变化。

模型不能很好地解决事件抽取过程中存在的暴露偏差问题,事件抽取的精确率更低。RoBERTa-GPLinker 通过将句子中所有可能的 token-pair 进行配抽取事件,抗噪能力强、全局优化效果好,可有效避免事件抽取过程中训练和预测的暴露偏差问题,增强抽取效果。

对以上结果进行分析，RoBERTa-GPLinker、GPLinker 和 CasEE 在 AEDC 数据集上收敛速度慢的原因，主要 AEDC 论元角色不均衡，在意外爆炸毁伤领域中占比最高的角色约 25%，毁伤元、目标、毁伤程度论元的占比较多，爆炸产物等论元角色的占比较少，在抽取占比较少的论元时极有可能出错，进而导致模型的收敛速度变慢。但相较于其他两个联合抽取模型，RoBERTa-GPLinker 在 AEDC 上仍有效增强了事件抽取的效果，与 GPLinker 方法对比，验证了基于动态掩码改进编码层的方法可以有效增强事件抽取效果；与 CasEE 模型对比，验证了本书的方法同样可以有效解决事件重叠和嵌套的问题。

2）与现有方法分别对比事件类型检测和事件元素分类效果

在意外爆炸毁伤数据集 AEDC 上将本书提出的模型与现有模型进行对比，事件类型检测和事件元素分类的效果分别如表 5-12、表 5-13 所列。其中，BERT-BiLSTM-CRF 和 BiLSTM-CRF 的区别为编码层是否采用预训练的向量表示模型 BERT，BiLSTM-CRF 使用的是字向量文件。表 5-12 所示为事件类型检测的效果，包括触发词识别和触发词分类。表 5-11 所列为事件元素角色分类，即进行事件元素的识别和事件元素角色分类。

表 5-12　与现有方法对比在 AEDC 上的最佳事件类型检测效果

模　型	事件类型检测/%		
	P	*R*	F1
BERT-BiLSTM-CRF	71	49	57
BiLSTM-CRF	52. 1	44	47. 7
DMCNN	66. 5	53	58
RoBERTa-GPLinker	69	55	61

从表 5-12 可以看出，RoBERTa-GPLinker 具有最好的综合触发词识别效果（F1 值）。其召回率明显优于 BERT-BiLSTM-CRF 约 6%、优于 BILSTM-CRF 约 11%，这是因为 AEDC 中存在多个触发词在文本中重叠的情况，而 BERT-BiLSTM-CRF 和 BILSTM-CRF 都是采用序列标注的方式，对句子中的每一个字符做连续的标注，无法解决文本序列中触发词重叠的问题。但 RoBERTa-GPLinker 仅标注触发词在句子中的头尾位置、不标注中间字符，可以有效避免同一句中多个触发词间存在重叠的字符问题，有效减少触发词抽取遗漏的情况，极大地提升触发词识别的召回率。

RoBERTa-GPLinker 的精确率相比 BERT-BiLSTM-CRF 低了约 2%，这是因为 RoBERTa-GPLinker 采用联合抽取事件的方式，将事件元素角色抽取看作关系抽取，先在关系矩阵中确认触发词和论元的起始位置，再解码得到触发词，这增加了触发词识别的误差，而 BERT-BiLSTM-CRF 和 BiLSTM-CRF 在触发词抽取和确定事件类型的过程中不受抽取论元角色任务的影响，因此 BERT-BiLSTM-CRF 的精确率稍好于 RoBERTa-GPLinker 模型。但从触发词识别的指标 F1 值来看，在 AEDC 上利用 RoBERTa-GPLinker 可以出色地完成触发词识别任务。

与 DMCNN 模型相比，RoBERTa-GPLinker 的 F1 值高出约 3%，两模型识别触发词的效果相近。DMCNN 也是一种联合式事件抽取模型，通过共享参数同时完成事件类型检测和事件元素分类的任务，但并不适用于处理长文本，而 AEDC 中存在大量的跨句子长文本,这降低了 DMCNN 检测事件触发词并分类的能力。RoBERTa-GPLinker 采用的是 token-pair 标注方式,相比 DMCNN 处理长文本的性能更好。

表 5-13 与现有方法对比在 AEDC 上的最佳事件元素分类效果

模 型	事件元素分类/%		
	P	*R*	F1
C-BiLSTM	47.3	46.6	46.9
BERT-QA	56.2	50.7	53.3
DMCNN	55.3	52.2	53.7
RoBERTa-GPLinker	63.48	55.42	59.18

从表 5-13 可以看出,RoBERTa-GPLinker 论元抽取的综合效果(F1 值)优于 C-BiLSTM,这是因为 C-BiLSTM 基于序列标注进行事件元素分类,无法有效解决重叠事件和嵌套事件的问题,因此精确率和召回率分别低于 RoBERTa-GPLinker 约 16.18%和 8.82%;BERT-QA 相比 C-BiLSTM 在精确率和召回率上都有明显提升,BERT-QA 基于问答式系统实现事件元素抽取,充分利用了触发词信息及事件元素角色的先验信息。RoBERTa-GPLinker 与 BERT-QA 相比,精确率提升了 7.28%、召回率提升了 4.72%,因为 RoBERTa-GPLinker 在编码时采用动态全词掩码的编码方式,相比 BERT 模型可以更好地学习上下文的语义信息,因此有效增强了事件元素的抽取效果。RoBERTa-GPLinker 与 DMCNN 模型相比,精确率提升了约 8.18%、召回率提升了约 3.22%,这是因为 DMCNN 的模型结果较为简单、不擅长处理长距离依赖关系,而 RoBERTa-GPLinker 具有较强的处理长距离依赖的能力,因此在抽取较长的新闻文本事件时,RoBERTa-GPLinker 可以更好地完成事件抽取任务,具有更好的鲁棒性和泛化性。

5.5 小 结

本章详细介绍了意外爆炸毁伤效应知识图谱构建方法,主要步骤包括领域本体构建、数据集构建以及事件抽取,通过实验验证了该方法的有效性。首先,利用 SSTK 构建意外爆炸毁伤领域本体,对意外爆炸毁伤领域关键词进行聚类;其次,利用领域专家知识对聚类结果进一步归纳和总结,定义意外爆炸毁伤领域涉及的事件模板,从而完成意外爆炸毁伤领域本体构建;然后,收集、清洗和预处理收集的意外爆炸毁伤领域文本,进行样本标注,构造了意外爆炸毁伤语料集;最后,提出基于动态掩码的事件联合抽取模型 RoBERTa-GPLinker 实现意外爆炸事件抽取,进一步基于语法和语义语法实体对齐,去除冗余的论元,实现在不同资料中同一事件信息的共指融合,构建了爆炸毁伤领域知识图谱。实验结果显示,本章的知识图谱构建方法在事件抽取、事件类型检测以及事件元素分类方面的精确率等指标较现有方法有较大提高,表明本方法适用于意外爆炸毁伤效应领域的数据特征。

参 考 文 献

[1] SHADBOLT N,HALL W,BERNERS-LEE T. The semantic web revisited[J]. IEEE Intelligent Systems, 2006,2(3):96-101.

[2] ECKHOFF R. Explosion hazards in the process industries[M]. Norway: Gulf Professional Publishing, 2016.

[3] ZEHRA S,MOHSIN S F M,WASI S,et al. Financial knowledge graph based financial report query system[J]. IEEE Access,2021,9: 69766-69782.

[4] 刘宝,车礼东,黄红花,等. 基于自然语言处理(NLP)技术建立化学品危险评估知识图谱的研究[J].计算机与应用化学,2018,35(07):605-610.

[5] 厉彦柏,赵国静,旷文敏,等. 基于知识图谱的危化品安全生产事故应急决策[J]. 化工管理,2002,3(10):7.

[6] 何允. 基于化工案例的事故原因知识图谱构建研究[D]. 大连:大连理工大学,2021.

[7] 邢萌,杨朝红,毕建权. 军事领域知识图谱的构建及应用[J]. 指挥控制与仿真,2020,42(4):7.

[8] 王莹,葛国栋,李皓. 军事领域事理图谱构建与应用研究[C]. 厦门,第四届体系工程学术会议,2022:274-283.

[9] 胡伟涛. 装备知识图谱构建及分析研究[D]. 长沙:国防科技大学,2020.

[10] 刘梦超. 面向海战场的知识建模与知识图谱构建研究与设计[D]. 北京:中国电子科技集团公司电子科学研究院,2021.

[11] Pre-training of Deep Bidirectional Transformers for Language Understanding : version 2.0 [EB/OL]. (2018-10-11)[2019-5-24]. https://arxiv. org/abs/1810. 04805.

[12] CHEN Y,LIU S,HE S,et al. Event extraction via bidirectional long short-term memory tensor neural networks[M]//Chinese computational linguistics and natural language processing based on naturally annotated big data. Heidelberg:Springer,Cham,2016: 190-203.

[13] YANG S,FENG D,QIAO L,et al. Exploring pre-trained language models for event extraction and generation[C]//Proceedings of the 57th Annual Meeting of the Association for Computational Linguistics. July 28-August 2,2019,Florence,Italy:c2019: 5284-5294.

[14] CHEN Y,XU L,LIU K,et al. Event extraction via dynamic multi-pooling convolutional neural networks [C]//Proceedings of the 53rd Annual Meeting of the Association for Computational Linguistics and the 7th International Joint Conference on Natural Language Processing. July 26-31,2015,Beijing. China: c2015: 167-176.

[15] Cas EE: a joint learning framework with cascade decoding for overlapping event extraction: version 1.0 [EB/OL]. [2021-06-04]. https://arxiv. org/abs/2107. 01583.

[16] NGUYEN T H,CHO K,GRISHMAN R. Joint event extraction via recurrent neural networks[C]// Proceedings of the 2016 Conference of the North American Chapter of the Association for Computational Linguistics: Human Language Technologies. June 12-17,San Diego,California,USA:c2016:300-309.

[17] 韩斌. 意外爆炸效应知识图谱的研究与应用[D]. 南京:河海大学,2021.

[18] MIKOLOV T,CHEN K,CORRAD′O G,et al. Efficient estimation of word represen tations in vector space[EB/OL]. arXix preprint:1301. 3781,2013.

第 6 章　意外爆炸毁伤效应的机器学习模型

6.1　概　　述

意外爆炸毁伤是个多物理场耦合的非线性复杂过程，传统研究一般是基于物理过程机理建立模型，此过程涉及物理参数众多、参数间关系复杂，限制了该方法的应用。而以毁伤数据为基础，通过数据驱动，采用机器学习算法，可以在不考虑物理作用过程的基础上，利用黑箱模式自动挖掘数据中潜在的隐藏关系，从而揭示目标和毁伤元之间相互作用的深层规律。在此基础上，建立基于数据驱动的毁伤效应计算和毁伤评估模型，利用毁伤数据进行快速、精确的毁伤效应计算、评估和溯源。

虽然可以获取多个来源的意外爆炸毁伤效应数据，但是相对于深度学习模型的数据需求还是有所欠缺的。本章介绍了利用小样本技术、多源数据融合等解决毁伤效应预测及意外爆炸溯源等问题。

6.2　基于相似度增强查询的意外爆炸威力溯源模型

6.2.1　问题描述

爆炸溯源是指通过收集、整合和分析多种信息，推理爆炸发生的机制、爆炸源类型等信息和确定爆炸事件责任方的工作。本章主要针对爆炸源类型预测，这是爆炸溯源的关键环节，通过对爆炸事件现场的物证、痕迹、残余物等进行采集、分析和鉴定，可初步推断可能涉及的爆炸源类型，并进一步深入调查其制造、储存和运输过程等，确定可能存在的责任单位或个人。因此，确定爆炸源类型可以极大提高爆炸溯源效率，为推理爆炸的过程、确认事故责任认定提供证据。

传统的爆炸溯源的核心研究方法包括现场勘查法、物证鉴定法和模拟重建法。首先，利用现场勘查法包括对现场进行目测、摄影、采样等方式的勘查，以获取爆炸物残留、爆炸效应等信息。其次，使用物证鉴定法对收集到的物证进行分析和鉴定，如化学成分分析、结构分析等，以确定爆炸物质的种类及性质。最后，基于模拟重建法，在现场数据、物证分析结果的基础上使用计算机模拟等手段，对爆炸事件过程进行模拟和重建，推断实际发生的爆炸机理。现场勘查法和物证鉴定法存在获取数据的时间周期长、人力成本高的问题，模拟重建法往往在明确爆炸源类型和爆炸现场条件的前提下，模拟意外爆炸发生时火焰的传播机制、破片的产生和行为规律及冲击波的压力分布、能量释放等过程，然而实际发生意外爆炸时爆炸现场的环境非常复杂，难以获得精细的数据，而模拟重建法对数据、参数的要求极高，根据意外爆炸现场收集到的信息往往不足以支持建立相应的物理模型。

通过对知识图谱中的先验知识进行逻辑推演和推断,可以得到新的结论和知识。与人工爆炸溯源相比,应用知识图谱技术可以为爆炸溯源提供辅助支持,对意外爆炸毁伤知识图谱(AEDKG)中的爆炸源、毁伤元、毁伤效应等论元之间的关联和规律进行挖掘和分析,可以有效简化爆炸溯源的流程,提升爆炸溯源的效率。同时,通过快速查询和分析意外爆炸毁伤知识图谱 AEDKG 中的相似历史案例信息,可以避免过多依赖现场收集的数据,提高对意外爆炸事实现爆炸溯源的可实现性。

AEDKG 中存在大量复杂关系,如何通过学习,将知识图谱中复杂的结构信息和语义信息以向量形式表示,为爆炸溯源提供高效、准确、可靠的支持是一个重要挑战。此外,由于意外爆炸现场环境复杂,获得的信息可能存在不确定性和不完整性,如果只依赖用户提供的现场描述查找历史案例并分析,可能会出现信息漏检、溯源结果不准确的情况,如何有效地减少漏检,查找较为完备的历史案例集也是需要考虑的重点。

6.2.2 方法框架

构建 AEDKG 已经实现了意外爆炸毁伤领域多源异构数据的统一和融合,建立全面、视角统一的知识图谱。知识查询是指在已有的知识库中,通过输入关键词或问题来查找相关的文档、资料或信息。知识查询是知识图谱的一种基础、普遍的应用。在爆炸现场毁伤信息充足的情况下,借助文本检索方法 BM25 可以通过自然语言快速、高效、灵活地从知识图谱 AEDKG 中查找与当前爆炸事件相似的历史案例信息,通过分析历史上相似的意外爆炸事件的规律,完成当前爆炸事件的溯源工作。虽然 BM25 算法可以实现高效、灵活地查询,但本质上是一种基于关键词查询的信息检索算法,因此可能存在相似案例的漏检情况。针对这种漏检的情况,本书根据 AEDKG 的数据特点对知识表示模型基于组合的多关系图卷积网络(composition-based multi-Relational graph convolutional networks, ComGCN)进行优化提出基于置信度优化的 CompGCN 模型(CompGCN with contidence, CompGCNconf),使其可以更有效地学习意外爆炸毁伤知识图谱 AEDKG 的表示,将事件元素的信息编码到事件节点的向量表示中,为计算爆炸事件相似度做准备。将查询的案例集中的事件与 AEDKG 中的事件分别计算事件向量的余弦相似度,从 ADEKG 中进一步找出相似的事件补全相似案例集,可以从 AEDKG 中进一步查找出漏检的相似案例,很好地增强查询效果、得到更加完备的相似历史爆炸案例集。最后,利用相似案例集训练贝叶斯分类器,能够有效地提升贝叶斯分类的效果,提高爆炸源类型预测的准确度,完成意外爆炸的爆炸溯源应用。

基于相似度增强查询的爆炸溯源方法框架如图 6-1 所示,主要工作分为两部分,即基于置信度优化的知识图谱向量化表示和基于相似度增强查询的爆炸溯源[1]。

(1) 基于置信度优化的知识图谱向量化表示。预训练 CompGCNconf 学习 AEDKG 的向量表示,可以将事件的所有事件元素信息和论元角色信息编码到事件节点的向量表示中,用于计算事件相似度,综合衡量两个事件是否相似。CompGCNconf 可以在 AEDKG 三元组结构上学习全局信息,擅长处理有向异构图。

(2) 基于相似度增强查询的爆炸溯源。该工作分为三个步骤,即根据爆炸现场状况查询相关案例集,基于事件相似度补全相关案例集,以及基于贝叶斯预测爆炸源类型。首先,根据用户给出意外爆炸毁伤事件的查询描述,利用 BM25 算法计算用户给出意外爆炸毁伤描述与 AEDKG 中各个历史意外爆炸案例的相关性并按照相关性得分排序得到候选案例集合。为减少查询的漏检问题、增强查询效果,利用 CompGCNconf 预先学习的事件向量,依次计算候选案例集合中事件与 AEDKG 中事件向量间的余弦相似度,将其作为事件相似度从 AEDKG 中进一步查找、补全相似案例集合;然后将相似案例集作为贝叶斯分类器的输入,爆炸现场描述作为特征输入贝叶斯分类器,预测爆炸源类型、完成爆炸溯源。

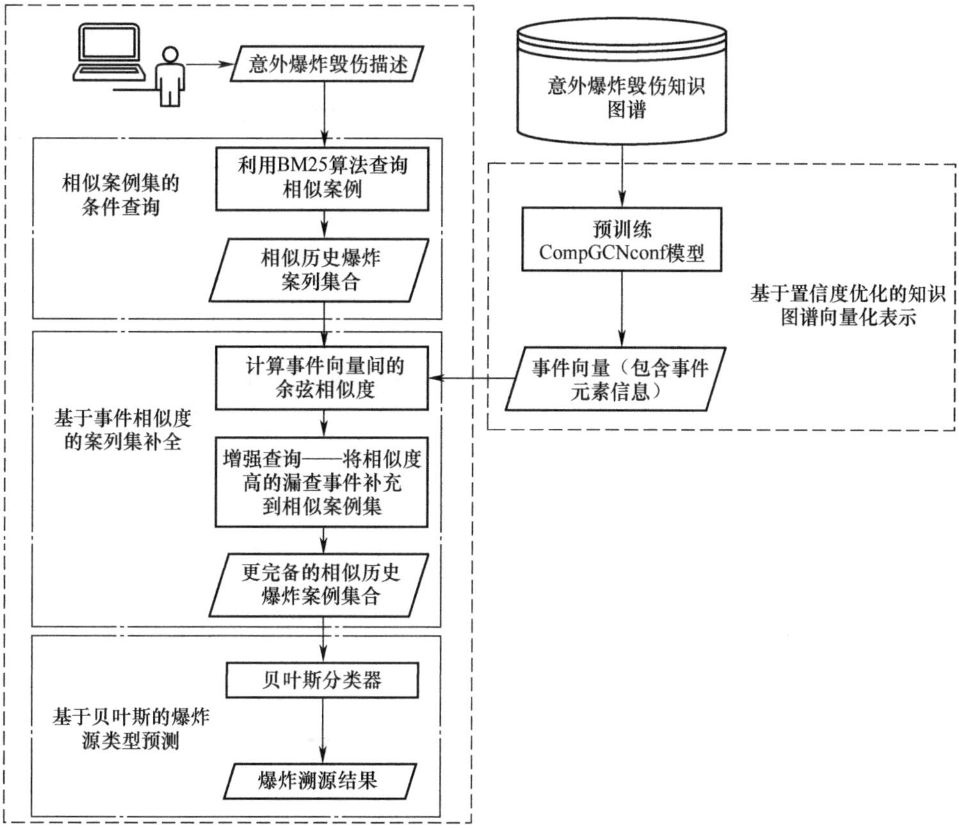

图 6-1 基于相似度增强查询的爆炸溯源方法框架

6.2.3 模型实现

6.2.3.1 基于置信度优化的知识图谱向量化表示

使用意外爆炸毁伤知识图谱中的数据训练 CompGCNconf,将 AEDKG 进行向量化表示,得到事件的向量,用于计算余弦相似度。如图 6-2 所示,CompGCNconf 能够将事件的所有元素信息编码到事件节点的向量中,综合考虑历史爆炸案例各元素判断历史案例是否相似,用于计算事件的相似度。

分析意外爆炸毁伤知识图谱的特点,表示模型需要同时满足三个需求:①可以学习图结构的全局信息。每个事件都有一个子图,核心节点为某一事件,其论元作为节点、论元角色作为关系与之相连,表示模型需要将事件元素的信息编码到事件节点的向量表示中,

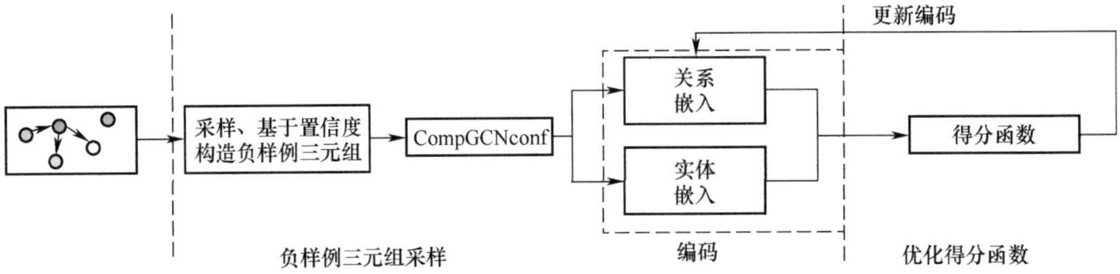

图 6-2　CompGCNconf 训练过程

综合事件的毁伤元、毁伤程度等事件元素信息判断两个事件是否相似;②可以基于三元组结构实现,不需要实体路径、层次信息等额外的结构信息;③表示模型可以处理有向异构图。AEDKG 是有向异构图,节点类型和关系类型和大于 2,且节点间关系不可逆。

传统的基于平移的 Trans 系列翻译模型大多依据单个三元组内学习头尾实体间的函数关系,而往往忽视了整个知识图谱子图的全局信息;后来提出的 IKRL、HAKE 等算法通过引入路径、层次结构等信息学习全局特征的知识表示,虽然可以较好地学习知识图谱的向量化表示,但是对知识图谱的结构信息要求较高,需要额外的路径、层次等信息,意外爆炸毁伤领域知识图谱 AEDKG 不具备这样的结构条件。与前两类表示方法相比,图卷积神经网络对于输入数据的结构要求较低、知识表示的效果好,即使输入数据只有三元组,也可以聚合邻居节点的特征并传播、更新知识表示,学习全局特征,最适用于学习意外爆炸毁伤知识图谱的向量表示。图卷积神经网络有 GCN(图卷积神经网络)、GAT(图注意网络)、RGCN(多关系卷积神经网络)和 CompGCN(基于组合的多关系图卷积网络)。近年来,GCN 和 GAT 在同质图的研究上取得了很好的效果,但知识图谱是异构图,GCN 和 GAT 无法处理异构图;RGCN 针对不同的关系类型设置不同的网络参数,有效地解决了异构图的实体表示问题,但 RGCN 在提升学习效果的同时,也引入了过多的参数,没有对关系进行表示。与 RGCN 相比,CompGCN 可以联合学习关系和关系的向量表示,且优化模型训练的参数,编码的效果更好。

综合考虑三个需求,选择 CompGCN 学习知识图谱的向量表示,将事件元素的信息和事件元素角色编码到事件节点中。在其训练过程中基于置信度对负样例三元组采样方式进行优化,提出基于置信度的组合的多关系图卷积网络 CompGCNconf,以便更好地学习 AEDKG 的表示。CompGCN 使用 Encoder-Decoder 框架,CompGCN 的训练过程主要包括如下步骤。

1) 输入层

模型的输入为有向的异质图,将输入的图结构记为 $\boldsymbol{G}=(\boldsymbol{V},\boldsymbol{R}',\varepsilon',\boldsymbol{X},\boldsymbol{Z})$,其中 $\boldsymbol{V}$ 为点的集合(包括事件节点和事件元素节点)。$\boldsymbol{R}$ 为正向关系(事件元素角色)的集合;$\boldsymbol{X}$ 为 d_0 维度的每个节点的输入特征向量,$\boldsymbol{X}\in\boldsymbol{R}^{|V|\times d_0}$;$\boldsymbol{Z}$ 为关系的初始特征向量,$\boldsymbol{Z}\in\boldsymbol{R}^{|\boldsymbol{R}|\times d_0}$;$(u,v,r)\in\varepsilon$,为图中的一条边,则在节点 u 和 v 之间方向相反的边 ε',则表示为

$$\varepsilon'=\varepsilon\cup\{(v,u,r^{-1})\mid(u,v,r)\in\varepsilon\}\cup\{(u,u,T)\mid u\in V\}\tag{6-1}$$

此外,关系 $\boldsymbol{R}'$ 由正向关系 $\boldsymbol{R}$、反转关系 $\boldsymbol{R}_{\text{inv}}$ 及每个节点 u 的自旋关系 $\boldsymbol{T}$ 组成,表示为

$$\boldsymbol{R}_{\text{inv}}=\{\boldsymbol{r}^{-1}\mid\boldsymbol{r}\in\boldsymbol{R}\}\tag{6-2}$$

$$\boldsymbol{R}' = \boldsymbol{R} \cup \boldsymbol{R}_{\text{inv}} \cup \{\boldsymbol{T}\} \tag{6-3}$$

2）编码

CompGCNconf 在 Encoder 阶段联合进行实体和关系的编码。首先 CompGCNconf 会根据输入图的信息计算节点和关系的初始特征；其次通过聚合的方式，在每一层图卷积神经网络的迭代中联合更新实体和关系的编码。实体和关系的编码公式如下：

$$e = \phi(e_{\text{s}}, e_{\text{r}}) \tag{6-4}$$

其中，实体的编码方式为

$$h_v^{k+1} = f\left(\sum_{(u,r) \in N(v)} \boldsymbol{W}_{\lambda(r)}^k \Phi(h_u^k, h_r^k)\right) \tag{6-5}$$

式中：$\boldsymbol{W}_{\lambda(r)}^k$ 为在某特定关系类型的参数矩阵，$\boldsymbol{W}_{\lambda(r)}^k = \frac{1}{3}(\boldsymbol{W}_{\text{O}} + \boldsymbol{W}_{\text{I}} + \boldsymbol{W}_{\text{S}})$，其中 $\boldsymbol{W}_{\text{O}}$ 为正向关系，$\boldsymbol{W}_{\text{I}}$ 为反向关系，$\boldsymbol{W}_{\text{S}}$ 为自旋关系。

CompGCNconf 将关系编码为 d 维的向量表示减少训练的参数，关系的编码方式为

$$z_r = \sum_{b=1}^{\text{B}} a_{br} v_b \tag{6-6}$$

$$h_r^{k+1} = \boldsymbol{W}_{\text{rel}}^k h_r^k \tag{6-7}$$

式中：z_r 为关系的初始表示；a_{br} 为关系，同时也作为一个为标量权重，$a_{br} \in \boldsymbol{R}$。式(6-7)中通过矩阵 $\boldsymbol{W}_{\text{rel}} \in \boldsymbol{R}^{d_1 \times d_0}$ 将关系投影到与实体相同的空间，并且应用于下一层 CompGCNconf 网络中。

如图 6-3 所示，在 CompGCNconf 初始化时为每个节点和关系分配一个初始的向量。在训练模型的过程中，以图中的爆炸事件子图为例，“英格兰弗利克化工厂半封闭爆炸”为爆炸名称节点，按照聚合邻居节点（事件元素）“环己烷、空气混合气体”、“火焰”及相连的边（元素类型）“EXSOUR_IS”和“EXDAM_IS”的向量表示，经过更新后“英格兰弗利克化工厂半封闭爆炸”节点学习到了周围节点和关系的表征，将该爆炸的事件元素和元素类型编码到事件节点中。CompGCNconf 在解码阶段采用类似 TransE 的方式对三元组解码。最终得到实体/向量表示和关系/向量表示的映射词典并存储。

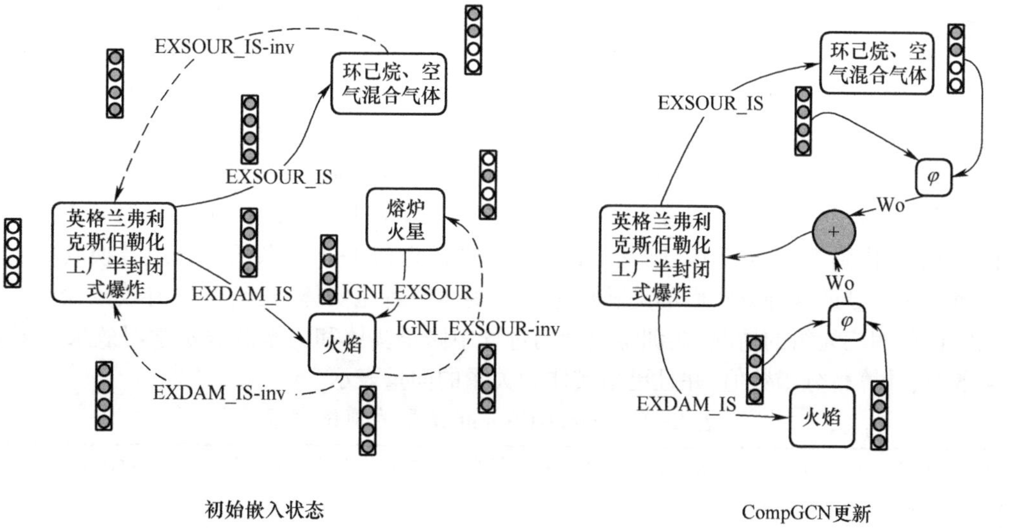

图 6-3 CompGCNconf 编码方式

3）得分函数

训练过程中得分函数采用 TransE 的得分函数计算损失，公式如下：

$$L = [\gamma + d(h + l,t) - d(h' + l,t')]_+ \tag{6-8}$$

三元组(h,l,t)为构造的正例三元组；(h',l,t')为构造的负例三元组；采用 L1 范式衡量 $h+l$ 与 t 之间的距离 $d(h+l,t)$；γ 为间隔参数。

默认的负例三元组的构造方法：将一个正例三元组(h,l,t)的头实体或者尾实体间二选一随机替换为其他三元组的实体，然而由于意外爆炸领域的知识存在一对一（1-1）、一对多（1-N）、多对一（N-1）和多对多（N-N）的关系，传统的方法如果对 N 端的实体进行替换，则极有可能采样出假阴性负例三元组。将三元组的尾实体随机替换极有可能无法正确地构造出负例三元组。如表 6-1 所示，替换后得到的第一个三元组被错误地标记为 AEDKG 中不存在的负例三元组，但该三元组在知识图谱 AEDKG 中实际是存在的，因此这个三元组是一个假阴性负例三元组。

表 6-1 传统随机采样构造负例三元组

正例三元组	随机替换尾实体	是否为负例
（爆炸事件，毁伤元，大火）	（爆炸事件，毁伤元，冲击波）	否
（爆炸事件，毁伤元，冲击波）	（爆炸事件，地点，冲击波）	是
（爆炸事件，地点，A 市化工厂）		

为减少这种情况且有效提升实体和关系的向量表示效果，对构造负例三元组的方法进行改进，不采用随机替换头尾实体的方式，而是根据三元组的置信度选择替换头尾实体及可替换范围。具体置信度的计算公式如下：

$$\text{support}(\{A,B\}) = \frac{\text{num}(A \cup B)}{N} \tag{6-9}$$

$$\text{confidence}(A \rightarrow B) = \frac{\text{support}(\{A,B\})}{\text{support}(\{A\})} \tag{6-10}$$

置信度基于统计学的思想度量已知一个因素 A 出现时另一个因素 B 出现的可能性，因此，如果 $\text{confidence}(A \rightarrow B) = 1$，则证明在知识库中，$A$ 为头实体，则其对应的尾实体一定是 B。

CompGCNconf 模型的训练过程如表 6-2 所示。第 1 行预先计算所有 AEDKG 中三元组的置信度，第 2~4 行为每一轮训练过程中采样的设置，第 5~13 行为改变负样例三元组采样的方法，在构造负样例三元组时，通过设置置信度的临界值 β，改变负样例三元组的构造方式：对于采样到的三元组，如果为 1-N 实体和 N-1 实体，则尽量需要替换 1 端的实体；如果采样到 N-N 类实体，则基于置信度筛选出近似 1-1 关系的三元组替换其头实体或尾实体。借助这种方法而不是随机选择头实体或者尾实体替换，可以有效减少构造出假阴性负例三元组的情况，在训练模型的过程中修正实体和关系的表示学习效果。第 14~15 行，计算得分函数值，并且更新实体和关系的向量表示。

表 6-2 CompGCNconf 模型的训练过程

```
输入：训练集 S={(h,r,t)}、实体集合 E，关系集合 R，向量维度 d，边界 γ、学习率 λ、置信度控制参数 β
输出：实体向量 e，关系向量 r
  1. 初始化计算 S 中每个三元组(h,r,t)置信度 confidence(h→t)
```

续表

Loop
$S_{batch} \leftarrow$ sample(S, b) //从 S 中采样大小为 b 的小批量三元组
$T_{batch} \leftarrow \varnothing$
for$(h, r, t) \in S_{batch}$:
if confidence$(h \to t) >= \beta$:
$t' =$ Random(E)
else if confidence$(h \to t) < \beta$ and confidence$(t \to h) > \beta$:
$h' =$ Random(E)
else:
h' or $t' =$ Random(confidence$(h' \to t') > \beta$ and confidence$(t' \to h')) > \beta$)
$T_{batch} \leftarrow T_{batch} \cup \{(h, r, t), (h', r, t')\}$//合并正负三元组集合训练模型
end for
Update embedding w. r. t.
$L(S) = \sum_{((h,r,t),(h',r,t')) \in T_{batch}} [\gamma + d(h + l, t) - d(h' + l, t')]_+$
End loop

6.2.3.2 基于相似度增强查询的爆炸溯源方法

基于相似度增强查询的爆炸溯源方法示意图如图 6-4 所示。CompGCNconf 预先计算并存储了 AEDKG 中的意外爆炸事件的向量。利用事件向量计算查询到事件和 AEDKG 中事件的余弦相似度,将其作为事件相似度,基于事件相似度增强知识查询的效果,从 AEDKG 得到相似爆炸案例集合,将相似案例集合作为贝叶斯的输入完成爆炸溯源。

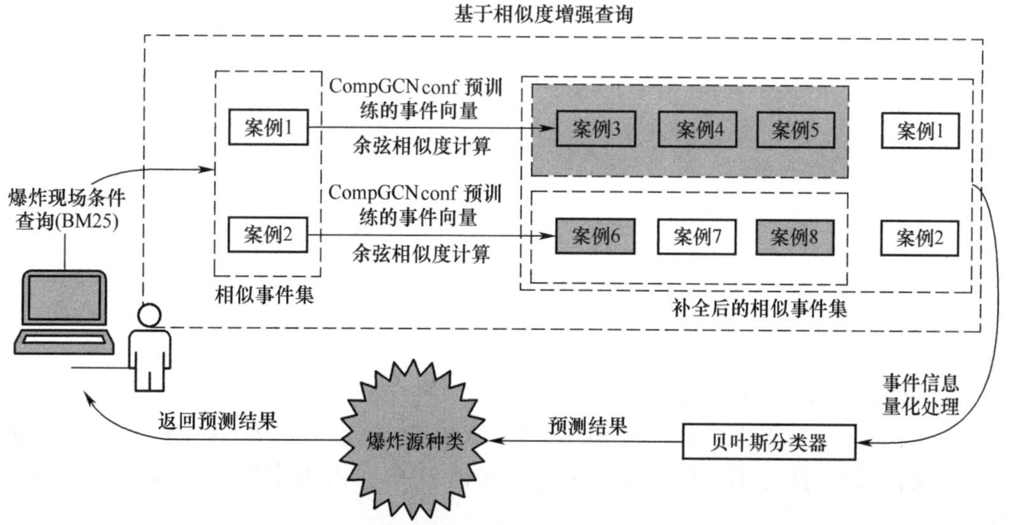

图 6-4 基于相似度增强查询的爆炸溯源方法示意图

1) 相似案例集的条件查询

根据用户给出的爆炸现场毁伤描述作为查询条件,以 BM25 为相似度计算标准,按照 BM25 得分由高到低返回查询结果并排序，初步得到相似的历史爆炸案例集。主流的查询方法主要分为数据库语言查询法和文本查询算法。数据库语言查询需要用户有一定计算机基础、对数据库存储知识较为了解，这样加大了查询的难度；而文本查询算法，不需要预先定义模板、查询速度快、效率高、对使用者的专业要求更低，可以通过调整参数优化查询结果，便于用户灵活、高效地查询意外爆炸毁伤知识图谱中的信息。倒排索引是现有搜索引擎最常用的算法，百度、Google、Bing、Yahoo 等著名的搜索引擎都将倒排索引作为主要查询方式，因此本书利用倒排索引算法 BM25 实现相似案例的查询，在查询过程中该算法会根据待查询结果动态调整关键词的权重，以达到更精准的查询效果。

BM25 得分主要由三个因素决定，分别是意外爆炸毁伤描述中每个分词的权重、每个分词与 AEDKG 中每个历史意外爆炸案例间的相关性、在长查询语句中每个分词与整个查询语句的相关性。首先将 AEDKG 中所有的触发词和论元整理为分词词典；然后根据分词词典对查询条件去除停用词和分词，用户给出的查询条件 q，得到关键词集合 $\boldsymbol{Q}=\{q_1,q_2,\cdots,q_i,q_{i+1},\cdots,q_n\}$，利用 BM25 算法计算查询条件和事件之间的相关性。

BM25 的概要计算公式如下：

$$\mathrm{BMscore}(\boldsymbol{D},\boldsymbol{Q})=\sum_{i=1}^{n}W_i\cdot R(q_i,d) \tag{6-11}$$

式中：W_i 为切词权重；q_i 为查询条件中的关键词；d 为意外爆炸毁伤知识图谱 AEDKG 中待查询的历史案例；R 为查询切词语历史案例的相关性。

若关键词 q_i 为大多数事件共有的关键词则其权重 W_i 会降低，而可以有效标识事件的特有关键词权重会升高。这种机制可以保证毁伤源、目标、效应、现场状况等比较重要的词可以作为查询的核心条件。以“此次爆炸产生强烈的冲击波，并且伴随火焰对周边造成了严重伤害。”的文本为例，对查询条件分词后得到关键词集合 $\boldsymbol{Q}=\{$爆炸，冲击波，火焰$\}$，由于每一场爆炸都会出现“爆炸”这个词，因此 BM25 算法判定其权重低，将冲击波和火焰作为核心查询条件。

对 BM25 公式进行细化，计算公式如下：

$$\mathrm{BMscore}(\boldsymbol{D},\boldsymbol{Q})=\sum_{i=1}^{n}\mathrm{IDF}(q_i)\cdot\frac{f(q_i,\boldsymbol{D})\cdot(k_1+1)}{f(q_i,\boldsymbol{D})+k_1\cdot\left(1-b+b\cdot\dfrac{|\boldsymbol{D}|}{\mathrm{avg}dl}\right)} \tag{6-12}$$

式中：q_i 为根据关键词划分的关键词集合；$\boldsymbol{D}$ 为文档，在本研究中代表一条意外爆炸事件的所有信息，包括事件名称、事件类型、触发词、论元等信息；$|\boldsymbol{D}|$ 为文档的长度；$\mathrm{avg}dl$ 为平均文档长度；$f(q_i,\boldsymbol{D})$ 为查询条件 q_i 在文档 $\boldsymbol{D}$ 中的出现次数；b 和 k_1 均为可调节参数。

参数 b 用来控制文档长度对权值的惩罚程度，$b=0$ 代表文档长度对权值没有影响，$b=1$ 代表文档长度对权值达到完全的惩罚作用，b 的取值范围为 $[0,1]$。参数 k_1 控制公式对词频的敏感程度，k_1 越小代表词频 tf 对得分公式的影响越小，取值范围为 $[1.2,2]$。对意外爆炸毁伤信息进行查询时综合考虑词频和文档长度，设置 $k_1=1.6$，$b=0.5$。

2）基于事件相似度的案例集补全

针对 BM25 查询事件会出现漏检的问题，利用 CompGCNconf 学习得到的事件向量计算事件相似度，根据相似度从 AEDKG 中进一步查找相似案例，补全相似案例集，以得到尽可能多的与当前意外爆炸相似的案例集合。以余弦值作为衡量爆炸事件间相似程度的标准。两起意外爆炸事件相似度具体计算公式如下：

$$\mathrm{Esim}_{i,j}=\frac{h_i\cdot h_j}{|h_i|\cdot|h_j|} \tag{6-13}$$

式中：h_i 和 h_j 分别为编号为 i 和 j 的事件节点在 CompGCNconf 预训练后学习到的事件向量；$\mathrm{Esim}_{i,j}$为两事件向量的余弦相似度，取值范围为[-1,1]，值越大事件相似度越高，基于事件相似度补充相似案例集合的方法如表 6-3 所列。

表 6-3　基于事件相似度补充相似案例集合

基于事件相似度补充相似案例集合
输入：历史事件集合 Set_{ex}，意外爆炸毁伤知识图谱 AEDKG，事件相似度阈值 τ
输出：相似事件集合 $\mathrm{Set}_{ex}=\{E_1,E_2,\cdots,E_n\}$
1. for A in Set_{ex}：
2. for E_i in AEDKG：
3. 　　根据式(6-13)计算事件 A 和事件 E_i的相似度 $\mathrm{Esim}_{A,i}$
4. 　　　　if $\mathrm{Esim}_{A,i}>\tau$：
5. 　　　　　　$\mathrm{Set}_{ex}=\mathrm{Set}_{ex}\cup E_i$
6. 　end for
7. end for
8. return Set_{ex}

设置 $\mathrm{Esim}_{i,j}$阈值 $\tau=0.7$，将 BM25 查询到的事件集合中的每一个事件与 AEDKG 中的事件一次计算事件相似度，大于阈值的事件作为相似历史意外爆炸事件补充到相似案例集。根据事件相似度，不断从意外爆炸毁伤知识图谱 AEDKG 中筛选出与现场毁伤元、毁伤效应高度相似的历史案例，加入候选事件集合 Set_{ex}中。

3）基于贝叶斯的爆炸源类型预测

利用相似的历史意外爆炸案例集 Set_{ex}训练贝叶斯分类器，建立起对当前发生的意外爆炸事件的预测模型。分析历史上相似的意外爆炸案例，可以得到一些特定的模式和规律，如爆炸的毁伤元、毁伤程度、目标的响应程度等。贝叶斯是一种经验式分类器，可以结合 AEDKG 和爆炸现场描述有效地计算先验概率和条件概率，预测当前意外爆炸的爆炸源类型，完成爆炸溯源。贝叶斯分类器同时还具有鲁棒性强、抗噪性好、适合文本分类的优点，不仅适用于多分类任务，即使在样本量少的情况下效果也优于逻辑回归模型，当意外爆炸毁伤知识图谱中与当前爆炸相似的历史案例的数量较少时，也可以很好地完成爆炸溯源工作。

为提高爆炸溯源的有效性和可靠性，利用专家知识对抽取出的爆炸源进一步细分，建立爆炸源类型和具体爆炸源的词典，爆炸源类型的划分和说明如表 6-4 所列。

表 6-4　意外爆炸常见爆炸源类型和说明

编号	爆炸源类型	说明
A	石油、煤油、汽油、酒精或其他液体易燃易爆品	无毒无异味
B	天然气、煤气、酒精蒸汽、混合气体等气体爆炸	无毒无异味
C	烷、苯、油漆等液态石化产品	有毒有异味
D	烷、苯、烯类固态化工产品	有毒有异味
E	烷、苯、烯类气态化工产品	有毒有异味
F	炸药、火药、烟火药、推进剂等	含 C、H、硝基固态材料
G	金属粉尘	铝、镁、硅等
H	其他粉尘	面粉、木屑等
I	压力容器	物理爆炸
J	静电、雷电、电火花等	物理爆炸
K	其他爆炸源	占比极少、不常见

在进行意外爆炸溯源时，将按照用户给出的条件基于相似度增强查询得到的相似意外爆炸事件集合 $\mathrm{Set}_{\mathrm{ex}}$ 作为输入训练贝叶斯分类器。对于 $\mathrm{Set}_{\mathrm{ex}}$ 中每个爆炸案例，将其爆炸源所属分类作为标签，爆炸事件中出现的毁伤元、毁伤描述、目标、目标响应等信息作为贝叶斯算法的输入，然后根据用户所给出的查询条件预测本场爆炸事件的爆炸源类型。根据贝叶斯准则，在某种特征下每种爆炸源的概率如下：

$$P(\mathrm{Btag}_i \mid t) = \frac{P(t \mid \mathrm{Btag}_i)P(\mathrm{Btag}_i)}{P(t)} \tag{6-14}$$

式中：Btag_i 为预先定义的爆炸源类型标签；t 为一场意外爆炸毁伤的特征信息；$P(\mathrm{Btag}_i)$ 为先验概率，表示在相似案例集中 Btag_i 类别分布的概率；$P(t \mid \mathrm{Btag}_i)$ 为爆炸源种类为 Btag_i 时，在相似案例集中爆炸事件的特征为t的条件概率；$P(t)$ 为在案例集中爆炸源特征为 t 的概率；$P(\mathrm{Btag}_i \mid t)$ 为后验概率，表示当前发生了新的爆炸事件，并且得知了爆炸事件的信息，判断其爆炸源种类为 Btag_i 的概率。

基于贝叶斯预测爆炸源类型可以看作一种经验问题。例如，医生在看病时，会根据病人的病状和化验结果判断用户得了哪一种病。意外爆炸的溯源也是同样的道理，借助爆炸现场所产生的各种状况，如对爆炸现场调查得到“直径 5m 的火球”“玻璃的碎片飞了 50 多米”“黑烟”“浓烈的刺鼻气味”等信息，总结得到了“火球等级：大”、“毁伤元：黑烟”“有味”“破片等级：中”等意外爆炸事件的特征，而这些相似的爆炸案例中每场爆炸的爆炸源类型和爆炸特征是对应的、有规律的，因此可以根据相似历史爆炸案例背后的经验去预测本次事件的爆炸源类型。

6.2.4 实验分析

6.2.4.1 实验环境

实验在 Windows 10 操作系统下进行,以 Python 语言为编程语言、以 Pycharm 平台为开发工具。软硬件环境情况如表 6-5 所列。

表 6-5 实验软硬件环境

名称	标　准
处理器	AMD Ryzen7 4800H with Radeon Graphics
内存	16GB
显卡	NvidiaRTX2060 8G
开发工具	PyCharm
编程语言	Python
开发平台	Torch 1. 4. 0、Torch-geometric 2. 0、Gensim 3. 8. 1

6.2.4.2 实验数据

本章使用的数据集为第 5 章构建的意外爆炸毁伤领域知识图谱 AEDKG。AEDKG 主要包括 16 种关系和 14 种实体,一共包含 13569 个实体关系三元组。三元组中包含了一对一、一对多、多对一、多对多的关系表示,且关系且为有向,从头实体指向尾实体。数据集中各类关系占比如图 6-5 所示。

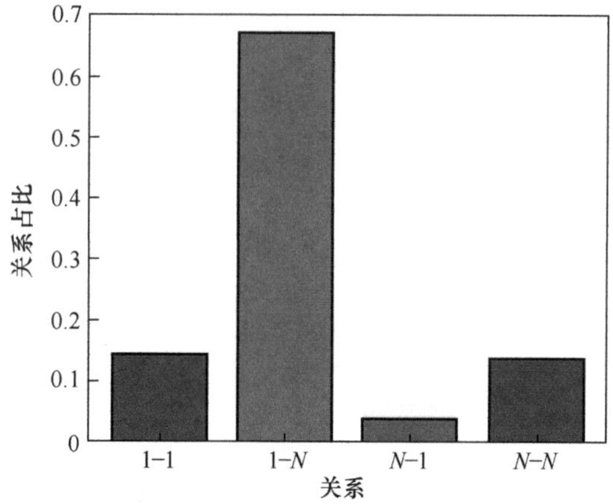

图 6-5 AEDKG 中关系数量分布图

可以看到,在 AEDKG 中约 68%的三元组都是 1-N 类型,即同一头实体与多个尾实体间都有关系,造成这种情况的原因是关系大多是从意外爆炸的文章或报告中抽取出来的,毁伤元、爆炸元、时间、地点等元素都与某一次爆炸事件密切相关,因此爆炸事件作为头实体,与其他实体形成 1-N 的关系是正常的;除 1-1 的实体外,1-1 关系占比最多,但也存在 N-1 的关系类型和 N-N 的关系类型。

6.2.4.3 数据预处理

1)划分毁伤程度等级

预先将毁伤描述划分出等级,便于将查询条件和相似案例集的信息向量化为机器学习算法可处理的格式，毁伤程度等级的具体划分如表 6-6 所列。

表 6-6 毁伤程度划分等级

毁伤元	毁伤描述	程度	等级
坑	坑深/m	[0,0.5)	1
		[0.5,1)	2
		[1,3)	3
		[3,5)	4
		≥5	5
破片	距离/m	[0,10)	1
		[10,30)	2
		[30,50)	3
		[50,100)	4
		≥100	5
冲击波	范围/km	[0,10)	1
		[10,50)	2
		[50,100)	3
		≥100	4
火焰	高度/m	[0,10)	1
		[10,30)	2
		[30,50)	3
		[50,100)	4
		≥100	5
爆炸当量	TNT 当量/t	[0,0.5)	1
		[0.5,1)	2
		[1,2)	3
		[2,10)	4
		[10,20)	5
		[20,50)	6
		[50,100)	7
		[100,300)	8
		[300,500)	9
		≥500	10

在表 6-6 中，有些爆炸事件中出现的具有特征的描述，如“黑烟”“刺激性气味”等，在筛选出相似爆炸事件集合后，预先对所有事件元素进行统计然后进一步处理，将其转为便

于贝叶斯算法处理的格式。对应的事件元素采用数值,“-1”代表该元素没有出现,数值为正值代表该元素在事件中出现,“999”代表该事件元素仅出现并不具有量化的意义。正值整数代表该事件元素出现,且该数值越大毁伤情况越严重。

2）构造用户查询条件

用户查询语句具体的构造方法如图 6-6 所示。

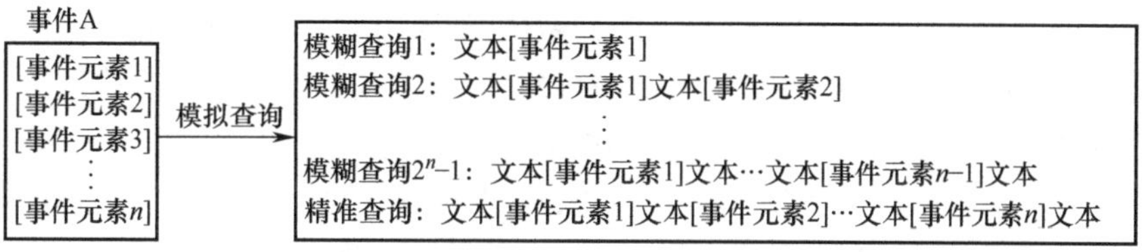

图 6-6 构造用户查询条件

利用每一个历史案例构造 2^n 个不同的查询条件集合:每个历史案例包括 n 个不同的事件元素,可以构造出一个包含 n 个事件元素的精准查询和 2^n-1 个模糊查询语句。

6.2.4.4 评价标准

1）知识表示评价指标

采用平均排名(mean rank,MR)、平均倒数排名(mean reciprocal rank,MRR)和命中率 Hits@ N 作为知识表示效果的评价指标。

MR 值越小代表正确的三元组排名越靠前,表示学习的效果越好,计算公式如下:

$$\mathrm{MR}=\frac{1}{|S|}\sum_{i=1}^{|S|}\mathrm{rank}(i) \tag{6-15}$$

MRR 代表正确三元组的倒数排序,MRR 值越大代表正确的关系排名靠前,计算公式如下:

$$\mathrm{MRR}=\frac{1}{|S|}\sum_{i=1}^{|S|}\frac{1}{\mathrm{rank}(i)} \tag{6-16}$$

式中:S 为三元组的集合;$|S|$为三元组的总数;rank(i)为第 i 个三元组的排名。

Hits@ N 计算公式如下:

$$\mathrm{Hits@}\,N=\frac{n}{N} \tag{6-17}$$

式中:n 为前 N 个预测结果中正确的三元组个数。

2）爆炸溯源评价指标

对爆炸源类型预测得到预测标签,将预测标签与真实标签对比,相同则判断预测结果正确,不同则预测错误。爆炸溯源结果的精确率如下:

$$P=\frac{k}{N} \tag{6-18}$$

式中:k 为预测标签与真实标签相同的结果数量;N 为所选取的意外爆炸案例总数。

6.2.4.5 实验方法

1）实验一:知识表示学习性能对比

通过实体分类和关系预测两大任务来评估表示学习模型的效果。当三元组缺失的关系或者关系发生缺失时,如果模型学习的向量表示能够很好地补全三元组,那么代表该模型学习的向量表示更好。本书将 CompGCNconf 的实体和关系预测效果与 TransE、RGCN,以及基准模型 CompGCN 在意外爆炸毁伤数据集 AEDKG 上进行实体和关系预测的对比实验,验证 CompGCNconf 可以更好地学习实体和关系的向量表示,证明选择 CompGCNconf 输出的向量计算事件相似度做法的合理性。

(1) 实体预测。实体预测任务指在三元组缺少头实体或尾实体时,根据剩下的关系和仅存的一个实体补全缺少的实体。一般的做法:如果对头实体进行预测,则使用实体集合中所有实体替换头实体;如果对尾实体进行预测,则用其他实体对尾实体进行替换。但考虑到随机替换三元组会造成表 6-1 所列的假阴性负例三元组的因素,本书基于表 6-2 中所列方法替换头尾实体得到三元组候选集,通过正确三元组在候选集中的排名 MR 和在负例候选集的排名 MRR,以及排名前 10 的三元组中正确三元组的命中率 Hits@ 10 评估实体表示模型学习向量的效果。

(2) 关系预测。关系预测的具体做法:在训练知识表示模型时,所有的关系都是真实的三元组,而在测试集中则需要构建负例三元组。共有 n 种关系,对于每一个三元组(h,r,t)将其关系 r 使用测试集中所有关系进行替换,即关系负采样。那么对于实体对(h,t)而言,得到 n 个候选三元组(h,r',t);对 n 个三元组计算 MRR,MRR 越大证明原始三元组(h,r,t)的排序靠前、关系预测的效果越好。

2) 实验二:爆炸溯源性能对比

本书提出的基于相似度增强查询的爆炸溯源方法的可行性和有效性。

目前意外爆炸领域的相关研究主要是正向研究,即根据某种确定的爆炸源推论毁伤效果;本书则是根据爆炸现场的毁伤效果等信息,反向推理爆炸源大致属于哪一类,以便意外爆炸复杂的、不确定的环境下确定爆炸的起源。

传统的爆炸溯源方法主要采用现场调查法,完全依赖专家知识,属于人工方法。而基于建模的方法主要采用仿真软件,最广泛使用的是 Flask,但其功能为设置实验参数和爆炸源类型,正向地推导毁伤效应,因此无法作为对照实验。本书改变基于相似度查询的爆炸溯源方法中的各个步骤作为对照溯源方法,验证方法中各个步骤的必要性和合理性。

对照实验如表 6-7 所列,其中 ET 为爆炸溯源(explosion tracing),Q 为使用查询语句查询、SE 为基于相似度补全案例集(similarity enhancement)、Bayes 和 SVM 分别为使用贝叶斯分类器还是 SVM 分类器。将以上步骤进行组合,验证基于相似度补全案例集和选取贝叶斯分类器的合理性与必要性。

表 6-7 爆炸溯源对比方法介绍

方法	说　明
ET-SE-Q-Bayes	基于相似度增强查询的爆炸溯源方法
ET-Q	根据爆炸现场描述直接查询并溯源分析
ET-Bayes	仅利用贝叶斯算法进行爆炸溯源
ET-SVM	仅利用 SVM 进行爆炸溯源
ET-SE-Q-SVM	相似度增强查询(替换为 SVM)的爆炸溯源

（1）ET-SE-Q-Bayes 为本书提出的基于相似度增强查询的爆炸溯源方法，实验步骤如下：首先按照构造的意外爆炸现场情况描述从 AEDKG 中查找出相似案例集，然后计算事件相似度完善相似案例集，最后使用贝叶斯算法完成爆炸溯源。

（2）ET-Q 为仅做查询，根据构造的查询条件在 AEDKG 中进行查询，将 BM25 排序最高的事件作为参考案例，将其爆炸源类型作为溯源结果。该方法的目的为验证基于事件相似度补完相似案例集合，利用贝叶斯算法进行爆炸源类型预测的必要性。

（3）ET-Bayes 为仅利用贝叶斯算法预测爆炸源类型。具体的操作：不进行关键词查询和案例集补全，直接将整个 AEDKG 知识图谱作为贝叶斯算法的输入预测爆炸源种类；目的是验证预先从 AEDKG 中筛选相似案例，排除无关案例和噪声的必要性。

（4）ET-SVM 为仅利用 SVM 进行爆炸溯源。做法为直接在整个 AEDKG 知识图谱上，将贝叶斯算法替换为 SVM 预测爆炸源种类。该对比实验用于验证在 AEDKG 数据集上，同为机器学习的分类算法，贝叶斯算法更适用于意外爆炸溯源。

（5）ET-SE-Q-SVM 为基于相似度增强查询并选取 SVM 作为分类器进行爆炸溯源。方法的过程：首先根据爆炸条件从意外爆炸毁伤领域知识图谱 AEDKG 中查询出相似案例集，其次利用知识表示计算事件相似度，最后将完善后的相似案例集输入 SVM 进行爆炸溯源。与 ET-SE-Q-Bayes 的区别为将最后流程的贝叶斯算法替换为 SVM 算法，以验证基于相似度增强查询的前提下，贝叶斯算法的溯源效果优于 SVM 算法。

6.2.4.6 实验结果和分析

1）实验一：知识表示学习性能对比实验结果和分析

表 6-8 和表 6-9 所列分别为各知识表示模型在 AEDKG 上的关系、实体预测效果。

表 6-8 各表示模型在 AEDKG 上的关系预测指标结果

模型	关系预测	
	MRR	Hits@10
TransE	0.0014	0.110
RGCN	0.085	0.114
CompGCN	0.196	0.265
CompGCNconf	0.228	0.274

表 6-9 各表示模型在 AEDKG 上的实体预测指标结果

模型	实体预测	
	MR	Hits@10
TransE	778	0.109
TransD	777.49	0.148
CompGCN	400.96	0.219
CompGCNconf	346	0.269

从表 6-8 可知，将 CompGCN、基于置信度优化的 CompGCNconf 的关系预测效果与其他模型进行对比，可以明显看到 CompGCN 的 MRR 相较于 TransE 提升非常明显，Hits@10 的命中率提升了约 0.195，这是因为 TransE 模型只擅长处理简单的 1-1 类关系，而在处理

复杂关系(1-N,N-1,N-N)时效果较差,而在 AEDKG 中,复杂关系的占比高达约 83.5%。

RGCN 采用的是实体到实体映射的关系矩阵,相比 CompGCN,MRR 降低了(0.111)、相比 CompGCNconf 降低了 0.032。这是因为 RGCN 虽然可以处理 1-N、N-1 和 N-N 的复杂关系,但由于它并不对关系进行编码,而是将关系作为头实体到尾实体的变化矩阵,因此在编码的过程中引入了大量的参数,从而减弱了关系预测的效果。而 CompGCN 和 CompGCNconf 直接将关系编码为向量,因此关系预测的效果更好,RGCN 直接将关系编码为向量的做法,相对来说,训练代价大、参数复杂,效果不是很好。

对比优化后的 CompGCNconf 和 CompGCN,链接预测的 MRR 值提升了 0.032,Hits@10 的提升较小约 0.01,从数据集 AEDKG 的特点分析,由于其 1-N 的关系占比最多,因此原模型构造负例三元组时采取的随机替换头实体或者尾实体的方法会出现大量的假阴性负例三元组,从而影响得分函数 L 的调节效果。而本书基于置信度对采样方式进行改进,降低了构造假阴性负例三元组概率,从而保证得分函数 L 可以有效地调节知识表示模型的学习效果。各模型在 AEDKG 上的关系预测的命中率及 MRR 效果都不是很高。造成这种情况的原因可能是 AEDKG 实体关系三元组的数据量级少,关系在 AEDKG 中分布存在不均衡的问题,有些关系出现的次数较少,这同样会导致关系预测的结果精确率降低。

在进行实体预测任务时,因为 RGCN 更注重实体分类而不是预测,为统一比较,本书选择了针对多关系的实体关系翻译模型 TransD,将 CompGCN 和经典知识表示模型在 AEDKG 上对比以验证 CompGCNconf 具有更好的实体预测效果。

从表 6-9 可知,TransD 和 TransE 在 AEDKG 上实体预测的效果相当,CompGCN 实体预测效果相比翻译模型有所提升,这证明了其组合编码方式可以提升实体的学习效果,CompGCNconf 实体预测效果优于 CompGCN 模型。CompGCNconf 的 MR 分别比 TransE 和 TransD 减少了 432 和 431.49,Hits@10 相比较高的 TransD 增加了 0.12,实体预测的效果远好于传统翻译模型。这是因为 CompGCN 针对简单关系 1-1、复杂关系 1-N、N-1 及 N-N都做了特殊的处理,采取不同的组合运算方式来联合学习图中的实体和关系。对比改进后的 CompGCN 与 CompGCNconf,可以看到,CompGCNconf 的 MR 更小,Hits@10 提升了 5%,证明改进后的 CompGCNconf 模型能够更好地学习实体的表示。

2) 实验二:爆炸溯源性能对比实验结果和分析

各爆炸溯源方法的对比结果如表 6-10 所列。

从表 6-10 可以看出,本书提出的基于相似度增强查询的爆炸溯源方法(ET-SE-Q-Bayes)可以更好地在意外爆炸毁伤领域知识图谱上预测爆炸源类型,预测结果的准确率为 69.5%。

表 6-10　各方法爆炸溯源指标结果

方法	溯源方法	准确率/%
ET-SE-Q-Bayes	基于相似度增强查询的爆炸溯源	69.5
ET-Q	仅基于关键词查询的爆炸溯源	44.3
ET-Bayes	仅基于贝叶斯算法的爆炸溯源	59
ET-SVM	仅基于 SVM 算法的爆炸溯源	55.7
ET-SE-Q-SVM	相似度增强查询(替换为 SVM)的爆炸溯源	63

ET-SE-Q-Bayes 与 ET-Q 相比,溯源结果的准确率提升了约 25.2%,印证了基于事件相似度补全案例集、贝叶斯预测爆炸源的必要性。这是因为关键词查询过程较依赖关键词和结果字符的匹配度,当用户给出的查询条件和查询结果存在同义词、多义词及拼写错误的情况时,即使给出了精准的查询条件,也无法得到所有的查询结果。与之相比,ET-SE-Q-Bayes使用了知识表示技术 CompGCNconf 学习事件的信息,有效解决了关键词查询存在的漏检问题,从而根据用户给出的意外爆炸现象毁伤情况有效地从 AEDKG 知识图谱中高效地找出所有相似案例,提升意外爆炸溯源结果的准确率。

ET-SE-Q-Bayes 与 ET-Bayes 相比,ET-SE-Q-Bayes 的准确率提升了 10.5%,证明了基于事件相似度补全相似历史案例的必要性。因为 ET-SE-Q-Bayes 预先通过条件查询和相似度计算,选择了与爆炸现场特征相符合的案例,有效剔除了与本次爆炸不相符的无关数据、噪声数据,将与待分类实例相似的数据作为训练数据,可以有效提升贝叶斯分类的准确率。ET-Bayes 则是直接将整个意外爆炸毁伤领域知识图谱 AEDKG 的信息作为贝叶斯算法的输入,这会将许多无关的爆炸案例信息输入进来,导致贝叶斯分类的效果变差。

ET-SE-Q-Bayes 与 ET-SVM 相比,ET-SE-Q-Bayes 爆炸溯源的准确率提升了 13.8%。这是因为本书提出的爆炸溯源方法首先根据爆炸现场条件从 AEDKG 中筛选出具有相似特征的案例,因此可以利用历史案例的先验概率对数据进行分类,从而有效地提高了爆炸源的分类精度。此外,贝叶斯算法可以更好地处理噪声和缺失值,而 SVM 对噪声和缺失值比较敏感依赖所有训练数据的精确位置。SVM 需要将原始数据映射到高维空间,对数据的适应性较差。因此,贝叶斯算法更适合进行意外爆炸毁伤领域的溯源。

ET-SE-Q-Bayes 与 ET-SE-Q-SVM 相比,ET-SE-Q-Bayes 的准确率提升了 6.5%,证明在意外爆炸毁伤领域贝叶斯分类器的效果比 SVM 分类器更好。这是因为两种方法都根据意外爆炸的现场描述筛选出相似案例集合,进而导致数据量有所减少,候选案例集合中不可避免地存在爆炸源类别不平衡的问题,而贝叶斯分类器可以通过调整先验概率来处理类别不平衡问题。且贝叶斯分类器相比 SVM,可以通过先验概率和似然函数减少噪声数据和异常数据的影响。

ET-Bayes 与 ET-SVM 相比,ET-Bayes 的准确率比 ET-SVM 高 3.9%,ET-SVM 的输入是整个意外爆炸毁伤知识图谱的数据,而 SVM 更适合小样本的分类,此外由未经过条件查询导致 SVM 的输入中包含了太多噪声数据,降低了爆炸溯源的准确性,而贝叶斯算法不同,在处理大量数据时会不断更新自身模型,处理少量数据时效果也很好。

6.2.4.7 爆炸溯源案例

首先,根据用户查询条件 Q 为"炸坑深度 0.7m,火焰高度约 10m,碎片飞出 27m",返回给用户 3 个候选事件及其 BM25 得分。本次爆炸的爆炸源类型实际是 F,但直接根据用户描述查询得到的两个事件:"5 · 4 美国亨德森 Pepcon 爆炸事故"和"8 · 4 黎巴嫩首都贝鲁特港爆炸事故",其爆炸源类型均为 D,出现了相似案例漏查的情况。

在此基础上,基于 CompGCNconf 所学习到的知识表示和算法(表 6-3)计算事件相似度补全相似案例集,得到表 6-11 所列的相似案例集合 $Sete_x$。

表 6-11 相似案例集

事件的名称	爆炸源类型	毁伤元	毁伤描述(对应毁伤元)	TNT 当量/t
4·16 美国得克萨斯城港口爆炸事故	F	冲击波;坑	范围 60km;直径约 120m	945
5·4 美国亨德森 Pepcon 爆炸事故	D	冲击波;火焰;坑	范围 10km;高约 60.96m;深度 4.57m	1000
8·12 天津滨海新区爆炸事故	G	冲击波;坑;火焰;破片;	范围 6km;直径 97m,深 2.7m;高约 8.4m;飞出 150m	450
11.7 重庆垫江黑火药厂爆炸事故	F	冲击波;坑;破片	范围 2km;深 2m;飞出 400m	95
2·10 河北涿州非法工厂爆炸事故	F	冲击波;破片;坑	范围 5km;飞出 100m 外;直径 7m,深约 1m	103
8·4 黎巴嫩首都贝鲁特港爆炸事故	D	冲击波;坑	范围 3km;直径 120m;	1043
10·23 西安庆华违章运输雷管爆炸事故	F	冲击波;破片;坑;	范围 500m;距离 29m;直径 5.6m,深度 1.9m	1.045

将表 6-11 处理为贝叶斯算法的输入格式,其中-1 代表该爆炸没有出现这种毁伤元,正整数代表出现对应的毁伤元,且数值越大该毁伤效果越强。毁伤程度的具体量化标准见表 6-6。将表 6-11 所列相似案例集处理为表 6-12 所列格式训练贝叶斯分类器数据格式。

表 6-12 贝叶斯分类器数据格式

编码	爆炸源类型	冲击波	坑	火焰	破片	TNT 当量
0	6	4	5	0	-1	10
1	4	2	4	4	-1	10
2	7	1	3	4	5	9
3	6	1	3	0	5	7
4	6	1	2	0	5	8
5	4	1	5	0	-1	10
6	6	1	3	0	2	3

每一条查询语句都可以转为特征 t,贝叶斯分类器计算特征 t 下爆炸分类 Btag 的可能性 $P(\mathrm{Btag}|t)$,最终取概率最高 Btag 的作为爆炸溯源的结果输出。将表 6-11 所示的相似案例集输入贝叶斯算法,基于 Q1 和表 6-12 进行爆炸溯源的结果如图 6-7 所示。

对 D、E、F、G 这四类爆炸源类型分别计算其概率,最后计算 F 类爆炸源得分最高,y_predict 为英文字母 F 的序号 6,因此预测该场爆炸的爆炸源类型为 F 类。证明了基于相似度增强查询的爆炸溯源方法是有效可行的。

用户输入条件Q为：炸坑深度0.7m，火焰高度约10m，碎片飞出27m
用户给定Q转为特征为：[[-1 2 2 4 2]]
The result of predict is:

y_true	y_predict	D	E	F	G
0	6	0.00	0.00	1.00	0.00

图 6-7 爆炸溯源结果

通过上述实验可以发现,基于相似度增强查询的意外爆炸威力溯源模型具有如下特点。

(1) 基于置信度对 CompGCNconf 进行优化,通过减少假阴性负例三元组的构建,更好地在训练过程中更新实体和关系的向量表示。

(2) 与其他溯源方法相比,基于相似度增强查询的爆炸溯源方法可以最准确地预测出爆炸源的类型,且基于事件相似度补全案例集步骤和采用贝叶斯分类器的过程是有效的。

(3) 计算事件相似度补全相似的历史案例集合的做法,可以有效减少相似事件漏检的状况,基于相似度增强查询的爆炸溯源方法可以提升溯源结果的准确度。

6.3 基于多源数据融合的侵彻深度预测模型

6.3.1 问题描述

在文献[1]中,作者使用 BP 神经网络拟合有限的试验数据,并将 BP 神经网络拟合的结果与选中的四个经验算法 BRL、NDRC、Forrestal、Young 的计算结果合并形成新的数据集并再次使用另一个 BP 神经网络训练,将其输出的预测值作为侵彻深度的融合值,该方法带来了一定程度的预测精度提升,但使用了两个独立的神经网络,使用过程存在割裂,仍需手动将第一个 BP 神经网络的输出与经验算法值生成新的数据集再训练,且并未给出相较于其他现存的经验算法,采用的 4 个经验算法作为辅助数据源的优越性。作者将八维的原始数据降为二维的经验参量再进行神经网络训练,这样的优点是降低了模型的输入维度,由此带来了训练和拟合速度的加快,但同时也损失了部分信息。

针对以上问题,基于试验数据源和经随机森林方法推荐的最优经验算法生成数据融合的多数据源训练神经网络,对各数据源的分布规律进行拟合并分别做出无量纲侵彻深度决策,并结合加权数据融合算法引入注意力机制对这些神经网络的决策进行融合,以获取更准确的无量纲侵彻深度估计值。

6.3.2 方法框架

为得到相较于各经验算法更精确的无量纲侵彻深度估计值,本章使用两个遗传算法优化的 BP 神经网络分别拟合试验数据源和经验算法伪数据源,得到两个网络对应的无量纲侵彻深度决策,并将两个网络的输出拼接后使用注意力机制层得到两个源对应的 BP 神经网络输出的权重,最后使用加权数据融合算法将对应的决策进行融合,得到无量纲侵彻深度融合估计值,其框架如图 6-8 所示[2]。

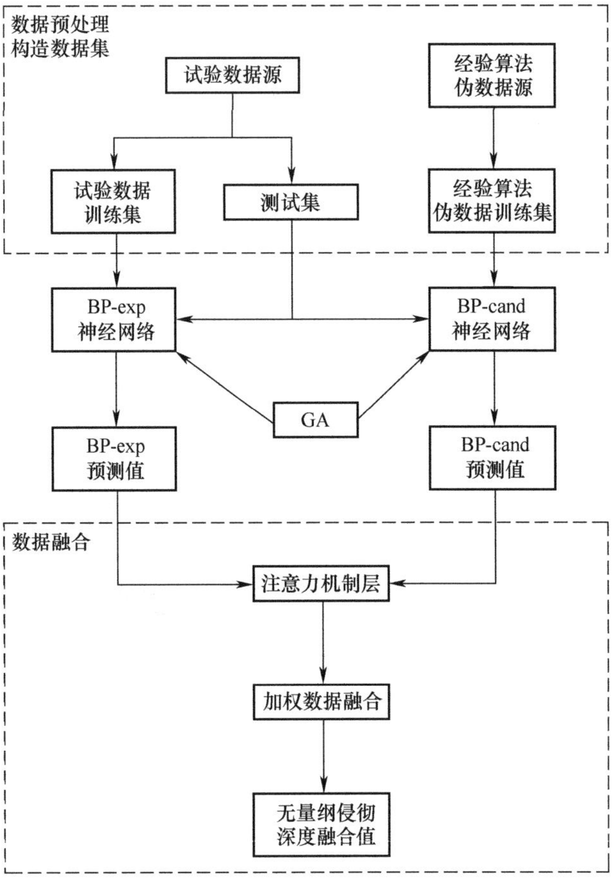

图 6-8　基于多源数据融合的侵彻深度预测拦型框架

6.3.3　模型实现

6.3.3.1　数据预处理

1）经验算法伪数据源生成

长久以来，基于试验研究获取的试验数据具有较高的可信度，但由于受试验条件、试验安全性、过程复杂程度和成本等因素的制约，大量试验聚焦小比尺的缩比试验，导致所采集的试验数据样本规模较小，分布较为离散，且小比尺的试验推广到足尺时难以评估其适用性。本节基于 3.4 节“经验算法评价”中各参数区间内较优的经验算法（表 6-13），构造经验算法伪数据源，弥补现有试验数据的缺点。

表 6-13　经验算法伪数据源候选经验算法

参数区间	1	2	3	4
候选算法	UKAEA	Forrestal	Forrestal	Young

按表 6-14 设置各算法参数，并进行伪数据计算生出数据源，如表 6-14 所列。

表 6-14 经验算法伪数据源生成参数

字段名称	参数取值范围	步长	精度
v/(m/s)	[20,1500]	50	—
m/kg	[0.1,2150]	100	—
d/m	[0.006,0.7]	—	0.001
f_c/Pa	[25000000,41000000]	1000000	—
ψ	3/1.5	—	—
N^*	0.72/1/1.14	—	—
l_n/m	[0,3]	—	0.001
ρ_t/(kg/m^3)	2350/2450/2550	—	—

2）构造数据集

首先将试验数据源的数据按比例划分出一部分数据作为测试集,其余数据作为 BP-exp 神经网络的训练集,并将节中生成的经验算法伪数据源作为 BP-cand 神经网络的训练集。数据集为由弹体速度、弹体质量、弹体直径等和无量纲侵彻深度值构成的矩阵,具体格式如下:

$$\boldsymbol{M} = \begin{bmatrix} v_1 & m_1 & \cdots & \rho_{t_1} & o_1 \\ v_2 & m_2 & \cdots & \rho_{t_2} & o_2 \\ \vdots & \vdots & \vdots & \vdots & \vdots \\ v_n & m_n & \cdots & \rho_{t_n} & o_n \end{bmatrix} \tag{6-19}$$

式中:前 $m-1$ 列为模型的输入矩阵,包含 $n\times(m-1)$ 个元素;n 为数据数量。

第 m 列为模型的输出,即对应的无量纲侵彻深度,其中不同特征的量纲差异较大,因此需要对输入矩阵进行归一化,本章使用 min-max 方法,将原始的输入矩阵变换到[0,1]区间内,其转换方法如下:

$$\bar{x} = \frac{x - x_{\min}}{x_{\max} - x_{\min}} \tag{6-20}$$

式中:$\bar{x}$ 为经过 min-max 归一化后的数据;x 为未经变换的原始值;$x_{\min}$,$x_{\max}$ 分别为其最小、最大值。

6.3.3.2 GA-BP 神经网络构建

1）GA-BP 神经网络构建流程

主要构建两个子网络:BP-exp 神经网络和 BP-cand 神经网络模型,并使用遗传算法(genetic algorithm,GA)对其进行优化,其流程如图 6-9 所示。

2）BP 神经网络的染色体编码及初始种群生成

染色体编码方法是遗传算法的基础,通过编码机制可以将待解问题的参数编码为与其解耦的染色体,从而避免直接对问题空间的数据进行处理,这一过程使遗传算法具有较强的泛化能力。在常用的编码方法中,二进制编码方法使用最多,一个染色体由问题空间的一个潜在解通过二进制编码而成,在此过程中,每个可能的解均被编码为一个二进制串。

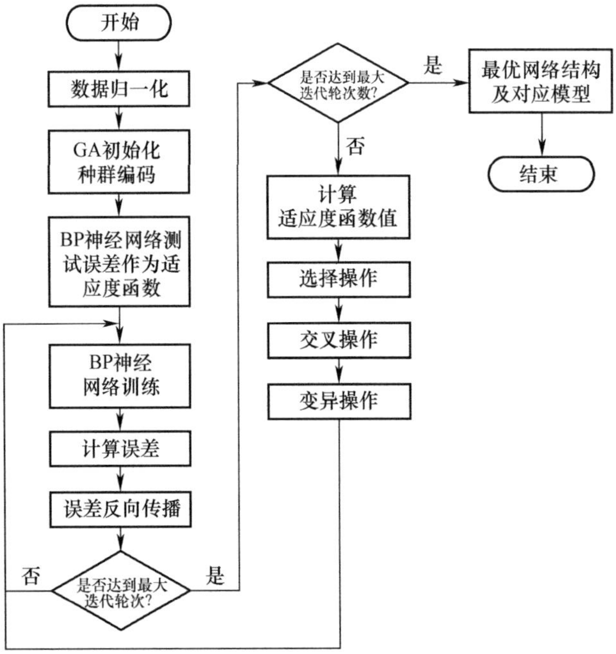

图 6-9　GA-BP 构建流程

根据 Cybenko[3] 的研究,隐含层数量的增加可帮助提升网络的精度,但可能导致过拟合等不良影响,本章根据式确定隐含层数量 H,由遗传算法来确定各隐含层的节点数及超参数 Batch_size 和 Epoch,以保证网络的性能最优。因此,GA-BP 神经网络中待编码的参数共 H+2 个,并设每个种群中包含 k 个个体(染色体)。

确定染色体构成后,首先需要对初始种群进行编码,并开始不断迭代、进化,直到达到预设迭代次数 n 后,算法停止,输出 n 代种群中的最优解。最常见的初始化方式为对初始种群进行随机编码,即初始种群中的 k 个个体的每个基因位均由 0 或 1 随机构成。

3) GA-BP 神经网络的适应度函数设计

遗传算法在迭代过程中无须外部信息,仅以适应度函数的取值来指导种群的遗传进化过程。传统遗传算法中,适应度函数的值域常为非负实数,且不同的潜在解对应的适应度需要具有区分度。种群中的个体对应的适应度函数值越高,代表其对环境(待解问题)越适应,生存能力越强,越容易繁衍后代。

采用遗传算法对 BP 神经网络的结构和超参数进行搜索优化,设定 BP 神经网络模型在测试集上的误差越小,则该模型的表现越好,对待解问题的适应度越高,因此个体的适应度定义为个体对应的神经网络解在测试集上的误差的相反数,具体如下:

$$\text{fitness}_i = -\text{err}_i \tag{6-21}$$

4) GA-BP 神经网络的遗传操作

遗传算法的遗传操作包括选择、交叉与变异三个算子。

(1) 选择算子通过对自然界中自然选择现象的模拟从父代种群中挑选表现良好的个体。个体的适应度越大,则其在选择过程中有更高的概率繁衍子代个体。选择算子有多种实现,本章采用最常见的比例法(轮盘赌法),即种群中各个个体被选中繁衍子代的概率与其适应度函数值比例相当。种群中的个体被选择的概率 P_i 可表示为式(6-22),个体的适应度越高,其被选择的概率就越高。

$$P_i = \frac{\text{fitness}_i}{\sum_{i=1}^{k} \text{fitness}_i} \tag{6-22}$$

(2) 交叉算子模拟胚胎发育过程中染色体交换的过程,本章使用单点交叉作为交叉算子:首先随机确定交叉位置,其次交叉配对,父个体间交换部分信息,生成两个新的子代个体,保留第一个子代个体作为子代种群中的新个体。单点交叉的过程如图 6-10 所示。

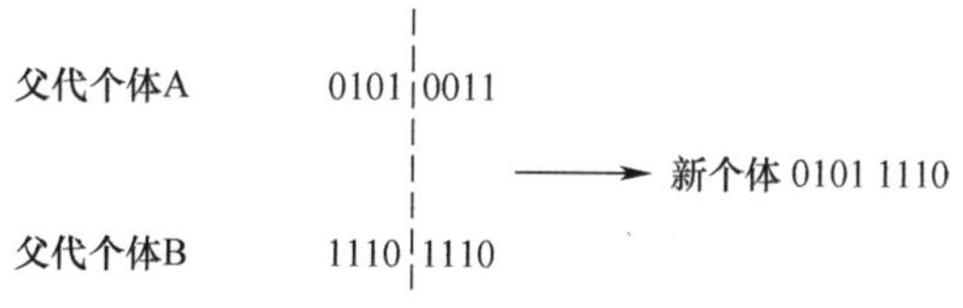

图 6-10 单点交叉操作示意

当个体的二进制编码串长度为 l 时,父代个体间的交叉位置有个 $l-1$ 可选,此时单点交叉法可产生 $l-1$ 种不同的新个体。

(3) 变异算子模拟胚胎发育过程中可能出现的基因变异现象,按变异概率 P_m 在子代种群中随机选取个体基因的变异位置,如图 6-11 所示。对于本章采用的二进制编码方式而言,若该位置发生变异,其基因若为 0 则变异为 1,反之亦然。

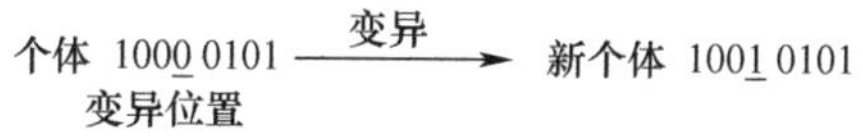

图 6-11 单点交叉操作示意

在 GA-BP 神经网络的遗传操作中,主要的超参数包括种群规模 k、最大迭代次数 n、变异概率 P_m。实际使用中,种群规模 k 与最大迭代次数 n 的取值越大,遗传算法搜索到的潜在解理论上就越接近最优解,但种群规模与最大迭代次数的值设得越大,遗传算法搜索解空间就越耗时,因此需要找到一个平衡点。

6.3.3.3 基于注意力机制的决策级加权数据融合方法

1) 注意力权重分配过程

试验数据和经验算法伪数据经过 GA-BP 神经网络模型的训练后,得到 BP-exp 神经网络模型和 BP-cand 神经网络模型。

加权数据融合理论中,对于权值的分配有许多种方法,常见的有直接平均(权值相等)、加权数据融合、神经网络加权等。其中,神经网络隐含层中的节点均带有各自的权重,并可在训练过程中根据误差自适应地进行调整,这简化了权重的分配过程,但缺点是其需要一定时间的训练过程以调整权重,且可能陷入局部最优或过拟合,且使用 BP 神经网络用于加权数据融合时,训练完成后权重即固定。为解决此问题,可将深度学习中的注意力机制引入多源数据的加权融合,数据源内各样本的注意力权重不同,使模型可以动态地调整权重,关注有助于当前任务的输出。通过添加一个前馈神经网络来学习注意力权重,如图 6-12 所示。

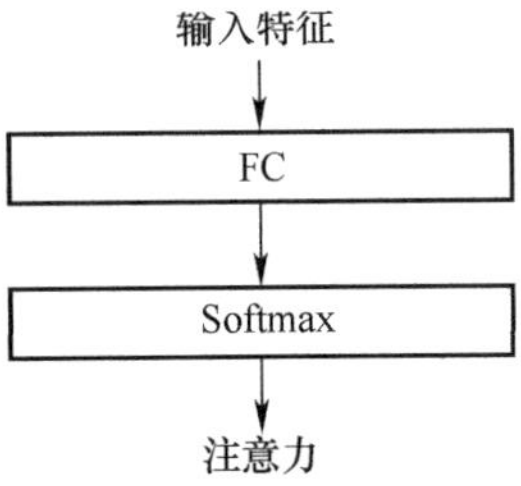

图 6-12　注意力机制示意

在图 6-12 中,输入特征(Input Features)为二维特征向量,由 BP-exp 神经网络模型和 BP-cand 神经网络模型输出的无量纲侵彻深度决策经过向量拼接而成,输入全连接层 FC 后得到对应的注意力权重分布,通过 softmax 操作可以在进行归一化的同时使相对重要的输入的权重更加突出,其中 MLP 代表图 6-12 中所示的多层感知机。

$$\mathrm{Attn(Input\ Features)} = \mathrm{softmax(MLP(Input\ Features))} \tag{6-23}$$

2) 基于注意力机制的决策级加权数据融合过程

经过 softmax 归一化操作后,样本的注意力权重满足:

$$\sum_{i=1}^{n} \mathrm{Attn}_i = 1 \tag{6-24}$$

式中:n 为输入特征的维度,且 $\mathrm{Attn}_i \in [0,1]$,满足加权数据融合理论中对于权重的要求,因此本章将不同数据源对应的注意力权重作为加权数据融合过程中的权重,以对不同网络的无量纲侵彻深度决策进行融合,基于注意力机制的加权数据融合过程如图 6-13 所示。

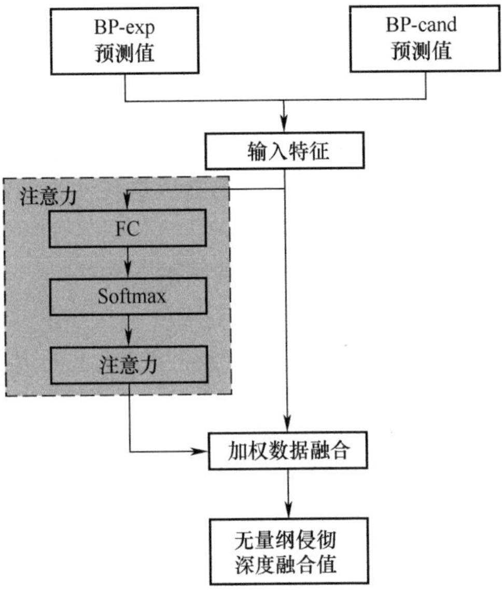

图 6-13　基于注意力机制的加权数据融合过程

经过加权融合后,待测数据的无量纲侵彻深度融合值可表示为

$$\frac{x^*}{d} = \sum_{i=1}^{n} w_i \text{pred}_i = \sum_{i=1}^{n} \text{Attn}_i \text{pred}_i$$
$$= \text{Attn}_1 * \text{pred}_{\text{BP-exp}} + \text{Attn}_2 * \text{pred}_{\text{BP-cand}} \quad (6-25)$$

式中：$\text{pred}_{\text{BP-exp}}$，$\text{pred}_{\text{BP-cand}}$ 分别为 BP-exp 神经网络模型预测值与 BP-cand 神经网络模型预测值；Attn_1，Attn_2 分别为其对应的注意力权重。

6.3.4 实验分析

6.3.4.1 实验环境

实验在 Windows 10 x64 操作系统下进行，软硬件环境如表 6-15 所列。

表 6-15 实验软硬件环境

名称	型号/版本
处理器	Intel i7-8750H
GPU	Nvidia Geforce GTX 1060
CUDA	10.0
内存	32GB
开发工具	JetBrains PyCharm
编程语言	Python

实验过程以 Python 语言为编程语言、以 PyCharm IDE 为开发工具，使用 Keras 框架为基础构建神经网络模型。

6.3.4.2 实验数据集介绍

本章采用的数据包括两个来源：实验数据和经验算法伪数据，对应实验数据集和经验算法伪数据集。实验数据格式如表 6-16 所列。为避免数据集量纲不一致对神经网络训练的影响，采用 min-max 方法对源数据归一化后再进行神经网络训练。

表 6-16 实验数据格式

输入					输出
27	5.71	……	0	2550	0.0658
27	339.56	……	0	2550	1.9355
28	336.58	……	0	2550	0.2724
……	……	……	……	……	……
……	……	……	……	……	……
337	13	……	0.1264	2040	13.3858
337	13.05	……	0.1264	2040	13.3858
339.5	0.0305	……	0.0214	2376.22	3.5984

6.3.4.3 实验方法

为验证基于多源数据融合的侵彻深度预测方法的性能，本节实验将本章提出的方法与已有算法进行对比。参与比较的算法包括：简单平均算法（simple average，SA）、BP 神经网络算法以及现有的经验算法。其中，简单平均算法直接将 BP-exp 和 BP-cand 神经网络模型输出的无量纲侵彻深度决策进行简单平均作为无量纲侵彻深度的融合值；基于BP神经网络算法的融合方法使用BP神经网络求解权值以对BP-exp和BP-cand神经网络模型输出的无量纲侵彻深度决策进行融合。

为方便对比，将实验数据集按8∶2比例划分为BP-exp训练集与测试集，将经验算法伪数据集作为BP-cand模型的训练集，在测试集上及第3章聚类而得的参数区间上比较本章提出的方法与现有方法的性能差异。由于数据集中的无量纲侵彻深度取值跨度较大，选用回归问题常用的MSE等误差函数时，常常不能真实体现模型的性能，因此本章选用平均绝对百分比误差MAPE评估模型的性能。

6.3.4.4 GA-BP神经网络训练

数据集的输入部分包括8个变量。模型的隐含层数量设为3，隐含层包含的神经元节点数量、Batch_size和训练轮数均对网络的性能有较大影响，这些超参数的设置往往没有明确的标准，为此可采用遗传算法优化BP神经网络模型的结构和超参数，因此可知待编码的参数共有5个：隐含层1~3的节点数、Batch_size和训练轮数。

设定每个遗传种群包含30个个体，最大迭代次数为10，变异概率为0.01，对解空间定义如表6-17所列。

表6-17 GA-BP解空间定义

参数名称	参数取值范围	步长
隐含层1节点数	[8,32]	2
隐含层2节点数	[8,64]	2
隐含层3节点数	[8,128]	2
Batch_size	[1,100]	5
epoch	[100,1000]	10

图6-14所示为10轮迭代后，每次迭代种群内各个体的适应度函数值。可以看出，每轮迭代后种群中个体的适应度呈上升趋势，在第10轮迭代后，出现了适应度函数值最高的个体，其对应的解参数如表6-18所列。在6.3.4.5节中，本书所提出的模型的参数采用表6-18中的数据。

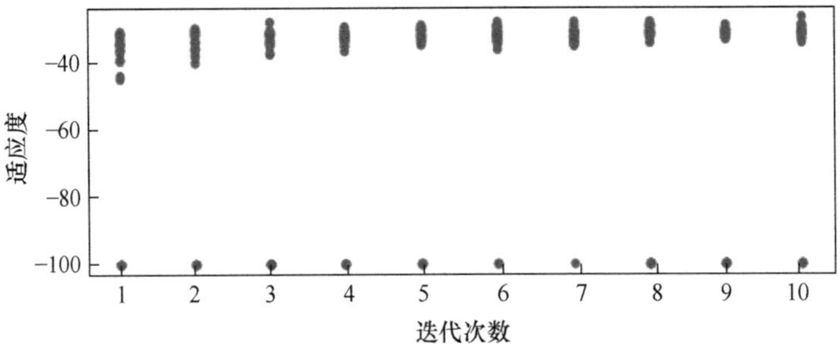

图6-14 GA 10轮迭代后适应度分布

表6-18 GA 10轮迭代后GA-BP参数及误差

参数名称	GA-BP-exp	GA-BP-cand
隐含层1节点数	26	32

续表

参数名称	GA-BP-exp	GA-BP-cand
隐含层 2 节点数	64	60
隐含层 3 节点数	118	100
Batch_size	6	46
epoch	910	1000
适应值	-32. 19	-33. 31
MAPE/%	32. 19	33. 31

6.3.4.5 实验结果及分析

各模型在测试集上的 MAPE 如图 6-15 所示,图中虚线表示传统的经验算法中对应最低的 MAPE,各模型在测试集及其参数区间内的 MAPE 如表 6-19 所列。

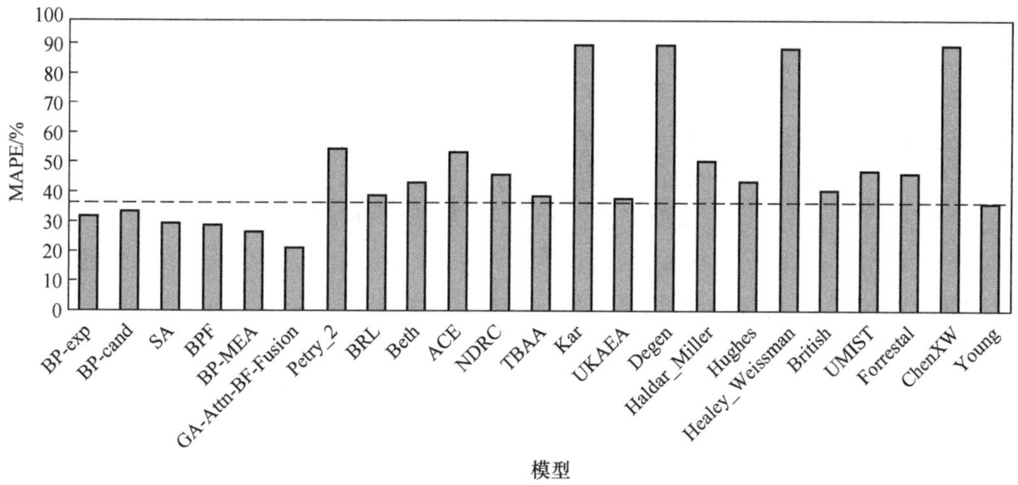

图 6-15 各模型在测试集上的 MAPE

表 6-19 各模型在测试集及参数区间内的 MAPE　　单位:%

模型	测试集	参数区间 1	参数区间 2	参数区间 3	参数区间 4
BP-exp	32. 19	38. 61	26. 84	13. 17	19. 59
BP-cand	33. 31	36. 82	31. 70	19. 68	32. 71
SA	29. 53	34. 20	31. 69	21. 45	24. 63
BPF	28. 61	29. 92	27. 19	16. 35	7. 14
BP-MEA	25. 83	26. 53	19. 55	15. 08	17. 35
GA-Attn-BP-Fusion	21. 50	18. 17	19. 29	11. 38	8. 59
Petry_2	55. 22	52. 46	54. 51	72. 78	46. 32
BRL	38. 85	52. 26	19. 76	18. 23	47. 72
Beth	42. 94	55. 82	23. 75	26. 48	37. 65
ACE	54. 38	73. 90	24. 71	29. 71	51. 85
NDRC	46. 08	54. 68	33. 97	31. 75	49. 95

续表

模型	测试集	参数区间 1	参数区间 2	参数区间 3	参数区间 4
TBAA	38.98	52.92	19.67	17.43	45.28
Kar	90.65	115.44	50.95	70.49	57.84
UKAEA	37.58	39.62	34.72	31.91	49.03
Degen	90.65	115.44	50.95	70.49	57.84
Haldar_Miller	50.95	61.89	36.74	29.58	56.99
Hughes	44.25	55.69	27.16	26.90	52.82
Healey_Weissman	89.16	114.71	48.03	68.39	58.19
British	40.79	49.60	28.71	25.05	46.04
UMIST	47.23	55.41	33.68	36.30	62.28
Forrestal	46.39	66.23	19.78	11.42	54.17
Chen XW	89.89	141.38	19.85	11.51	55.59
Young	36.45	45.15	25.57	21.86	24.73

从图 6-15 中可以看出,基于 BP 神经网络的模型(BP-exp、BP-cand)和数据融合方法(SA、BPF、GA-Attn-BP-Fusion)的模型在测试集上的 MAPE 误差整体上优于未采用数据融合方法的模型。基于实验数据源的 BP-exp 模型的 MAPE 误差略低于基于经验算法伪数据源的 BP-cand 模型;数据融合方法中,基于 BP-exp 和 BP-cand 预测结果简单平均的 SA 模型的误差最高,基于遗传算法和注意力机制的加权融合模型的 MAPE 误差最低。

图 6-16 所示为测试集上不同数据融合模型的无量纲侵彻深度融合值对比。可以看出,基于遗传算法和注意力机制的加权融合模型 GA-Attn-BP-Fusion 整体上优于其余两个模型。

使用简单平均方法的 SA 模型的融合值,在整体上均呈偏低趋势,使用 BP 神经网络对 BP-exp 和 BP-cand 神经网络模型的预测值进行融合的 BP-Fusion 模型整体上略逊于 GA-Attn-BP-Fusion。由于 BP 神经网络训练完成后权值固定的原因,BP-Fusion 模型在样本 136、151、156 附近等高速高质量场景时与 GA-Attn-BP-Fusion 模型有明显差距。

测试集上不同模型各样本的 APE 如图 6-17 所示,基于简单平均的 SA 模型的稳定性最差,有 7 个样本的 APE 误差大于 100%,BP-Fusion 模型次之,APE 误差大于 100%的样本仅有 1 个,GA-Attn-BP-Fusion 模型表现最好,无该类样本;整体而言,GA-Attn-BP-Fusion 模型的误差低于 BP-Fusion 模型。

此部分内容,针对使用多源数据融合方法进行混凝土无量纲侵彻深度预测的必要性做了简单介绍,并介绍了生成经验算法伪数据源的方法及使用遗传算法优化的 BP 神经网络模型 GA-BP,在此基础上提出了基于遗传算法和注意力机制的加权数据融合方法,以注意力权重为权值进行融合,实验表明,在测试集及其细分的 4 个参数区间内,所提出的 GA-Attn-BP-Fusion 方法可以针对不同的数据样本动态的赋予权重,因此具有更高的精度。

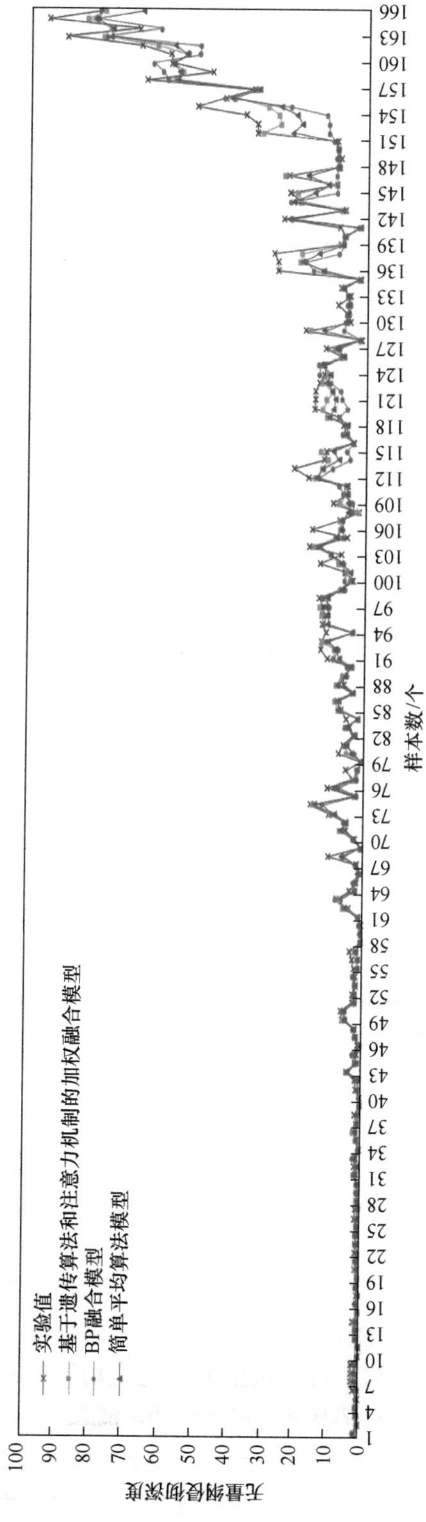

图6-16 测试集不同数据融合模型无量纲侵彻深度融合值对比(见彩图)

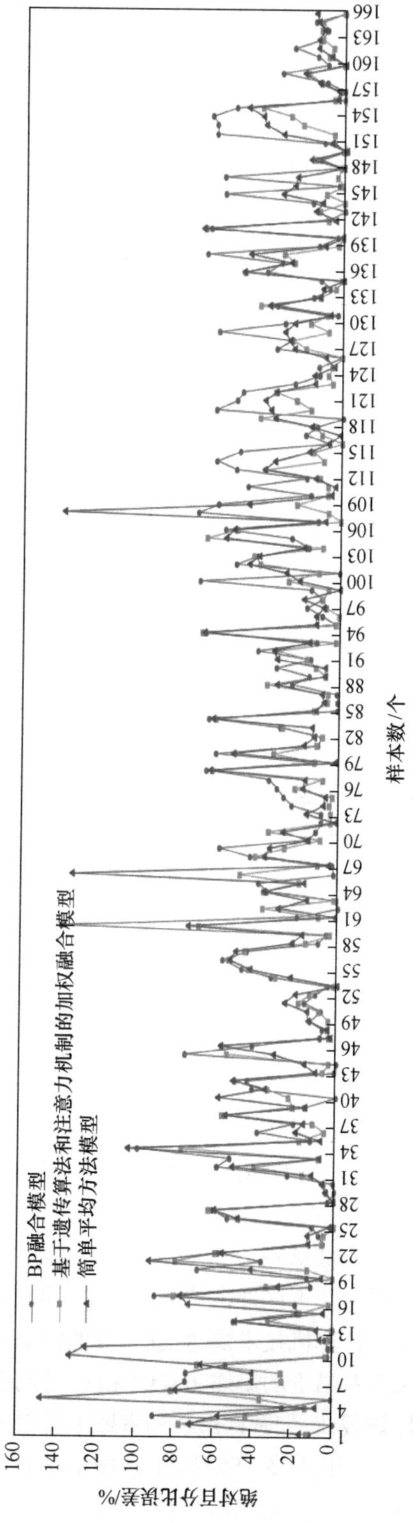

图6-17 测试集上不同数据融合模型APE对比(见彩图)

6.4 爆炸近区冲击波预测模型

6.4.1 研究现状

近年来,蓄意和意外的爆炸事件越来越多,此类事故多为近区爆炸,各种炸药引起的爆炸载荷可能对建筑物、设备和人员造成直接的毁灭性破坏。近区爆炸实验和理论分析难度较大,研究还存在明显不足。常用的预测空气冲击波参数的经验方程多基于点源爆炸理论,即不考虑炸药尺寸,炸药形状近似为球形,空气冲击波的波阵面也简化为球形,基于相似分析,超压峰值可表达为比例距离 Z 的初等函数形式。但实际炸药和易燃易爆品形状多为非球形,大多军械装备中装药更偏向圆柱形。对于圆柱形炸药,爆炸近区的冲击波不会以球形波的形式在空气中传递,而与装药形状有关。且爆炸毁伤中最严重破坏范围主要发生在爆炸近区,爆炸近区也是事后毁伤评估、事故溯源、安全防护和灾害预防最关注的区域。因此,研制非球形炸药爆炸近区载荷特性研究具有重要意义。

对于非球装药研究较多的为圆柱形装药。圆柱装药在近场的空爆冲击波较球形装药下复杂得多,轴线起爆时圆柱装药空中爆炸会形成一种典型二维轴对称非均匀分布流场。已有学者针对圆柱装药爆炸近区冲击波分布规律开展了相关实验和数值模拟研究。Plooster[4]在圆柱装药空爆实验中测量了近场空间不同角度、不同等效衰减距离上的超压,结果发现,在长径比 $L/D=1/4$ 及较小比例距离情况下圆柱不同角度上的超压差异极大,轴线 0°上的超压较 90°方向高出约一个量级。Wisotski 和 Snyer[5]进行了圆柱形装药空中爆炸实验,端部起爆,其长径比(L/D)范围为 1/4 ~ 10,并进行了不同装药方向的试验。实验表明,圆柱形装药产生的爆炸载荷与球形装药产生的爆炸载荷有很大不同。Ismail 和 Murray[6]进行了一系列圆柱装药爆炸实验,发现柱形炸药爆炸冲击波波型非常复杂,冲击波传播过程中的相互作用,压力-时间过程表现出多重激波。Simoens 和 Lefebvre[7]测量了中心起爆的圆柱形装药(TNT 和 C4)产生的冲击波超压和冲量,长径比为 4 的径向峰值超压(冲量)分别是相应球形装药峰值超压(冲量)的 1.8(1.4)倍。Wu 等[8]对球形和圆柱形炸药爆炸产生的作用于平面目标的超压和冲量载荷进行了实验研究,结果表明,当长径比较大时,大部分爆炸能量集中在径向方向;而当长径比较小时,大部分爆炸能量集中在轴向方向。Xiao 等[9]对圆柱形装药的爆炸载荷分布进行了数值研究,测量得到不同比例距离及不同方位角处的超压和冲量。研究发现,最大峰值超压和脉冲并不总是沿着轴向或径向出现,这可以归因于桥波的存在。上述实验研究表明,爆炸近区的冲击波载荷分析不能忽略装药形状的影响。

受爆炸近区冲击波测量技术所限,目前针对近区爆炸的实验研究相对较少。随着计算技术及计算机技术快速发展,数值模拟发挥着越来越重要的作用[8]。数值模拟可以提供在高风险和昂贵的爆炸实验中无法直接获得的详细信息。经过验证的数值模拟已成功用于确定爆炸载荷,如圆柱形装药室壁上反射的超压和脉冲及各种形状装药产生的冲击波。

由于圆柱装药空爆在近场空间存在复杂波系相互作用从而导致超压上的极度不均匀,因此无论从理论和还是实验上提出圆柱炸药空中爆炸近场超压模型均具有较大困难。先前的研究表明,可建立由圆柱形装药产生的冲击波超压经验公式,一般来说,近区的冲击波超压取决于炸药的长径比、比例距离和方位角。Plooster[10]根据 Wisotski 和 Snyer 的实验数据进行曲线拟合，提出有效为比例距离（2.16m/kg$^{1/3}$）、方位角间隔为 22.5°的圆柱装药方向上峰值超压的经验公式。USDOD[9]拟合了沿径向方向峰值超压的经验公式，但没有考虑其他方向。Chu Gao[11]通过有限元软件 AUTODYN 进行了中心起爆的圆柱形装药不同长径比和不同方位角的自由场冲击波超压冲量模拟，并详细分析冲击波的传播规律，研究发现圆柱形装药爆炸载荷的复杂性是由桥波及其与主波的相互作用造成的，基于对数值数据的拟合，提出圆柱形炸药冲击波超压及冲量经验公式，并得到超压峰值出现的方向、可以忽略装药形状影响的临界比例距离及任意方向上不同纵横比的爆炸载荷。刘军等[12]通过圆柱装药爆炸近场实验数据及数值模拟数据拟合得到了圆柱装药空爆在较小比例距离下的超压经验公式，与实验结果对比，验证了数值模拟结果的准确性，给出了 6 种不同长径比圆柱空爆在不同空间位置上超压的实验结果与估算公式结果的对比。结果表明，估算公式可在较小误差范围内给出爆炸近区空间任意位置上的超压，其适用范围是圆柱长径比为 1/4~4、等效衰减距离为 0.2~2.0m/kg$^{1/3}$。

针对以上问题，本节基于实验数据和数值模拟数据，训练神经网络对各数据源的分布规律进行拟合，并分别给出峰值超压及冲击波到达时间决策，在此基础上，结合加权数据融合算法并引入注意力机制对上述神经网络的决策进行融合，以提高模型的预测精度。

6.4.2 方法框架

6.4.2.1 数据预处理

将样本数据送入神经网络模型进行学习之前，先要进行数据归一化处理，归一化可以加快模型收敛，消除量级和量纲的影响，提升模型的稳定性。选择最大最小值归一化策略：

$$y' = \frac{y - \min(y)}{\max(y) - \min(y)} \tag{6-26}$$

式中：y 为样本点某项特征值；$\min(y)$ 为对应特征的最小值；$\max(y)$ 为对应特征的最大值；y' 为归一化缩放到 $[0,1]$ 区间后的样本点特征值。

6.4.2.2 评价指标

神经网络模型输出炸药质量 W 和爆距 R 是连续值，这是一个典型的回归问题。对于回归问题，预测值与真实值之间的误差可以用一定的回归度量指标来量化。针对爆炸溯源预测任务，采用了均方根误差（RMSE）及平均绝对百分比误差（MAPE）作为评估指标。

RMSE 是预测误差的标准偏差，表示预测值与真实标签值之间的平均偏差大小。给定真实值 y_i^{T} 和预测值 y_i^{P}，RMSE 定义为

$$\mathrm{RMSE} = \sqrt{\frac{1}{n}\sum_{i=1}^{n}(y_i^{\mathrm{T}} - y_i^{\mathrm{P}})^2} \tag{6-27}$$

式中：n 为样本数量。

RMSE 值越小代表模型预测结果越好。

由于实际标签值量级不同，仅关注 RMSE 评价指标不太合理，MAPE 衡量的是预测值与真实标签值之间的相对误差，相较于 RMSE 更能反映侵彻深度预测的性能，MAPE 也是值越小代表模型预测结果越好。定义如下：

$$\text{MAPE} = \frac{1}{n}\sum_{i=1}^{n}\left|\frac{y_i^{\text{T}} - y_i^{\text{P}}}{y_i^{\text{T}}}\right| \tag{6-28}$$

6.4.2.3 模型结构

影响圆柱形装药爆炸冲击波超压峰值及冲击波到达时间的影响因素众多，如炸药质量、炸药种类、炸药长径比等。

对于圆柱形炸药，其爆炸近区冲击波分布规律的影响因素可以归纳为

$$(T, P_{\max}) = F(\rho, D, P_{\text{C-J}}, Q, W, L, d, H, R, \alpha) \tag{6-29}$$

式中：T 为冲击波到达时间；$P_{\max}$ 为爆炸冲击波超压峰值；ρ 为炸药密度；D 为炸药爆速；$P_{\text{C-J}}$ 为炸药 C-J 压力；Q 为炸药爆热；W 为炸药质量；L 为圆柱形炸药长度；d 为圆柱形炸药直径；H 为炸药起爆点高度；R 为爆距；α 为方位角。

为提升模型的预测精度，分别从三个层级对数据进行融合。

1）数据级融合

近区爆炸冲击波超压预测模型在数据级融合了实验数据及仿真数据两个数据源。

2）特征级融合

圆柱形炸药近区爆炸冲击波超压预测模型特征级融合是在数据级融合的基础上融合了相关领域的先验知识，采用的实验知识包括比例距离 $Z = R/W^{1/3}$、圆柱形炸药长径比 L/D 及起爆点相对位置 $H/0.5L$ 三种。

先验知识的融合示意图如图 6-18 所示，相较于图 6-18(a) 无先验知识的神经网络模型，图 6-18(b) 中融合先验知识的神经网络模型增加了 $Z = R/W^{1/3}$、L/D 和 $H/0.5L$ 共 3 个先验参数为神经网络模型的输入特征。

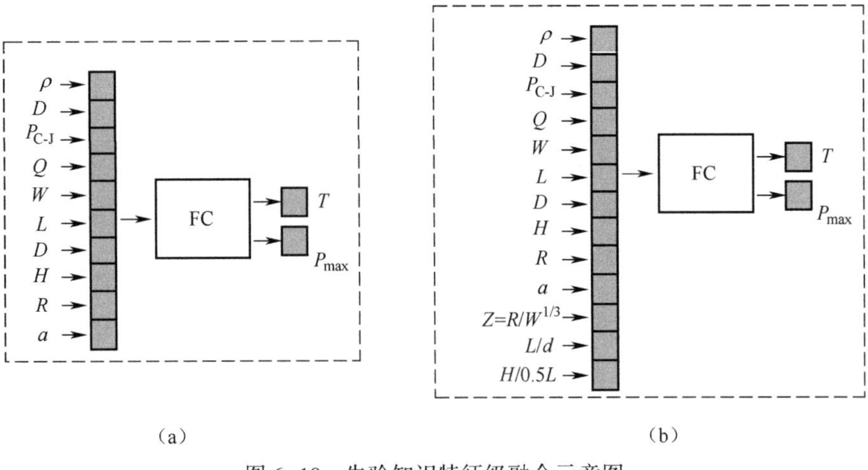

图 6-18 先验知识特征级融合示意图

(a) 无先验知识；(b) 特征级融合先验知识。

3）决策级融合

决策级融合模块具体结构示意如图 6-19 所示。实验分支预测模型、仿真分支预测模型、数据融合分支预测模型三个分支预测模型的输出值经过注意力机制进行决策级融合，得到最终的超压预测结果。

简单注意力机制是针对每个分支加权相加得到最终预测结果，具体计算如下：

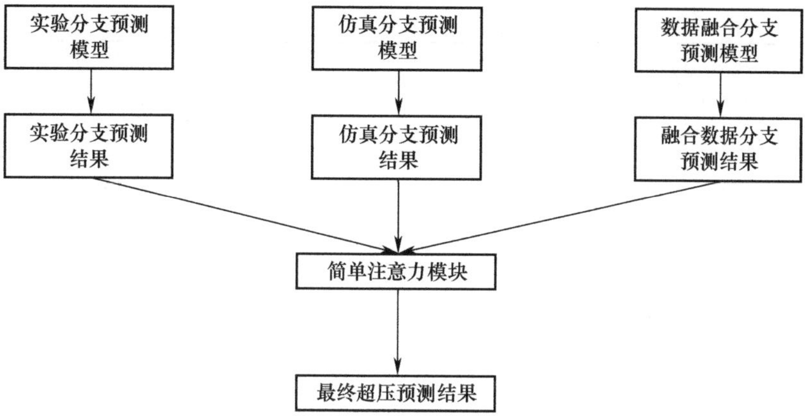

图 6-19 决策级融合示意图

$$\hat{y} = \alpha y_{\text{exp}} + \beta y_{\text{sim}} + \gamma y_{\text{mix}} \tag{6-30}$$

式中：$\hat{y}$ 为最终预测结果；y_{exp}，y_{sim}，y_{mix} 分别为实验分支预测结果、仿真分支预测结果、数据融合分支预测结果；α，β，γ 为三个注意力系数，它们不是固定不变的超参数，而是可以通过机器学习训练过程迭代更新的权重。

6.4.3 模型实现

将所有的训练数据输入设计好的 BP 神经网络中，训练至模型收敛，即损失函数几乎不再下降时，保存当前的 BP 神经网络模型。这个模型实质上是一个拟合大量样本的非线性函数 $(T, P_{\max}) = F(\rho, v, P_{\text{C-J}}, W, L, D, H, R, a, Z, L/d, H/0.5L)$。

首先通过程序生成大量不同方位的数据来预测描述爆炸近区冲击波空间分布情况。比例距离 Z 及方位角 α 按等间隔生成扩充数据，Z 间隔 $0.001\text{m/kg}^{1/3}$、α 间隔 0.1°。炸药参数及相关数据可根据需求调整。表 6-20 为 1500g 长径比为 1 的 TNT 圆柱形炸药的生成数据示例。设置为中心起爆。

表 6-20 生成数据示例

ρ/(g/cm³)	D/(cm/(10⁻⁶s))	$P_{\text{C-J}}$/Mbar	W/g	L/cm	d/cm	L/d	H/cm	H/0.5L	Z/(cm/g$^{1/3}$)	R/cm	α/(°)
1.63	0.693	0.21	1500	10.6	10.4	1	0	0	0.2	22.89428485	-90
1.63	0.693	0.21	1500	10.6	10.4	1	0	0	0.2	22.89428485	-89.9
1.63	0.693	0.21	1500	10.6	10.4	1	0	0	0.2	22.89428485	-89.8
1.63	0.693	0.21	1500	10.6	10.4	1	0	0	0.2	22.89428485	-89.7
1.63	0.693	0.21	1500	10.6	10.4	1	0	0	0.2	22.89428485	-89.6
1.63	0.693	0.21	1500	10.6	10.4	1	0	0	0.2	22.89428485	-89.5
⋮	⋮	⋮	⋮	⋮	⋮	⋮	⋮	⋮	⋮	⋮	⋮
1.63	0.693	0.21	1500	10.6	10.4	1	0	0	0.2	22.89428485	89.7
1.63	0.693	0.21	1500	10.6	10.4	1	0	0	0.2	22.89428485	89.8
1.63	0.693	0.21	1500	10.6	10.4	1	0	0	0.2	22.89428485	89.9

续表

ρ/(g/cm³)	D/(cm/(10⁻⁶s))	P_{C-J}/Mbar	W/g	L/cm	d/cm	L/d	H/cm	H/0.5L	Z/(cm/g$^{1/3}$)	R/cm	α/(°)
1.63	0.693	0.21	1500	10.6	10.4	1	0	0	0.2	22.89428485	90
1.63	0.693	0.21	1500	10.6	10.4	1	0	0	0.201	22.89428485	-90
1.63	0.693	0.21	1500	10.6	10.4	1	0	0	0.201	23.00875628	-89.9
1.63	0.693	0.21	1500	10.6	10.4	1	0	0	0.201	23.00875628	-89.8
1.63	0.693	0.21	1500	10.6	10.4	1	0	0	0.201	23.00875628	-89.7
1.63	0.693	0.21	1500	10.6	10.4	1	0	0	0.201	23.00875628	-89.6
1.63	0.693	0.21	1500	10.6	10.4	1	0	0	0.201	23.00875628	-89.5
1.63	0.693	0.21	1500	10.6	10.4	1	0	0	0.201	23.00875628	-89.4
1.63	0.693	0.21	1500	10.6	10.4	1	0	0	0.201	23.00875628	-89.3

6.4.4 实验分析

将生成数据输入训练好的圆柱形炸药爆炸近区冲击波超压预测的机器学习模型中，得到爆炸近区冲击波超压峰值 P_{max} 及冲击波到达时间 T 的预测结果。根据预测结果可以自动化生成圆柱形炸药不同时刻冲击波波阵面空间分布、冲击波到达时间，以及不同位置的爆炸冲击波超压峰值，如图 6-20 所示。通过圆柱形炸药爆炸近区冲击波超压预测机器学习模型，可快速进行爆炸分析，为意外爆炸事故的事故分析及柱形炸药的毁伤评估提供了便捷的方法和装置。

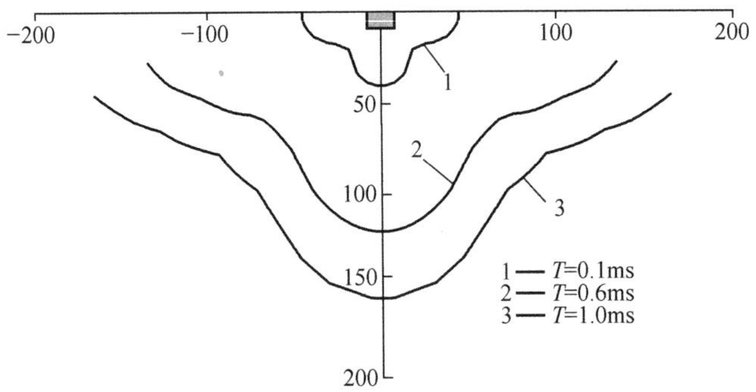

图 6-20　$L/D=1$ 的圆柱形炸药不同时刻(0.1ms、0.6ms、1ms)冲击波波阵面空间分布

6.5 基于小样本学习的毁伤效应预测模型

6.5.1 问题描述

由于意外爆炸环境的复杂性，毁伤效应数据在不同区间范围内的毁伤元参数变化会导致不同的毁伤机理。例如，在侵彻毁伤过程中，由于速度的变化，该过程会经历不同的阶段，包括刚体阶段、弹塑体阶段和流体阶段等。元学习[13]作为解决小样本问题[14]的

有效手段,可在多个任务上学习通用的知识和技能,并利用这些学到的知识快速适应新任务,从而实现小样本条件下的知识迁移。模型无关元学习模型无关元学习(model-agnostic meta-leaning,MAML)[15]作为小样本元学习的一种主要方法,在元训练阶段通过梯度下降获得适应多个任务的共享梯度知识,在元测试阶段,通过迁移梯度知识至新任务,通过少量梯度微调实现快速适应。

依据元学习思路可以在学习到毁伤数据参数区间局部规律的基础上获得全参数范围通用的毁伤规律,然而试验数据因数据量不足且数据分布不均匀无法全面体现各参数区间的规律,仿真数据通过在各参数区间内均匀取值获得,可为试验数据提供信息的补充。

结合专家知识依据毁伤参数区间变化规律进行任务划分,仿真数据源域构建的学习任务定义为源任务,试验数据目标域构建的任务为目标任务,从多个源任务中学习参数区间规律并迁移至目标任务,构建意外爆炸毁伤效应的元学习机制。

虽通过对仿真数据各区间提取并构建学习任务可以缓解与试验数据分布上的差异,但由于仿真过程并不能完全模拟实际爆炸的场景,仿真数据源任务和试验数据目标任务仍存在差异。毁伤效应元学习机制中,在元训练阶段通过大量源任务获得学习能力,在元测试阶段对试验数据进行微调思路可能会丢失试验数据的重要信息。

基于上述毁伤效应元学习机制存在的问题,依据多任务辅助学习思路,将部分目标任务加入元训练过程中,使目标任务在模型参数更新过程中发挥有效作用。通过分析源任务和目标任务的相似性实现针对参数区间的毁伤规律迁移,将相似性作为任务训练损失的权重,基于损失权重改进 MAML 参数更新过程从而体现各个毁伤任务对模型参数更新的贡献,进一步提升模型参数对全域范围毁伤规律的适应性;在此基础上基于元训练过程中的损失对 MAML 固定的学习率进行改进,进一步提升模型对毁伤源任务和目标任务的适用性和快速泛化能力。

6.5.2 方法框架

针对上述存在的问题与解决思路,提出基于元学习的意外爆炸毁伤效应预测模型(accidental explosion prediction based on MAML,AEP-MAML),其构建思路描述如图 6-21 所示[16]。

依据框架图,AEP-MAML 模型的构建过程主要分三个步骤。

(1) 任务划分。结合专家知识分析并选取毁伤数据主要影响因素,依据影响因素的变化范围确定各任务参数区间,从各任务参数区间提取样本构建呈现多样性的学习任务。

(2) 毁伤效应元学习机制。基于 MAML 从仿真数据多个源任务中提取各参数区间泛化的毁伤规律并迁移至目标任务;基于源任务和目标任务之间存在的差异,在分析任务间进行正向信息迁移的基础上度量源任务和目标任务之间的相似程度,提升参数区间内知识迁移效果;采用计算损失,用于 MAML 的参数更新过程,体现了每个毁伤任务对共享参数更新的重要性,可以更加准确地捕捉毁伤任务之间的差异,进一步提升模型的性能。

(3) 学习率优化。MAML 框架训练过程中存在由固定的学习率导致的训练不稳定、收敛困难的问题,在毁伤源任务和目标任务存在差异的情况下可能会使问题更为明显。依据训练过程中验证集上的损失最小化来对固定的内循环和外循环的学习率进行改进,使模型参数和学习率同步更新,进一步提高模型参数在爆炸毁伤任务中快速泛化的能力,

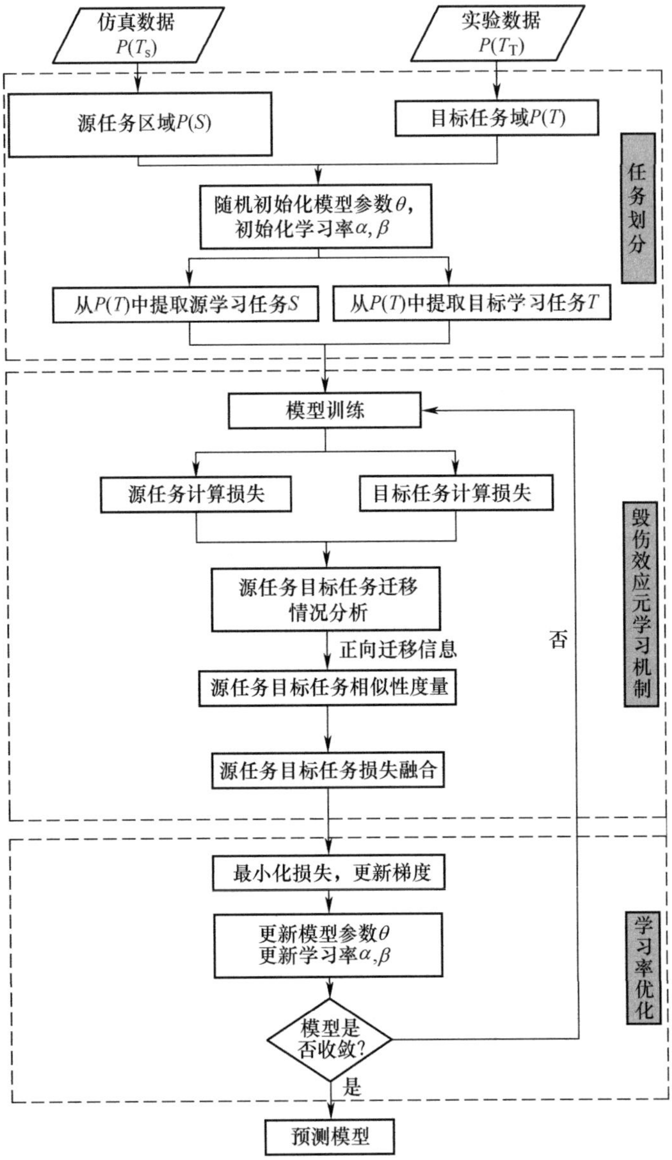

图 6-21　基于元学习的模型框架

得到最终的 AEP-MAML 模型。

6.5.3　模型实现

6.5.3.1　结合专家知识的任务划分

基于专家知识与意外爆炸毁伤作用经验机理,分析产生毁伤效应的主要影响因素,并基于主要影响因素的阈值进行任务划分。对混凝土侵彻数据集,以破片作用于目标物时的速度为主要衡量标准确定仿真数据的各任务区间。在破片侵彻目标物的过程中,随着破片速度的增加,会经历刚性、弹塑性、流体侵彻阶段,其呈现的作用效果也与速度呈密切且复杂的关系。图 6-22 显示了在破片侵彻混凝土材料时,速度与侵彻深度的散点图。

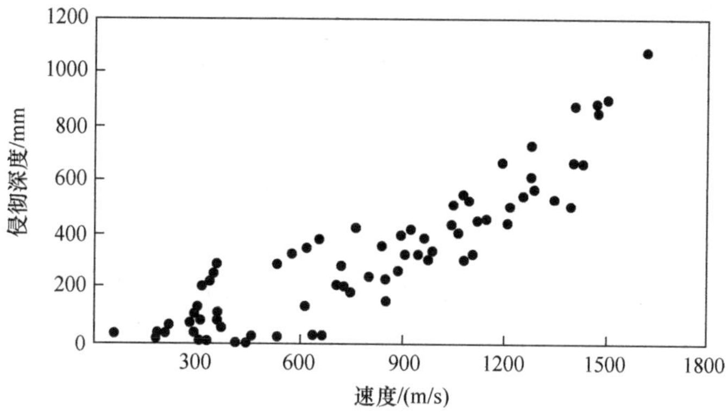

图 6-22 混凝土侵彻数据集速度与侵彻深度散点

对于破片侵彻混凝土材料,速度与毁伤作用的效果存在整体强相关的关系,并且可以看到,在某些点上,出现了速度增加但作用效果减弱的情况,这也与广泛的研究相符,因为除速度外,对于破片作用于目标靶板的材料,即薄靶、中厚靶、无限厚靶等,也会对毁伤效果产生较大影响。另外,破片本身的质量、密度等也会对毁伤效果产生不同程度的影响。

基于专家知识对混凝土侵彻数据集进行区间划分,将破片速度 340m/s、1500m/s 作为划分点。将靶标强度 30MPa、45MPa 作为划分点。以混凝土侵彻数据为例,仿真数据各参数区间如表 6-21 所列,基于 MAML 从各区间提取学习任务,为源任务,从试验数据提取学习任务,为目标任务。

表 6-21 混凝土侵彻数据集任务区间列

任务区间	速度 v/(m/s)	靶标强度 f_c/MPa	质量 m/kg
源任务区间一	(0,340)	(0,30]	(0,10]
源任务区间二	(0,340)	(0,30]	(10,500)
源任务区间三	(0,340)	(30,45)	(10,500)
源任务区间四	[340,1500)	(0,30]	(0,10]
源任务区间五	[340,1500)	(30,45)	(0,10]
源任务区间六	[1500,3000)	[45,200)	(0,10]

6.5.3.2 意外爆炸毁伤效应的元学习机制

首先对源任务和目标任务的相似性分析过程进行介绍,主要包括多任务间的迁移情况分析和在此基础上的基于领域度量准则的任务相似度衡量;其次讨论了基于相似性改进的 MAML 模型参数更新过程,主要包括多任务辅助学习思想的介绍和在此基础上基于相似性改进的 MAML 多任务参数更新过程。

1) 源任务和目标任务的相似性分析

(1) 多任务间的迁移情况分析。

由于仿真过程并不能完全模拟实际爆炸场景,具体到每个任务中,可能存在差异很大的情况,这时在参数区间内进行毁伤规律迁移容易出现常见的负迁移现象。为进一步提高 MAML 机制下毁伤规律的迁移效率,通过度量源任务和目标任务之间的迁移情况可以帮助选取更优的源任务参与模型的构建。

在 MAML 多任务迁移机制下,源任务和目标任务共享相同的特征提取器,共同作用于模型参数的更新。源任务和目标任务的正向信息交互是度量源任务对模型参数更新是否起作用的一个重要方面。这种信息通常很难被预测到,往往只能在学习器训练后的损失中才能体现出来。基于此,不直接修改训练过程中的任务梯度,而是基于源任务对共享参数的梯度更新对目标任务在训练中损失的影响,从而量化分析源任务是否对目标任务起正向信息贡献,进一步筛选对于学习器构建传递正向信息的源任务,具体过程如下。

对于 MAML 元训练过程中内循环每批次构建的源任务 S 和目标任务 T,此次训练批次记为 k; θ 为元学习器的共享参数,则可以用 θ_S^{k+1} 表示应用源任务 S 的 SGD 梯度步骤后此时更新所得的共享参数,定义为

$$\theta_S^{k+1} := \theta^k - \mu \nabla_\theta L_S(Q_S^k; \theta_S^k, S_S^k) \tag{6-31}$$

式中: μ 为参数更新学习率; S_S^k 为第 k 批次任务 S 的支撑集; Q_S^k 为第 k 批次任务 S 的查询集,此处利用支撑集对参数进行适应,通过查询集的损失对适应程度进行度量。

基于式(6-31)的参数更新规则,可以计算使用源任务 S 对共享参数 θ 进行 SGD 梯度步骤更新前后目标任务 T 的损失比,记为 $\text{Contri}_{S\to T}^k$, $\text{Contri}_{S\to T}^k$ 可以作为源任务 S 是否对目标任务 T 建立泛化模型提供正向作用的衡量,定义如下:

$$\text{Contri}_{S\to T}^k = \frac{L_T(Q_T^k; \theta_S^{k+1}, S_T^k)}{L_T(Q_T^k; \theta_S^k, S_T^k)} \tag{6-32}$$

式中,使用源任务 S 梯度步骤更新前后的参数基于目标任务 T 的支撑集 S_T^k 进行适应,并使用其支撑集 Q_T^k 进行评估, $\text{Contri}_{S\to T}^k$ 的值小于 1 时,表明源任务 S 带来的参数更新使目标任务 T 的损失低于参数更新前的损失,说明源任务 S 的信息迁移至目标任务 T 可以起到正向作用; $\text{Contri}_{S\to T}^k$ 的值大于 1 时,表明源任务 S 带来的参数更新使目标任务 T 的损失高于参数更新前的损失,说明源任务 S 的信息迁移至目标任务 T 起破坏作用。需要说明的是,当上式都是源任务或者目标任务时,相当于任务自身迁移情况的度量,可用作比较的基线。综上,选取 $\text{Contri}_{S\to T}^k$ 的值小于 1 时的源任务,进行后续源任务和目标任务的相似度量。

(2) 基于领域度量准则的任务相似度衡量。

通过(1)中筛选优质源任务的步骤,保证参与模型参数更新的毁伤任务的有效性,同时在一定程度上缓解了源任务和目标任务之间的任务数量差异。在 MAML 的设置中,所有任务都被均等对待,由于毁伤规律在不同区间变化的复杂性,各个毁伤任务对于模型参数更新的贡献程度也不同,简单的损失求和必然会使一些毁伤任务的信息被忽略。基于筛选后的源任务,通过度量源任务和目标任务之间的相似性,进一步提高各参数区间内毁伤规律的针对性的迁移,并将相似性作为损失权重作用于损失函数的更新。

迁移学习的核心在于将源域知识迁移至目标领域,在 MAML 用于毁伤知识迁移时,对构建的毁伤数据源任务和目标任务,两者之间的相似性决定了源任务能为目标任务提供的信息辅助,通过定量衡量信息辅助量的大小可以体现各毁伤任务代表的参数区间的特点,有助于在发掘局部物理规律的基础上获得可在全局泛化的毁伤机理。

不同于传统的迁移学习之间的领域度量,在 MAML 的机制下,对内循环中每批次的

源任务和目标任务进行任务之间的度量，度量方法采用迁移学习中经典的最大均值差异（maximum mean discrepancy，MMD）距离，MMD 可以定量计算相关但存在差异的任务分布之间的距离，其原算法具体过程已在上文中进行了阐述，在此直接给出在 MAML 中源任务和目标任务之间的 MMD 计算方法：

$$\mathrm{MMD}(S,T)=\left\|\frac{1}{n}\sum_{i=1}^{n}\phi(x_{S_i})-\frac{1}{m}\sum_{j=1}^{m}\phi(x_{T_j})\right\|_{\mathcal{H}} \tag{6-33}$$

式中，映射 ϕ 的求解方法仍采用核函数 $K(x_s,x_t)=\mathrm{e}^{-\gamma\|x_s-x_t\|^2}$ 求得。MMD 值越大，代表源任务和目标任务分布相距越远，相似性越小；MMD 值越小，代表源任务和目标任务相距越近，相似性越大，因此取 MMD 的倒数作为源任务 S 和目标任务 T 之间的相似性参数，记作 sim：

$$\mathrm{sim}=1/\mathrm{MMD}(S,T) \tag{6-34}$$

2）基于任务相似性的改进的 MAML 参数更新过程

如图 6-23 所示，通过源任务和目标任务之间的相似性分析，选取对目标任务起正向信息传递的源任务，并与目标任务基于领域度量准则进行了相似度量，本节在此基础上将相似程度作为损失权重对源任务和目标任务进行损失融合，对多任务机制下 MAML 参数更新过程进行改进，实现参数区间内毁伤规律迁移的效率和效果的双提升。本节首先介绍多任务辅助学习的思想，然后介绍多任务下 MAML 参数更新过程的具体改进思路与算法。

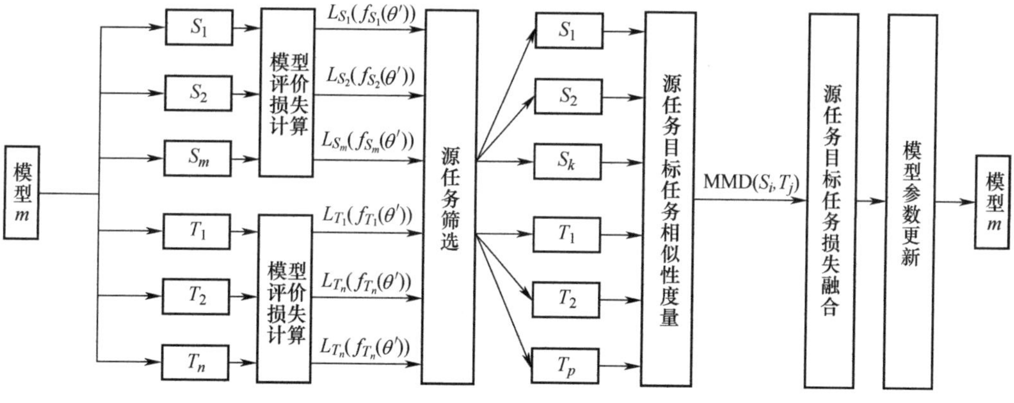

图 6-23　基于源、目标任务相似性改进的模型参数更新过程示意

（1）多任务辅助学习思路。

多任务学习的优势在于通过辅助任务和目标任务的共同学习，获得更鲁棒的特征表示，从而构建更稳定的学习器。在多任务学习中，所有任务共享一个特征提取器，基于各子任务的损失和构建学习器，考虑到各子任务的不同，简单的求和可能会引起一些负的辅助，故在学习器构建时赋予各子任务不同的权重，对子任务损失权重的加权求和得到所有任务上的学习代价，所有任务上的学习代价如式（6-35）所示，这样的机制设置不仅减少了计算的开销，还有利于各任务之间的信息补充。

$$L=\sum_{i}w_iL_i \tag{6-35}$$

式中:损失函数的更新基于每个子任务 L_i 和其权重 w_i 的乘积求和所得,其侧重寻求在辅助任务和目标任务中泛化的学习器。

(2) 基于源任务和目标任务相似性改进的 MAML 参数更新机制。

MAML 内置了多任务机制,但损失更新中对所有任务均等对待,在毁伤多任务的学习过程中,目标任务中蕴含着实际爆炸过程的规律,为提高毁伤规律学习的有效性,将部分目标任务加入 MAML 元训练过程中,充分利用目标任务包含的爆炸毁伤效应实际规律信息。

结合多任务辅助学习的思想,以源任务为辅助任务,协同目标任务共同作用于元训练阶段的参数更新。为了使上式中各毁伤任务的权重体现毁伤任务特点,对于源任务,依据前文的源任务和目标任务的相似性作为源任务损失权重,用来体现毁伤源任务对共享参数更新的贡献程度,同时将目标任务的损失加入损失函数中。改进后的 MAML 参数更新过程如表 6-22 所列。

表 6-22　基于任务相似性改进的 MAML 算法

基于任务相似性改进的 MAML 算法
输入:任务分布 $P(S)$,$P(T)$;学习率 α;学习率 β;
输出:模型初始化最优参数 θ;
1. 随机初始化模型参数 θ;
2. While 模型未收敛,do:
3. 从源任务分布 $P(S)$ 和目标任务分布 $P(T)$ 采样一个 batch 任务 S 和 T
4. for 所有任务 S 和 T,对每个任务 $S_i \in S, T_j \in T$,do:
5. 对支持集 $D_{\mathrm{Strain}} \in S_i$,$\mathrm{D}_{\mathrm{Ttrain}} \in T_j$,计算 $\nabla_\theta L_{S_i}(f_\theta)$,$\nabla_\theta L_{T_j}(f_\theta)$;
6. 使用梯度下降计算各任务自适应参数 $\theta'_{S_i} = \theta - \alpha \nabla_\theta L_{S_i}(f_\theta)$,$\theta'_{T_j} = \theta - \alpha \nabla_\theta L_{T_j}(f_\theta)$;
7. 从相应的支撑集 $D_{\mathrm{Stest}} \in S_i$,$D_{\mathrm{Ttest}} \in T_j$,计算 $\nabla_\theta L_{\mathrm{Stest}_i}(f_{\theta'_{S_i}})$、$\nabla_\theta L_{\mathrm{Ttest}_j}(f_{\theta'_{T_j}})$;
8. end for
9. 更新模型参数:
10. $\theta = \theta - \beta\left(\sum_{S_i \sim P(S)} \mathrm{sim}(S_i, T_j)\, \nabla_\theta L_{\mathrm{Stest}_i}(f_{\theta'_{S_i}}) + \sum_{T_j \sim P(T)} \nabla_\theta L_{\mathrm{Ttest}_j}(f_{\theta'_{T_j}})\right)$
11. end While
12. return θ;

如上表算法,基于 MAML 以任务为单位的机制设置与强大的多任务特征提取能力,在内循环基于多个毁伤源任务和少量目标任务的训练损失进行一次梯度下降;在外循环对每个任务验证集上的损失求和,损失分为两部分,即由带相似度 sim 的源任务损失和目标任务损失组成,基于融合后的损失再进行一次梯度下降来对模型参数进行更新;通过两次梯度更新使 MAML 学习的模型最优初始化参数可以在毁伤全参数范围内实现快速泛化。为便于下文表述,将此阶段的 AEP-MAML 以基于任务相似性改进的 Multi-MAML 方法统一表示。

6.5.3.3 基于元训练损失的学习率优化

MAML 的优势在于能快速适应新任务并得到适用于新任务的模型参数。MAML 作为寻找模型最优初始化参数的一个优化方法,在训练过程中有三个需重点关注的影响因素:

初始化、更新方向和学习率。初始化一般是进行的随机处理与设置,更新方向由样本上的梯度来估计,学习率是根据经验自行确定的。MAML 的训练过程存在训练不稳定、复杂耗时的超参数寻优等问题。综上,为了使基于 MAML 机制的 Multi-MAML 具备更好的稳定性和更优的预测性能,需要对 Multi-MAML 的学习率和更新方向进行调节。

在 MAML 的机制中,有两个重要的超参数,即学习率 α 和元学习率 β,学习率 α 在 MAML 内层循环中,作用于内循环中每个任务的参数更新和训练方向的搜索;元学习率 β 在 MAML 外层循环中,作用于最终的模型参数更新,用来保证所得的模型初始化参数对于每个任务都具备良好的初始水平。但在 MAML 框架中,学习率 α 和元学习率 β 的设置都较为简单,这会造成模型收敛困难、泛化能力差等问题,因此,需要针对具体应用场景做出调整。在意外爆炸毁伤效应预测领域,对学习率 α 和元学习率 β 存在的问题及解决思路描述如下。

1）对学习率 α 的改进

在 MAML 框架中,α 为固定标量值,也就是每个任务使用共享的学习率。当各任务存在差异时,使用相同的学习率既影响参数的泛化能力,也不利于学习到适合各个任务的搜索方向,从而减慢收敛的速度。对于毁伤效应数据集,各个任务在共享底层特征的同时呈现不同的特点,因此设置学习率 $\boldsymbol{\alpha}$ 为参数矩阵,与模型参数矩阵具有相同的形状,学习率 α 的更新与元模型参数更新同步,从而在每个任务的参数更新时得到其最优的搜索方向,进一步体现各毁伤任务中蕴含的不同毁伤规律,实现参数快速收敛并提高参数对毁伤任务的泛化能力。将任务 T_i的参数更新规则定义如下:

$$\theta_i' = \theta - \alpha \circ \nabla_\theta L_{T_i}(f_\theta) \tag{6-36}$$

原 MAML 中 T_i的参数更新如下:

$$\theta_i' = \theta - \alpha \nabla_\theta L_{T_i}(f_\theta) \tag{6-37}$$

可以看到,不同于原 MAML 中 α 的固定设置,将其表示为一个向量矩阵 $\boldsymbol{\alpha}$ 。$\circ$为矩阵 $\boldsymbol{\alpha}$ 同 $\nabla_\theta L_{T_i}(f_\theta)$ 按元素相乘,将 $\boldsymbol{\alpha}$ 初始化为同模型初始化参数相同的形状,区别于 MAML 原始框架中仅采用梯度代表更新方向,改进后的任务使用 $\boldsymbol{\alpha} \circ \nabla_\theta L_{T_i}(f_\theta)$ 代表任务的更新方向, $\boldsymbol{\alpha}$ 同模型参数一起在外层循环中执行更新,具体表示如下:

$$\begin{aligned} \boldsymbol{\alpha} &= \alpha - \beta \nabla_\alpha \sum_{T_i \sim p(T)} L_{T_i}(f_{\theta_i'}) \\ \boldsymbol{\theta} &= \theta - \beta \nabla_\theta \sum_{T_i \sim p(T)} L_{T_i}(f_{\theta_i'}) \end{aligned} \tag{6-38}$$

对于学习率 $\boldsymbol{\alpha}$ 的改进与模型参数同步,向量矩阵的设置代表了各任务蕴含的不同毁伤规律,改进后的 MAML 训练完成之后,可以得到具备良好泛化性能的适用于各任务的最优参数。

2）对元学习率 β 的改进

在 MAML 框架中,外循环元学习率 β 也设置为固定的标量值, β 作为模型参数更新的重要组成部分,辅助模型获得在所有任务中的泛化。为了使模型参数适应各个不同的任务,往往设置为较小的值,但是其固定值的设置难以获取各任务特性。在毁伤效应数据集中,由于毁伤条件的复杂性,各任务的划分体现出了任务的多样性,为进一步学习毁伤任务中的不同规律,推导并定义了元学习率 β 的更新规则。

对于 β 的更新基于训练模型过程中的损失，关注的是更新过程中使用梯度更新后在对应的查询集上的损失，目标是 β_i 更新到 β_i^* 在下一轮迭代中使损失 $L_{T\text{test}_i}(f_{\theta_i'})$ 的值最小，基于此，计算 $L_{T\text{test}_i}(f_{\theta_i'})$ 相对于 β_i 的偏导数，具体表示如下：

$$\begin{aligned}\frac{\partial L_{T\text{test}_i}(f_{\theta_i'})}{\partial\beta} &= \frac{\partial L_{T\text{test}_i}(f_{\theta_i'})}{\partial\theta_{i-1}}\cdot\frac{\partial\theta_{i-1}}{\partial\beta}\\ &= \nabla\theta_{i-1}L_{T\text{test}_i}(f_{\theta_i'})\cdot(-\nabla\theta_{i-2}L_{T\text{test}_{i-1}}(f_{\theta_{i-1}'}))\end{aligned} \tag{6-39}$$

基于上式，假定 β 的最优值求取在连续两次迭代中变化不大，可以将 β_i 表示如下：

$$\beta_i = \beta_{i-1} + \eta\,\nabla\theta_{i-1}L_{T\text{test}_i}(f_{\theta_i'})\cdot\nabla\theta_{i-2}L_{T\text{test}_{i-1}}(f_{\theta_{i-1}'}) \tag{6-40}$$

式中：η 为设置的学习率的超参数，基于每次迭代中任务查询集的损失来对 β 进行调整，更能体现元学习率 β 的调整对于模型参数更新的实际效果，同时 β_i 的求解复杂度较低，不需要进行烦琐的计算，只需要将上次迭代中梯度加入计算即可。

基于以上对学习率 α 和元学习率 β 的改进后，MAML 参数更新过程中更为贴合毁伤数据特点，在仿真数据源任务和试验数据目标任务存在差异的情况下，在获得各任务最优更新方向的前提下使模型参数的总体更新方向可控，进一步获取各任务包含的毁伤规律并提取在多个任务中泛化的毁伤知识。因此，对于学习率 α 和元学习率 β 的进一步改进可以为构建泛化性能优良、预测精度更高的毁伤效应预测模型提供有力帮助。将基于学习率 α 和元学习率 β 调整之后的 AEP-MAML 整体模型参数更新过程表述如表 6-23 所列。

表 6-23　AEP-MAML for Regression 算法

AEP-MAML for Regression 算法
输入：任务分布 $P(S)$，$P(T)$；学习率 $\boldsymbol{\alpha}$ 矩阵 $[\alpha_1,\alpha_2,\cdots,\alpha_n]$；元学习率 β；
输出：模型初始化最优参数 θ；
1. 随机初始化模型参数 θ；
2. While 模型未收敛，do：
3. 　从 $P(T)$ 和 $P(S)$ 中采样一个 batch 源任务 S 和目标任务 T；
4. 　for 所有任务 S 和 T，对每个任务 $S_i\in S$，$T_j\in T$，do：
5. 　　对支持集 $D_{\text{Strain}}\in S_i$，$D_{\text{Ttrain}}\in T_j$，计算 $\nabla_\theta L_{S_i}(f_\theta)$，$\nabla_\theta L_{T_j}(f_\theta)$；
6. 　　使用梯度下降计算各任务自适应参数 $\theta_{S_i}' = \theta - \alpha\nabla_\theta L_{S_i}(f_\theta)$，$\theta_j' = \theta - \alpha\nabla_\theta L_{T_j}(f_\theta)$；
7. 　　从相应的支撑集 $D_{\text{Stest}}\in S_i$，$D_{\text{Ttest}}\in T_j$，计算 $\nabla_\theta L_{\text{Stest}(i)}(f_{\theta_{S_i}'})$、$\nabla_\theta L_{\text{Ttest}(j)}(f_{\theta_{T_j}'})$，$\text{Contri}_{S_i\to T_j}$；
8. 　end for；
9. 　更新学习率与模型参数（其中 $L(\theta) = \sum_{T_j\sim P(T)}\text{sim}(S,T)L_{\text{Ttest}_i}(f_{\theta'}) + L_{\text{Ttest}}(f_{\theta'})$）；
10. 　　$\beta_i = \beta_{i-1} + \eta\nabla\theta_{i-1}L_{\text{Ttest}(i)}(f_{\theta_i'})\cdot\nabla\theta_{i-2}L_{\text{Ttest}(i-1)}(f_{\theta_{i-1}'})$；
11. 　　$\boldsymbol{\alpha}_i = \boldsymbol{\alpha}_{i-1} - \beta_{i-1}\nabla_{\alpha_{i-1}}L_{\text{Ttest}(i-1)}(f_{\theta_i'})$；
12. 　　$\theta_i = \theta_{i-1} - \beta_i\nabla\theta_{i-1}L_{\text{Ttest}(i)}(f_{\theta_i'})$；
13. end While
14. return θ;

6.5.4 实验分析

实验在设备环境为 Windows 10 x64 的操作系统下开展,基于 Python 语言,在 PyTorch 深度学习框架下,使用 python IDE 开发工具 PyCharm 进行编程,实验软硬件环境如表 6-24 所列。

表 6-24 实验软硬件环境

名　称	标　准
处理器	AMD Ryzen 5 5500U with Radeon Graphics 2. 10GHz
内存	16GB
显卡	AMD Radeon(TM)Graphics
开发工具	PyCharm 2018. 1. 3
编程语言	Python

6.5.4.1 实验数据收集与处理

1)实验数据的收集与预处理

本书实验涉及的效应包括金属侵彻和混凝土侵彻。对于金属材料侵彻,重点关注侵彻深度和贯穿剩余速度。当破片作用于厚度较大的金属板材料目标物时,会停留其中,此时关注其侵入深度,即侵彻深度的预测;当破片作用于较薄的金属板材料目标物时,会直接贯穿,此时关注破片贯穿后的状态,即贯穿剩余速度的预测。对于混凝土材料,仅仅关注破片的侵彻预测。

(1)实验数据的收集。

考虑到意外爆炸现场收集数据的危险性和复杂性,大部分学者开展如 TNT 和硝酸铵爆炸毁伤试验,模拟典型的爆炸过程中破片对工业及民用建筑的毁伤效应,常用的工业及民用建筑构件种类有钢筋混凝土板、钢筋混凝土柱、钢筋混凝土梁、玻璃幕墙及铝合金板等,可通过模拟爆炸试验测量构件的压力与形变、爆炸成坑及抛掷等效应,从而获得接近真实爆炸场景的数据。本节实验数据从相关模拟试验和真实报告中进行收集。

(2)实验数据的预处理。

由于意外爆炸的复杂性,真实场景的数据往往存在干扰信息,为实现对真实爆炸毁伤效应更好地预测,在从相关试验和真实报告中进行数据收集后,对实验数据进行如下处理。

① 剔除无关信息与冗余信息:首先剔除一些与毁伤作用机理无关的信息,如数据编号、数据来源,然后对于一些冗余的非数值属性进行分析,如破片材料类型,可用破片质量、破片材料密度与破片直径等数值类型特征来代替;靶标材料类型可以通过靶标强度、靶标材料密度等数值类型特征来代替。

② 缺失数据信息补充:采用前后采样的均值进行插补和众数补足两种方式对数据进行补足。

③ 异常数据剔除:通过人工对比,对于属性取值相近但预测值存在很大差别的数据,经专家分析与工程算法综合判定,对不同数据集取不同阈值进行异常数据剔除。

整理过后的试验数据集详细信息如表 6-25 所列。

表 6-25　试验数据集信息

数据集	特征数/个	数据量/个	目标值
金属材料侵彻深度	6	36	侵彻深度
金属材料贯穿剩余速度	7	121	贯穿剩余速度
混凝土材料侵彻深度	7	259	侵彻深度

三种意外爆炸毁伤效应试验数据集的数据量都较少，其中金属侵彻深度数据集仅有 36 个。图 6-24 显示了经主成分分析（principal component analysis，PCA）处理的金属侵彻、金属剩余速度、混凝土侵彻三种数据集的三维空间数据分布，可直观看到各数据集在

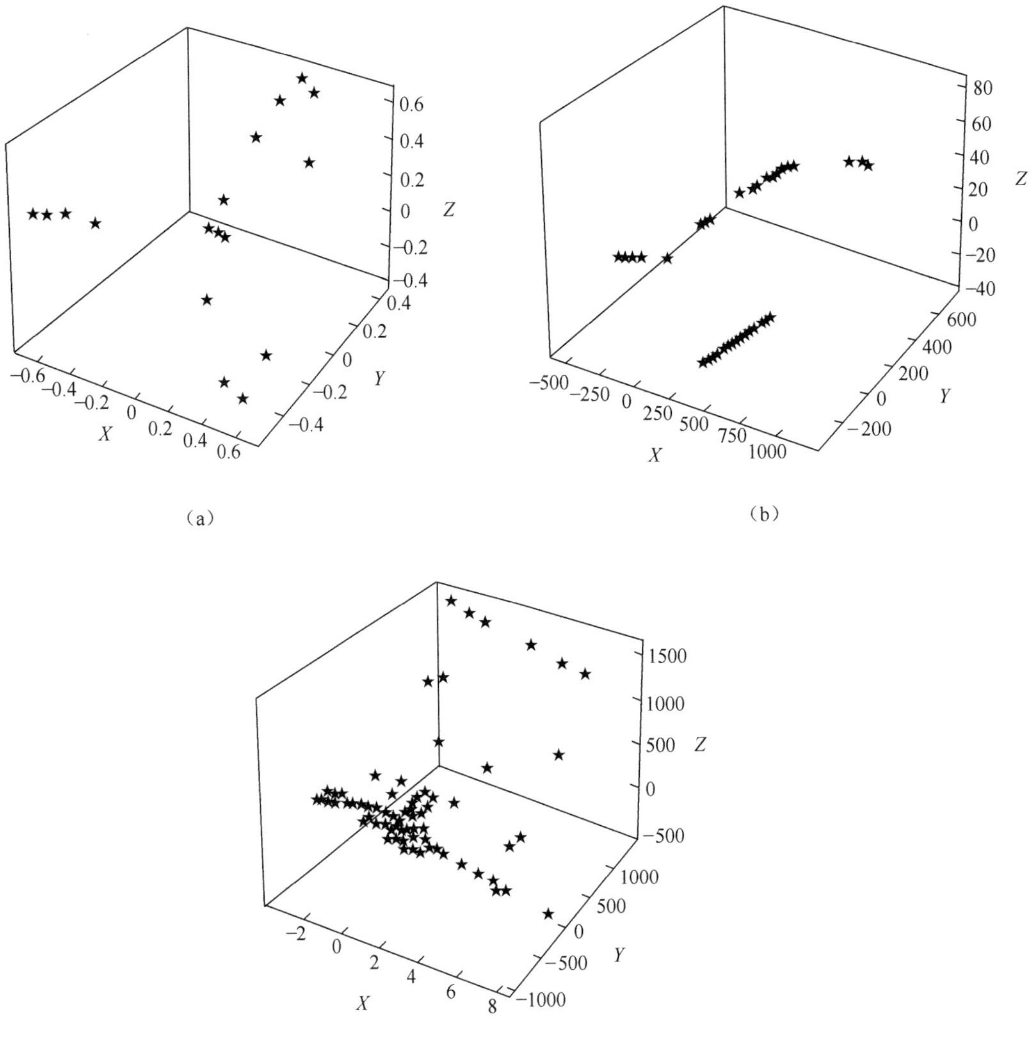

图 6-24　各试验数据集数据分布

（a）金属侵彻数据分布；（b）金属贯穿剩余速度数据分布；（c）混凝土侵彻数据分布。

空间中整体分布较为分散,并且数据在空间各部分分布呈现不均匀且稀疏的状态,这也进一步说明了仅依据试验数据难以获得全参数内的毁伤规律。需要说明的是,考虑到目标值为数值类型数据,实验预测模型在建立过程中,特征的选取都是数值型特征。对于金属材料数据集,考虑到破片贯穿后的剩余速度与目标物的厚度密切相关,因此在金属数据集对于贯穿剩余速度的毁伤效应研究中比侵彻深度的研究多考虑到靶标厚度的影响。

关于金属材料和混凝土材料试验数据集的具体参数字段信息列举如表 6-26~表 6-28 所列。

表 6-26 金属侵彻深度试验数据集字段信息

字段名称	物理含义	单位
V_s	着靶速度	m/s
m	破片质量	kg
d	破片直径	mm
r	破片材料密度	kg/m^3
f_c	靶标强度	MPa
R	靶标材料密度	kg/m^3
P	侵彻深度	mm

表 6-27 金属贯穿剩余速度试验数据集字段信息

字段名称	物理含义	单位
V_s	着靶速度	m/s
m	破片质量	kg
d	破片直径	mm
r	破片材料密度	kg/m^3
T	靶标厚度	m
f_c	靶标强度	MPa
R	靶标材料密度	kg/m^3
V_r	贯穿剩余速度	m/s

表 6-28 混凝土侵彻深度试验数据集字段信息

字段名称	物理含义	单位
V_s	着靶速度	m/s
m	破片质量	kg
d	破片直径	mm
N	破片形状因子	—
r	破片材料密度	kg/m^3
f_c	靶标抗压强度	MPa
R	靶标材料密度	kg/m^3
P	侵彻深度	mm

2）仿真数据的获取与整理

仿真数据由专家给出毁伤动力学微分方程，依据实验数据，对仿真数据所需的相关参数字段及对应的参数取值范围进行确定，从而保证仿真模型的可用性，再使用 LS-DYNA 软件，在相应的参数范围内固定间隔取值并进行仿真计算生成仿真数据。依据均匀间隔取值的仿真数据在各参数变化范围内数据充足且分布较为均匀，可为实验数据提供信息的补充。

基于对破片速度、靶标强度、破片质量的取值范围的合理选取，生成的仿真数据可以模拟破片在不同速度下作用于同种强度的目标物，以及相同速度下作用于不同强度的目标物的复杂作用机理，其他参数字段的取值依据相应生成仿真数据的微分方程来指定。如对于金属侵彻数据，速度在 0~3500m/s 范围内取值，质量在 0~10kg 范围内取值，靶标强度在0~1000MPa 范围内取值，破片材料密度从钢（7830kg/m^3）、硬铝合金（2700kg/m^3）、钨合金（17500kg/m^3）三种材料密度中取值，获得了 2625 条仿真数据。金属材料仿真数据和混凝土材料仿真数据参数选取和范围取值如表 6-29~表 6-31 所列。

表 6-29　金属侵彻深度仿真数据字段及取值信息

字段名称	物理含义	单位	取值范围
V_s	着靶速度	m/s	0~3500
m	破片质量	kg	0~10
d	破片直径	mm	10
r	破片材料密度	kg/m^3	2700，7830，17500（三选一）
f_c	靶标强度	MPa	0~1000
R	靶标材料密度	kg/m^3	7830

表 6-30　金属贯穿剩余速度仿真数据字段及取值信息

字段名称	物理含义	单位	取值范围
V_s	着靶速度	m/s	0~4000
m	破片质量	kg	0~10
d	破片直径	mm	10
r	破片材料密度	kg/m^3	[7800，17500]
T	靶标厚度	m	0.5
f_c	靶标强度	MPa	0~900
R	靶标材料密度	kg/m^3	7830

表 6-31　混凝土侵彻深度仿真数据字段及取值信息

字段名称	物理含义	单位	取值范围
V_s	着靶速度	m/s	0~3000
m	破片质量	kg	0~500
d	破片直径	mm	76.2

续表

字段名称	物理含义	单位	取值范围
N	破片形状因子	—	1.2
r	破片材料密度	kg/m³	2700,7830,17500(三选一)
f_c	靶标抗压强度	MPa	0~200
R	靶标材料密度	kg/m³	2550

6.5.4.2 实验数据归一化

考虑到无论是实验数据还是仿真数据,同一特征对应的数据范围和不同的特征的数据范围都存在很大的差异,如果不做处理,不仅影响模型构建的收敛速度还会使构建的模型存在很大的误差。

为消除不同量纲的影响,归一化的方法可以将数据按一定的比例缩放至[0,1],使不同特征对应的毁伤数据都处于相同范围内,适用于本书毁伤效应回归预测模型的构建,因此采用 Z-Score 方法对毁伤数据进行归一化处理。需要说明的是,为避免过拟合现象的出现,在对数据进行归一化处理时,毁伤数据集的测试数据需要基于训练集的标准来进行归一化。

$$x' = \frac{x - \mu}{\sigma} \tag{6-41}$$

式中:x 为原始数据;μ 为数据的均值;σ 为数据的标准差;x' 为归一化之后的数据。

6.5.4.3 实验评价指标

为验证本节的预测模型的有效性,选取决定系数(R^2)、均方误差(MSE)、平均绝对百分比误差(MAPE)为评价标准对预测结果进行评估,各评价指标具体描述如下。

1) R^2

R^2 反映的是通过建立的回归关系使得因变量变化能被自变量解释的比例,通常用来评价预测值与实际值之间的拟合程度。R^2 计算公式如下:

$$R^2 = 1 - \frac{\text{SSR}}{\text{SSM}} \tag{6-42}$$

$$\text{SSR} = \sum_{i=1}^{n} (y_i - \hat{y}_i)^2, \quad \text{SSM} = \sum_{i=1}^{n} (y_i - \bar{y})^2 \tag{6-43}$$

式中:SSR 为回归关系的误差平方和;SSM 为均线误差平方和;R^2的取值范围是 0~1,越接近于 1,表明所建立的回归关系拟合效果越好;反之则越差。

2) MSE

MSE 反映的是模型预测的误差,表示为真实值与预测值之间差值平方的大小。MSE 计算公式如下:

$$\text{MSE} = \frac{1}{m} \sum_{i=1}^{m} (y_i - \hat{y}_i)^2 \tag{6-44}$$

式中:m 为样本的总条数;$\hat{y}_i$ 为对于第 i 个样本的预测值;y_i 为第 i 个样本的真实值。

MSE 越大,表示预测值与真实值之间的误差越大,模型误差较大,反之表明模型预测精度较高。

3）MAPE

MAPE 反映的也是模型预测的误差，其关注相对误差的衡量，优势在于不会因为目标变量的缩放而改变，适用于数据量纲差异较大的情况。MAPE 的计算公式如下：

$$\mathrm{MAPE}=\frac{100\%}{m}\sum_{i=1}^{m}\left|\frac{\hat{y}_i-y_i}{y_i}\right| \tag{6-45}$$

式中：m 为样本总数；$\hat{y}_i$ 为样本的预测值；y_i 为样本的真实值。

MAPE 相对越小，表明预测模型误差也相对较小，预测精度相对越高。

6.6 钢化玻璃动态响应多源数据融合的意外爆炸溯源模型

6.6.1 研究背景

意外爆炸过程中目标（也可称为效应物）在毁伤元作用下的响应参数具有相关性，会影响同源数据的信息溯源。例如，空气冲击波作用在板、梁、柱等工程构件上的响应可分别通过压力、加速度、速度、位移、应变等参数进行描述，这些数据具有相关性。而这种相关性会导致利用这些同源的相关数据进行溯源往往无法得到一致的结论。由于不同来源的数据从不同角度、不同维度描述了炸药爆炸的特征，同时这些数据描述的信息可能存在相互冲突，存在“兼听则明、偏信则暗”的特点，因此需要进行数据融合，以便在多个层次建立一致的毁伤效应描述[17]。为此开展了多源数据融合的思想的爆炸毁伤溯源研究。

传统的爆炸毁伤评估研究方法包括理论研究、试验研究和数值模拟研究。理论研究只能应用于简单工况下的计算分析，而爆炸过程是多物理场耦合的复杂过程，因此理论研究具有一定的不足。爆炸试验的组织需要耗费大量的人力、物力且周期长，并且爆炸试验的可重复性差、危险性高，因此无法大量开展，也很难组织大规模原型爆炸试验。数值模拟研究是随着计算机科学的发展而产生的一种方法，其中力学本构模型和物理参数的确定需要耗费大量的计算时间和成本，而且计算成本（时长）也是不可忽略的不利因素。随着爆炸毁伤评估研究领域的发展，已经积累了一定数量的爆炸毁伤数据，包括实验数据和仿真数据，该数据集为机器学习方法的应用提供了基础。机器学习方法可以通过机器学习模型挖掘实验、仿真数据中的潜在规律，对意外爆炸事故进行预测，为毁伤评估提供指导和帮助，从而为爆炸毁伤评估提供了一种新的科学研究范式[18]。

建筑玻璃在现代建筑结构中应用广泛，主要是其具有通透性好、装饰多样化等优势。尤其是玻璃幕墙这种结构形式的出现，使建筑玻璃材料广泛地应用于工程建设中[19]。由于建筑玻璃结构形式固定，其破坏模式在不同场景下具有一定的普遍性，因此针对建筑玻璃板的爆炸溯源研究具有较强的推广性和应用价值[20]。

当意外爆炸事故发生时，爆炸冲击波传播过程中会受到各种障碍物的干扰阻挡，导致冲击波的传播规律变得更为复杂，利用冲击波传播规律及构件在冲击波作用下的响应进行爆炸溯源会受到更多因素的干扰。建筑玻璃常安置在建筑物表面，在意外爆炸中，建筑外表面的建筑玻璃材料会最先接触爆炸产生的冲击波[21]，因此应用建筑玻璃的动态响应进行爆炸溯源会显著减少不确定因素的影响。

建筑玻璃板通常通过高度标准化的制造工艺生产，确保玻璃板在厚度、硬度、化学成分和表面处理等方面的一致性,从而使实验条件更加统一,减少外部变量对实验结果的影响,确保爆炸试验结果的可重复性和可靠性。在相同条件下进行多次实验,并进一步开展数值模拟计算分析,可获得大量不同工况、不同类别的意外爆炸毁伤数据。通过统计分析多源数据,可以识别影响玻璃破坏模式的关键因素,从而提高爆炸溯源结论的准确性。

6.6.2 机器学习模型构建

意外爆炸事故的正向过程首先是易燃易爆品爆炸产生空气冲击波,然后是冲击波作用在建筑物表面形成反射超压,建筑物在冲击波载荷作用下产生动态响应。爆炸溯源工作属于爆炸事故过程的逆向反推,通过爆炸过程的毁伤数据特征逆向溯源意外爆炸炸药质量及爆炸距离。为了在工程中更好地应用,应选取爆炸事故中容易监测的毁伤数据,包括爆炸冲击波在空气中传播阶段的超压时程数据、建筑玻璃表面的载荷数据,以及冲击波作用在建筑玻璃表面的动态响应数据,如加速度、应变和位移等。因此,爆炸溯源的物理过程可以分为以下两个阶段。

(1)在爆炸冲击波传播过程阶段,通过自由场空气冲击波超压时程数据溯源炸药质量可以归纳为

$$W = F[\rho, D, P_{\mathrm{C-J}}, Q, (P,t)] \tag{6-46}$$

式中:W 为炸药质量;ρ 为炸药密度;D 为炸药爆速;$P_{\mathrm{C-J}}$ 为炸药 C-J 压力;Q 为炸药爆热;(P,t) 为爆炸冲击波压力-时间数组。

(2) 根据钢化玻璃板试件在爆炸冲击波作用下动态响应数据溯源炸药质量 W 及爆距 R,可以归纳为

$$(W,R) = F[\rho_1, D, P_{\mathrm{C-J}}, Q, L, W, T, \rho_2, G, E, \nu, x, y, P, a, \varepsilon] \tag{6-47}$$

式中:W 为炸药质量;R 为爆距;ρ_1 为炸药密度;D 为炸药爆速;$P_{\mathrm{C-J}}$ 为炸药 C-J 压力;Q 为炸药爆热;L, W, T, 分别为板构件的长、宽、厚度;ρ_2, G, E, ν 分别为板构件材料的参数密度、剪切模量、弹性模量、泊松比;x, y 分别为板构件上监测点的位置;P, a, ε 分别为监测点处的冲击波超压峰值、加速度峰值、第一主应变峰值。

意外爆炸毁伤实验数据具有典型的多源异构特征。首先,采用多个同类型传感器测量同一种效应参数,比如在不同位置测量空气冲击波超压,在钢化玻璃板不同位置上测量应变等;其次,采用多个传感器测量同一效应物的不同效应参数,比如在钢化玻璃的同一测点位置同时测量表面载荷、位移、加速度和变形等。这些数据具有相关性,从不同角度、不同尺度反映同一次爆炸的毁伤威力,但同时又具有明显的割裂性和不一致性,即利用不同数据进行爆炸溯源往往会得到不同的溯源结果。因此需要采用数据融合的方法,把多传感器在空间或时间上冗余或互补信息依据某种准则来进行组合,以获得被测对象的一致性解释,其融合架构如图 6-25 所示。

首先,分别利用爆炸冲击波传播过程数据及板构件冲击波动态响应数据两个混合数据源训练对应的分支溯源模型,即冲击波传播溯源模型及板构件响应溯源模型。其次将两个分支溯源模型输出的炸药质量 W 通过注意力机制模块进行决策级融合得到最终的决策值。爆距 R 通过板构件响应分支溯源模型单独输出。试验的模型包括冲击波传播溯源模型 Process-model 和板构件响应溯源模型 Response-model,以及加入注意力机制的决策溯源模型 Decision-model。

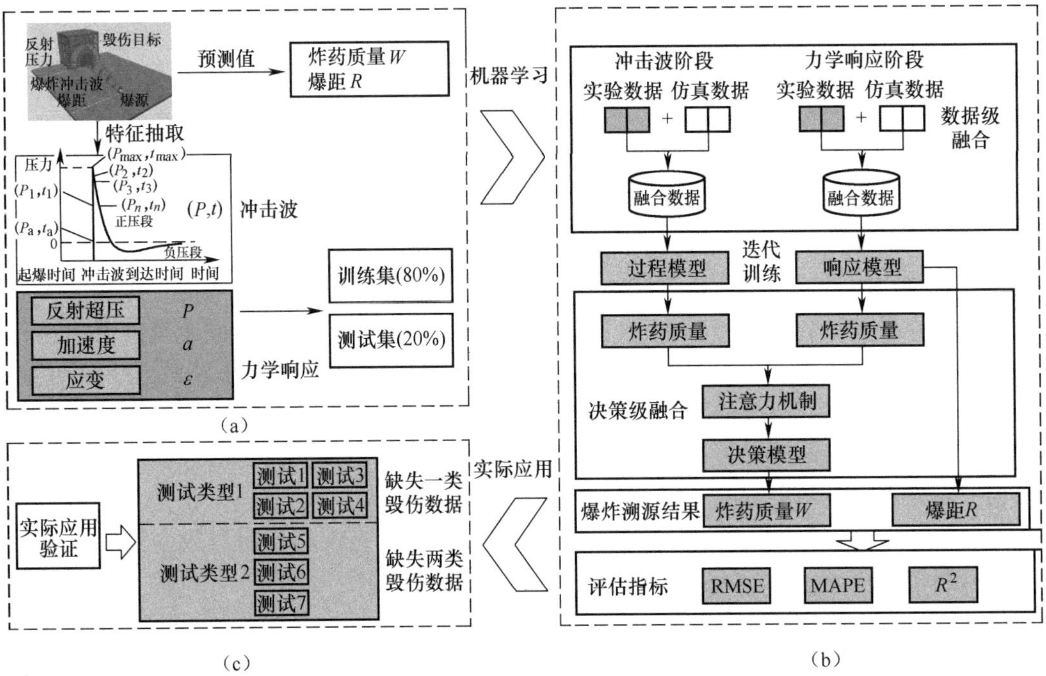

图 6-25　基于多源数据融合意外爆炸溯源机器学习模型整体框架(见彩图)

(a)数据准备;(b)机器学习模型;(c)模型应用验证。

决策级融合是指经过数据级融合后得到的几个毁伤效应分支溯源模型输出的预测结果通过决策级融合模块进行融合得到最终决策结果的过程。其中,决策级模块是对每个分支模型进行加权得到最终的溯源结果:

$$\hat{y} = \alpha y_1 + \beta y_2 \tag{6-48}$$

式中:α,β 分别为加权系数而不是固定不变的超参数,是可以通过机器学习训练过程迭代更新的权重参数。

6.6.3　模型实现

6.6.3.1 数据获取

1) 试验数据

为真实反映钢化玻璃在爆炸冲击荷载下的动态响应,设计并开展了块状 TNT 模拟易燃易爆品爆炸钢化玻璃板毁伤效应试验。试样方案设计如下。

开展触地爆试验,为消除地面反射的影响,统一在钢板上起爆。炸药质量分别为 200g、400g、1000g 和 2000g,安置在钢化玻璃试件前 5.5m 处,为减少爆炸试验的偶然性,每个药重进行两次重复试验,共进行 8 次试验。试验测量的主要参数包括自由场空气冲击波、试件表面的反射压、试件不同位置加速度、不同位置应变,以及试件残余变形。一次试验设计 2 个试件:高度 0.5m、宽度 0.5m 的四边固支的钢化玻璃板,以及高度 1.0m、宽度 0.5m 的四边固支的钢化玻璃板。模拟意外爆炸试验示意及现场照片分别见图 6-26 和图 6-27。

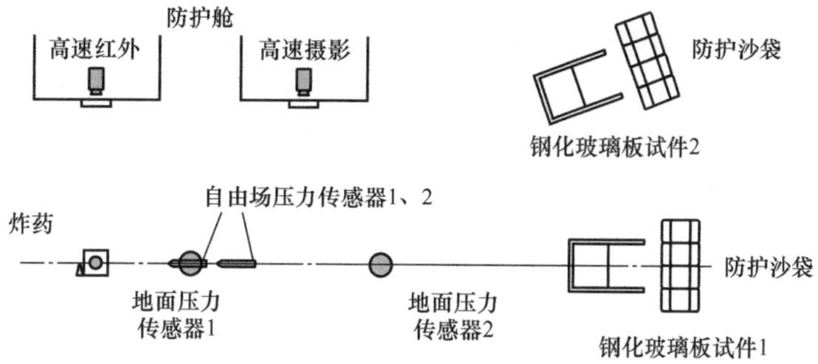

图 6-26 模拟意外爆炸试验俯视

图 6-27 模拟意外爆炸试验现场

根据试验方案,试验现场共布置 5 个 PCB 自由场压力传感器,距爆心距离分别为 2.1m、2.9m、3.6m、4.5m、5m。共在地面布置 2 个 PCB 压力传感器,距爆心距离分别为 2m、4.57m,分别测量记录了不同爆距、不同方位、不同角度的冲击波超压时程数据。钢化玻璃试件安装在固定支架上,如图 6-28 所示,在支架上布置了 3 个 PCB 压力传感器用于记录壁面反射超压。钢化玻璃试件上布置的传感器包括加速度传感器、应变计,分别用于测量试件表面承受的冲击波载荷、不同位置的加速度和应变时程曲线。

(a)　　(b)

图 6-28 模拟意外爆炸试件

(a)1m 高玻璃板;(b)0.5m 高玻璃板

2）数值模拟

选用有限元软件 LS-DYNA 建立钢化玻璃构件的三维模型，为简化模拟，采用二分之一对称模型。钢化玻璃板完全采用夹具约束，并使用具有简化积分和沙漏控制的实体单元进行建模，以限制单元锁定并允许严重的单元变形，同时降低计算成本。使用(ALE)单元计算爆炸物/空气界面和构件处的流固耦合。由于计算域有限，对外部空气边界应用了无反射边界条件，对内部 ALE 和固体板边界应用了对称平面。计算模型如图 6-29 所示。

空气采用材料模型 * MAT_NULL 及线性多项式 * EOS_LINEAR_POLYNOMIAL 状态方程加以描述。设置初始大气压力 101kPa。采用模型 * MAT_HIGH_EXPLOSIVE_BURN 来表示炸药的材料模型，状态方程为 * EOS_JWL。炸药通过 * INITIAL_VOLUME_FRACTION_GEOMETRY 命令初始体积分数法插入空气域，该方法不需要单独建立炸药模型，通过 ALE 单元(空气域)中插入对应体积的炸药模块，便于更改炸药模块的当量及位置。钢化玻璃采用线弹性材料模型 * MAT_ELASTIC，具体参数为：密度 $\rho=2.56\text{g/cm}^3$，弹性模量 $E=82\text{GPa}$，泊松比 $\nu=0.2$。钢化玻璃通过周围设有 1cm 宽的刚性夹具固定。玻璃模型为 100cm×25cm×1cm。厚度方向的网格尺寸为 2mm，长宽方向的网格尺寸为 4m。

为获得不同爆距及不同当量的钢化玻璃动态响应数据，在距试件正前方地面 2m、3m、4m、5m、5.5m 五个位置分别设置了 200g、400g、600g、800g、1000g、1200g、1400g、1600g、1800g、2000g 的 TNT 炸药，共进行了 50 种工况的钢化玻璃构件的动态响应模拟。

通过在空气域中设置监测点来记录冲击波的压力时程曲线，模型中共设有 80 个监测点。在钢化玻璃板构件设有 45 个点位记录板构件的壁压、加速度及应变等数据，如图 6-30 所示。

图 6-29　冲击波与玻璃板相互作用流固耦合模型(见彩图)

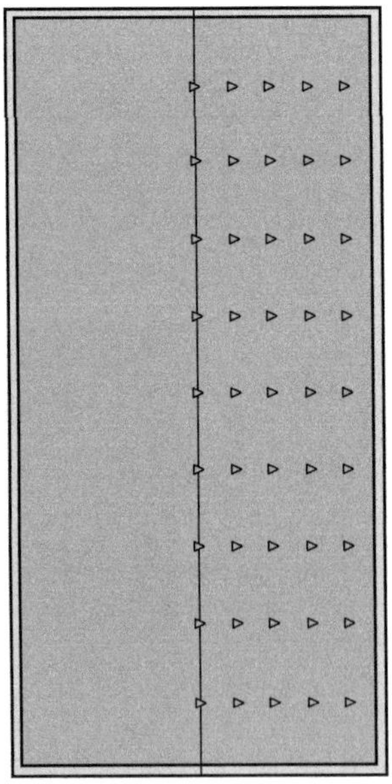

图 6-30　玻璃模型监测点位置

通过数值模拟可以得到爆炸冲击波的传播过程及钢化玻璃的动态响应。以前文的试验数据为依照，验证了有限元模型计算的准确性。冲击波传播过程及钢化玻璃试件的动态响应如图 6-31～图 6-33 所示。

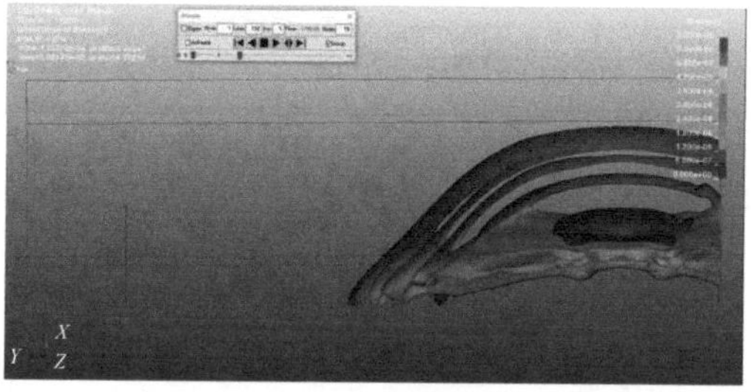

图 6-31　冲击波波阵面（见彩图）

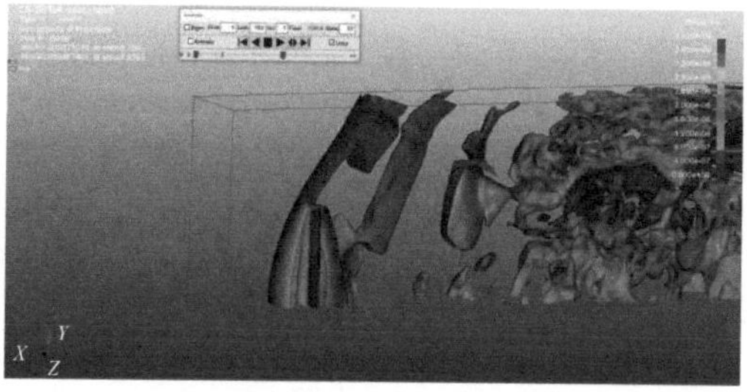

图 6-32　冲击波与板的相互作用（见彩图）

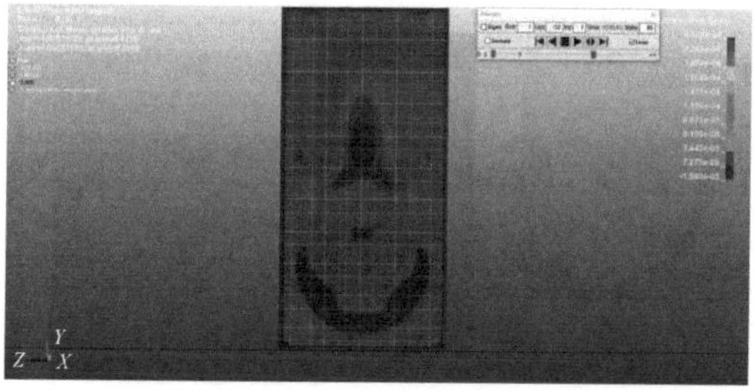

图 6-33　玻璃板第一主应变云图（见彩图）

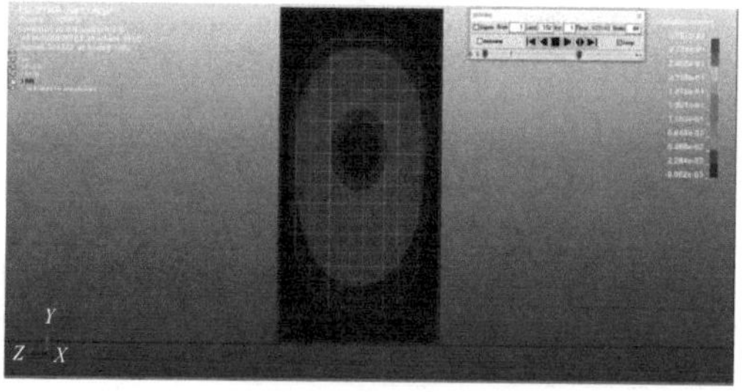

图 6-34　玻璃板变形云图（见彩图）

爆距为 5.5m 的 400g TNT 的数值仿真与试验数据对比如图 6-35～图 6-38 所示，试验测量结果与数值仿真结果的相对误差在允许范围内，因此可认为通过数值仿真手段进行毁伤数据扩充是可靠的。通过有限元数值仿真，获得大量的冲击波过程数据及钢化玻璃试件的动态响应数据，扩充了毁伤数据集，为后续开展机器学习模型提供了数据基础。

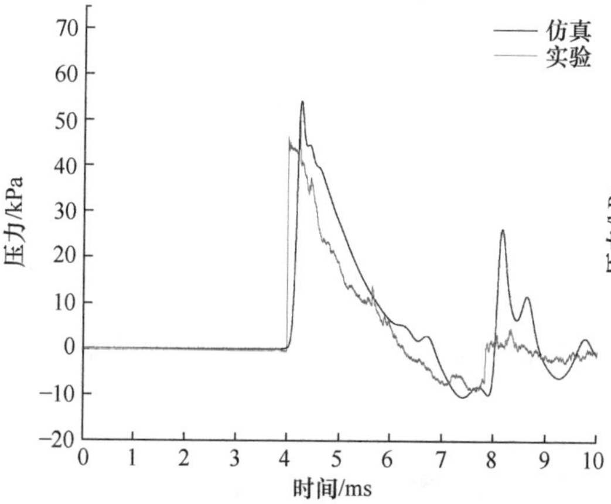

图 6-35　距爆心 2.1m 处自由场压力对比

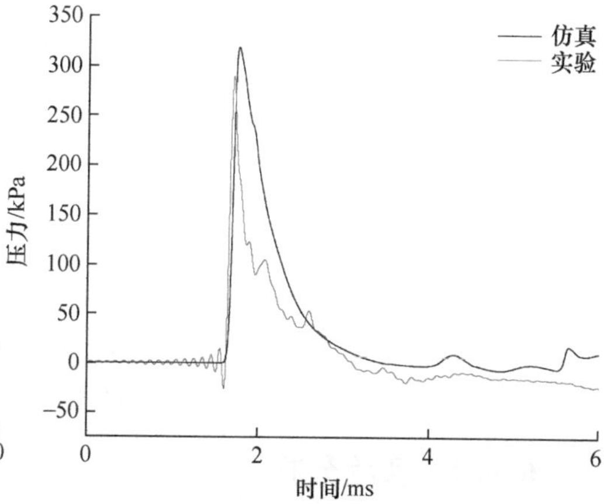

图 6-36　距爆心 2m 处地面压力对比

通过意外爆炸钢化玻璃毁伤试验和数值模拟数据形成了意外爆炸毁伤数据集，所有数据分为空气冲击波过程数据集、钢化玻璃动态响应数据集及意外爆炸溯源决策数据集。

其中,意外爆炸溯源决策数据集是由另外两个数据集组合形成的。数据集种类、数量如表6-32所列。

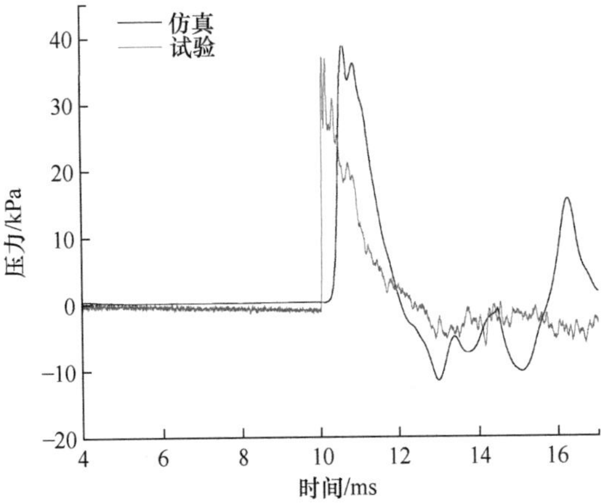

图6-37　试件上方壁面压力对比

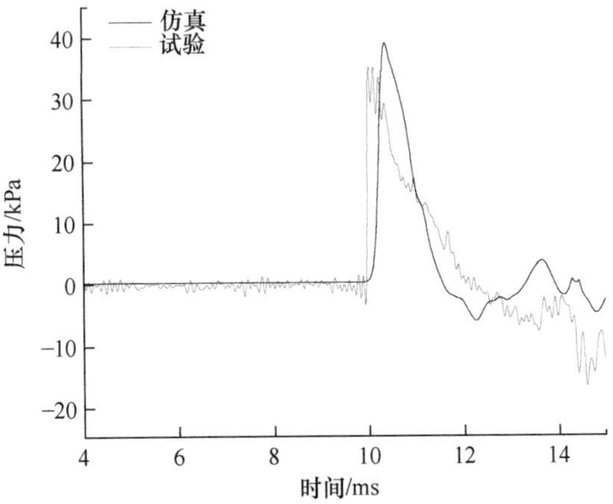

图6-38　试件左侧壁压对比

表6-32　意外爆炸溯源模型数据集

数据集	空气冲击波过程数据集	钢化玻璃动态响应数据集	意外爆炸溯源决策数据集
数据类型	(P,t)	P_{max}、a、ε	(P,t)、P_{max}、a、ε
数据数量/条	3761	3997	300862

注:(P,t)为冲击波压力时程曲线;P_{max}为压力峰值;a为加速度;ε为应变。

6.6.3.2　模型训练优化

BP神经网络模型训练优化通常使用误差反向传播算法,两分支溯源模型使用五层BP神经网络,其中包括三层隐藏层。根据对意外爆炸溯源的影响因素分析,模型输入为爆炸溯源工作控制参数,最终决策模型是在两分支模型的基础上加入注意力层,具体为融合两个分支的linear层,得到最终溯源结果。

将试验数据和仿真数据形成的融合数据集随机分成80%训练集和20%的测试集。将数据集送入神经网络模型进行学习之前,首先要进行数据归一化处理,数据归一化选择最大最小值归一化策略,则有

$$y = \frac{y - \min(y)}{\max(y) - \min(y)} \tag{6-49}$$

式中:y为样本点某项特征值;$\min(y)$为对应特征的最小值;$\max(y)$为对应特征的最大值;y'为归一化缩放到$[0,1]$后的样本点特征值。

6.6.4　实验分析

6.6.4.1　评价指标

为对模型进行全面比较,采用了三种回归问题的经典评估指标,包括均方根误差(RMSE)、平均绝对百分比误差(MAPE)、拟合优度系数(R^2)。RMSE是预测误差的标准偏差,表示预测值与真实标签值之间的平均偏差大小,RMSE值越小代表模型预测结果

越好。MAPE 衡量的是预测值与真实标签值之间的相对误差,相较于 RMSE 更能反映出预测的性能。RMSE 和 MAPE 从局部角度量化误差,而 R^2 从整体的数据分布角度描述误差,它表示标签值与预测值之间的相关程度。R^2 表示为

$$R^2 = 1 - \frac{\sum_{i=1}^{n} (y_i^{\mathrm{T}} - y_i^{\mathrm{P}})^2}{\sum_{i=1}^{n} (y_i^{\mathrm{T}} - \bar{y}_i)^2} \tag{6-50}$$

式中:$\bar{y}_i$ 为样本实际值的平均数;y_i^{T} 为真实值;y_i^{P} 为预测值;R^2范围为[0,1],取值越大代表拟合效果越好。

6.6.4.2 分支模型性能对比

参与试验测试的分支模型包括冲击波传播分支溯源模型和板构件响应分支溯源模型,利用冲击波传播分支溯源模型可预测 W,利用概率响应分支溯源模型可分别预测 W 和 R。各个分支模型溯源值与实际值偏差对比结果如表 6-33所列。

表 6-33 分支模型溯源性能对比

分支模型性能指标	冲击波传播分支溯源模型(W)	板构件响应分支溯源模型(W)	板构件响应分支溯源模型(R)
RMSE	0.088875	0.12669	0.114359
MAPE	0.25498	0.32816	0.24157
R^2	0.997	0.962	0.964

意外爆炸的毁伤过程首先是爆炸物爆炸产生冲击波等载荷,冲击波等载荷传播作用到目标毁伤物上,构件产生动态响应。意外爆炸过程中会受到环境、结构等多种因素的影响,各因素会对相关毁伤数据产生干扰。影响意外爆炸毁伤的因素随着过程的发展而逐渐增多,因此意外爆炸过程开始阶段的毁伤数据,受到的干扰更少进而更可控。

爆炸冲击波压力产生于意外爆炸过程前期,压力传感器可以准确获取冲击波的压力时程数据。因此,通过冲击波压力的特征可以更加准确地进行意外爆炸炸药质量(W)的溯源。而响应分支模型(Response-model)训练所使用的钢化玻璃板响应数据产生于意外爆炸过程后期,钢化玻璃板在爆炸冲击波的作用下发生动态响应,受到周边约束试件差异等更多干扰因素的影响。通过对比可得,单独利用意外爆炸毁伤过程中不同阶段的毁伤数据进行炸药质量(W)的溯源,爆炸过程前期的冲击波压力数据比过程后期的动态响应数据溯源效果更好。

6.6.4.3 测点位置对模型性能的影响

为了对比分析钢化玻璃板构件不同区域位置的毁伤数据对机器学习模型的训练效果的影响,把板按照边长三等份划分为三个区域,如图 6-39 所示。把响应数据集按照监测点的位置分为三个区域的对应分数据集进行测试,使用训练完成的响应分支模型进行测试。

分别使用三分区数据进行分支模型性能测试的误差结果,图 6-40 和图 6-41 所示为对应的 MAPE 示意图。

对溯源模型预测结果与测试数据集进行对比,可以明显看出,使用响应分支模型应用板全范围数据集预测炸药质量(W)时,如果使用分区数据溯源炸药质量(W)时,一区的

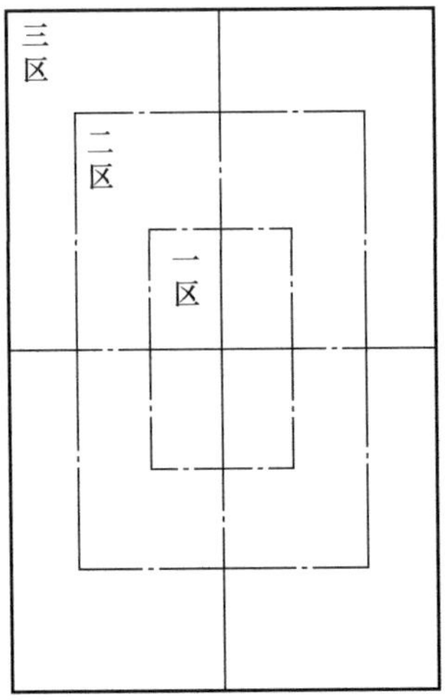

图 6-39　钢化玻璃板分区示意

MAPE 误差小于响应分支模型整体的测试误差,二区的 MAPE 误差与整体误差接近,而三区的 MAPE 远大于整体误差。进行爆距 R 溯源测试时,一、二分区数据测试表现与整体响应分支模型误差接近,三区测试百分比误差大于响应分支模型的误差。

利用响应分支模型进行炸药质量(W)和爆距(R)溯源测试时,三区数据的测试误差要大于一区、二区数据的测试误差,一区、二区的测试误差与模型整体误差接近。划分的三区靠近钢化玻璃边缘,钢化玻璃通过四周约束固定在结构上。因此,玻璃板在爆炸载荷作用下发生动态响应过程时,四周约束会对玻璃板产生反作用力,该区域的动态响应规律更为复杂。而且在建筑工程中,不同的玻璃幕墙设有多种约束方式,玻璃板在意外爆炸事故中的动态响应数据受到的外部干扰因素更多,其规律更为复杂。

通过测试可知,为更好利用板构件的动态响应数据进行意外爆炸溯源工作,应重点监测收集板构件中部位置的数据,并以此为爆炸溯源的依据,这样可以尽可能地规避四周约束对爆炸载荷产生的动态响应规律的干扰,从而提高爆炸溯源工作的准确性。

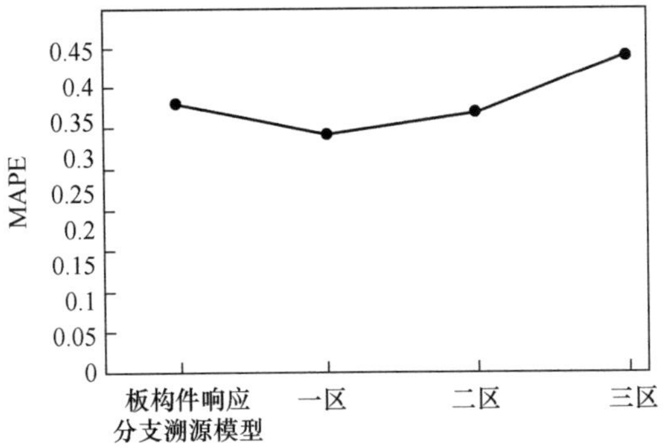

图 6-40　基于不同分区数据炸药质量(W)溯源值的 MAPE

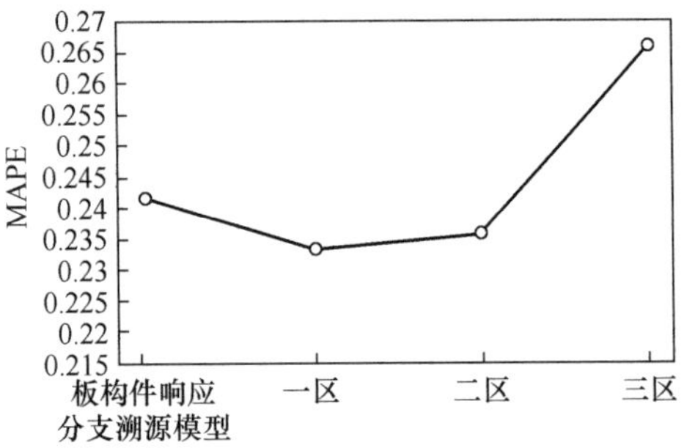

图 6-41　基于不同分区数据爆距(R)溯源值的 MAPE

6.6.4.4　数据融合对模型性能的影响

爆炸产生包括冲击波、地冲击等不同的毁伤元,不同毁伤元会对建筑结构产生不同的毁伤效应。在理想状态下,我们可以利用单一毁伤效应通过理论方法推导出爆源的信息,但现实中意外爆炸发生后,有大量干扰因素导致无法通过单一毁伤效应进行准确溯源。单一传感器只能获取单一的效应信息,但是不同的毁伤效应具有相关性,为利用多源数据准确进行爆炸溯源,采用了数据融合的方法:在两分支模型的基础上通过注意力机制训练得到最终决策级融合模型 Decision-model。图 6-42 所示为两个分支模型和决策模型预测值与测试数据集 MAPE 的对比。

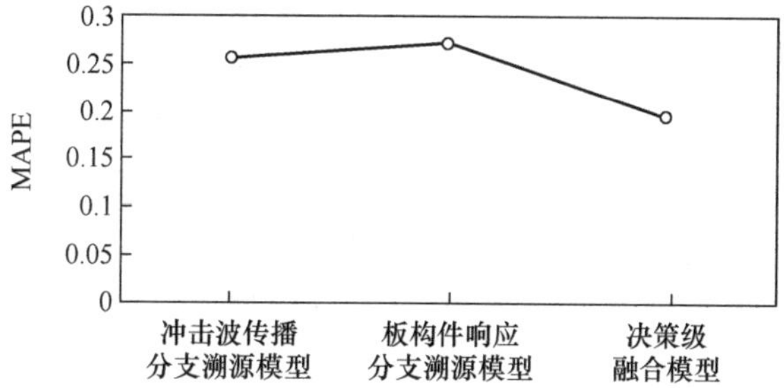

图 6-42　分支模型与决策模型溯源误差对比

对比决策模型(Decision-model)与两个分支模型,即过程分支模型(Process-model)和响应分支模型(Response-model),在进行炸药质量(W)溯源时的平均绝对百分比误差(MAPE),决策模型的 MAPE 为 0.194,相较于过程分支模型的 0.254 降低了 23.6%;相较于响应分支模型的 0.271 降低了 28.4%。利用决策模型进行意外爆炸溯源时工作误差大幅度降低,证明了多源数据融合方法的有效性,以及所建立的基于多源数据融合的意外爆炸溯源模型的合理性。

以上研究表明,建立的多源数据融合的方法不仅融合了实验数据和数值模拟数据两种来源的毁伤数据,还融合了冲击波传播阶段和板构件动态响应阶段两个阶段的毁伤数据,可以更准确地获取不同毁伤数据的相关性特征来达到更好的爆炸溯源效果。实验证明,基于板边缘位置(三区)的数据溯源值与测试集的偏差大于中部两区域的偏差和整体偏差,这表明板构件靠近边缘位置的数据受到约束等外部条件影响,其规律更为复杂,因此为提高意外爆炸溯源精度,在现实中应着重监测板构件中部位置的动态响应数据。

6.7　先验知识-数据耦合驱动的模型

6.7.1　问题描述

神经网络模型是在回归和分类问题中被广泛应用的一类机器学习模型,它具有强大的非线性关系提取能力,可自动从输入参数中学习到复杂的多维特征,并有效拟合数据样本的分布,因此广泛用于预测任务[22]。但是,由于神经网络模型可解释性和鲁棒性较差,一些微小的干扰就可能欺诈模型,造成完全错误的判断[23]。长久以来,意外爆炸毁伤效应领域已经建立了为数众多的经验公式,它们能反映意外爆炸毁伤效应的主要影响因素及其与意外爆炸毁伤效应之间的映射关系,蕴含着丰富的物理规律及大量的先验知识,这些领域先验知识的加入有利于提高神经网络模型的预测精度,增强模型的可解释性及鲁棒性[24]。

以混凝土侵彻深度为例,研究人员已针对侵彻问题开展了大量的理论与实验研究工作,积累了较为丰富的领域先验知识。这些先验知识形式简单、易于获取,而且现有研究结果表明其能较真实地反映真实物理过程的影响,因此可作为物理模型、约束、依赖关系和有效特征范围的知识形式供给模型。

如前所述,仅依靠神经网络模型拟合混凝土侵彻试验数据,忽略了经验算法中蕴含的分布规律及丰富有效的专家先验知识,会降低模型的精度,甚至会由训练样本的数据量有限、数据坏点、数据分布不均等问题导致错误的预测结果。因此,本书拟在传统 BP 神经网络模型的基础上,融合丰富可靠的领域先验知识约束模型对侵彻试验数据分布的拟合,提升模型性能。首先对原生数据进行异常检测,剔除样本异常点;其次通过经验算法评价给出不同分布区间内最优的经验算法;最后在数据驱动模型基础上,针对经验算法中丰富的领域知识实现数据级、特征级及决策级三个层次的融合,为混凝土侵彻深度预测构建一种可靠高效的智能算法。

6.7.2 方法框架

如图 6-43(a)所示,原生数据(raw data)指的是真实混凝土侵彻深度试验数据,原生数据首先通过异常检测方法剔除其中的离群样本点,生成可信试验数据集;其次利用可信试验数据集进行经验算法评价,确定质量和速度在不同分布空间内的最优经验算法,基于评价后的经验算法生成相应的数据(generated data);再次将经验算法生成的数据集与可信试验数据集进行数据集融合,得到融合数据集(mixed data);最后利用三个不同数据集分别训练得到三个神经网络预测模型,即实验模型(Exp-model)、算法模型(Alg-model)及融合模型(Mix-model),三者称为分支预测模型。

在此基础上,如图 6-43(b)所示,物理-数据耦合驱动的混凝土侵彻深度预测方法针对一条可信试验数据集中的数据,首先通过训练好的三个神经网络模型分别得出相应的预测值:实验值(Exp _ value)、算法值(Alg _ value)、融合值(Mix _ value),其次通过基于自注意力机制的决策级融合模块(SFM)进行融合得到最终的侵彻深度预测值。

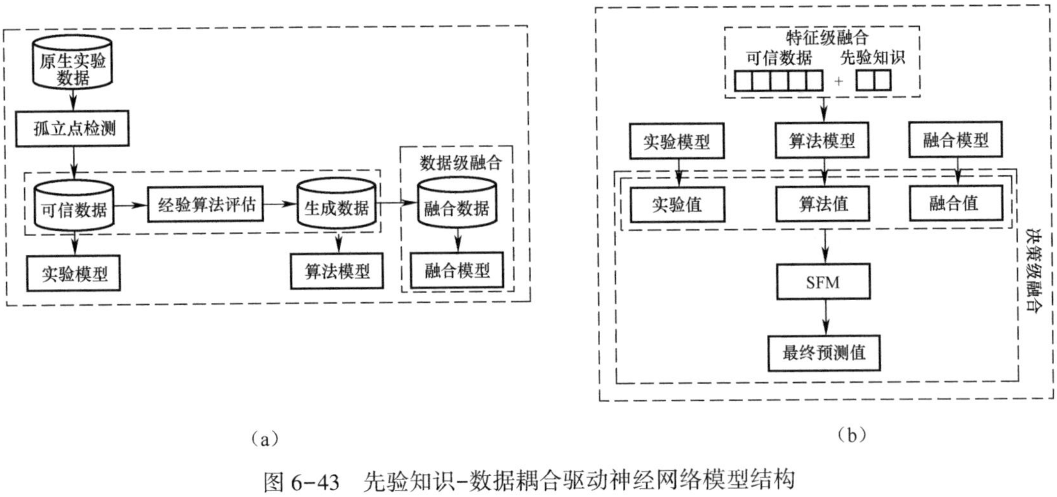

图 6-43 先验知识-数据耦合驱动神经网络模型结构

与传统的神经网络模型相比,先验知识与数据耦合驱动的混凝土侵彻深度预测模型的特点主要体现在:①以混凝土侵彻深度预测任务为出发点,为更广泛的智能化毁伤效应预测提供了一个异常检测-经验算法评价-领域知识融合的新范式;②提出了一种利用神经网络模型评价经验算法的新思路,从而有效缓解经验公式适用范围有限,不同经验公式计算结果互不统一的问题;③在数据驱动模型基础上融合领域先验知识并实现了数据级、特征级及决策级三个层次的融合;④提出基于自注意力机制的决策级融合模/块,有效提升了模型的预测性能。

6.7.3 模型实现

6.7.3.1 先验知识融合

1)数据级融合

先验知识数据级融合如图6-43(a)所示,指的是利用原生数据通过数据异常检测后生成真实数据(trusted data),再和经验算法生成数据共同融合成一个新的数据集,即融合数据集,然后基于融合数据集训练神经网络得到一个混凝土侵彻深度预测模型。

2)特征级融合

基于3.7.3节中关于刚性弹对混凝土靶侵彻深度的理论分析。详见式(3.34)~式(3.37),采用无量纲因子$mv^2/f_c d^3$及$m/(\rho_t d^3)$作为先验知识其中m弹体质量,v为着靶速度,f_c为靶材料抗压强度,ρ_t为靶材料密度,d为弹体直径。据此,可构建先验知识特征级融合模型如图6-44所示,通过加入额外输入分支的方式为模型赋予领域先验知识,相较于图6-44(a)无先验知识的神经网络模型,图6-44(b)融合了先验知识的神经网络模型,增加了$mv^2/(f_c d^3)$和$m/(\rho_t d^3)$两个无量纲参数,以此作为神经网络模型的输入特征[24]。

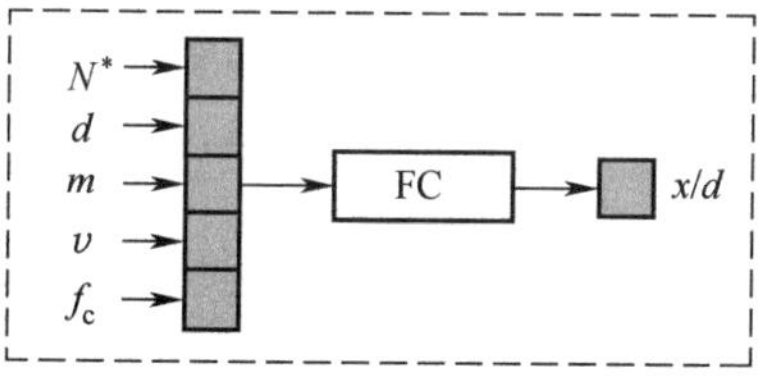

(a)

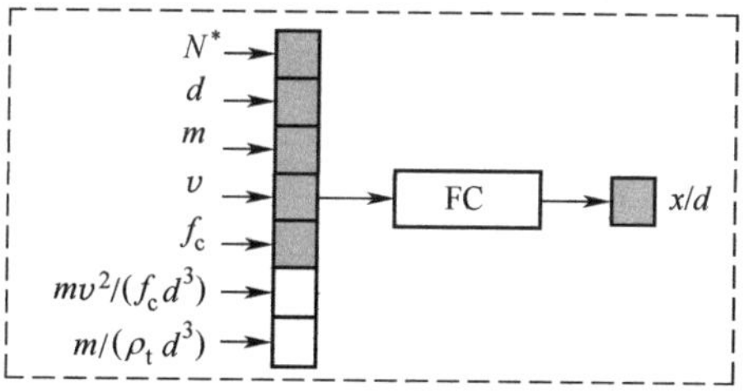

(b)

图6-44 先验知识特征级融合示意图

(a)无先验知识;(b)融合先验知识。

从机器学习角度来看,以这种形式为模型赋予一定的先验知识,并且是合适正确的先验知识,其意义在于:①可以加快模型的收敛速度,神经网络的训练过程就是从样本数据中学习拟合数据分布规律的过程,而加入先验知识相当于使模型提前掌握一定的数据分布规律,可以节省学习时间,加快模型收敛;②可以提高神经网络模型的预测精度,增强模型的可解释性及鲁棒性,使模型更具有清晰的领域背景。

3)决策级融合

决策级融合就是针对三个分支模型的预测决策值进行融合得到最终的决策,对应图6-43(b)中的SFM模块,具体结构如图6-45所示。三个分支预测模型的预测值通过特征嵌入器(feature tokenizer)模块转换为适合自注意力输入的向量 $\boldsymbol{T}$,再进入自注意力层(Self-Attention layers)生成融入注意力机制的向量特征 $\boldsymbol{T}_e$,最后通过全连接层(FC)输出无量纲侵彻深度预测值 $\hat{y}$。

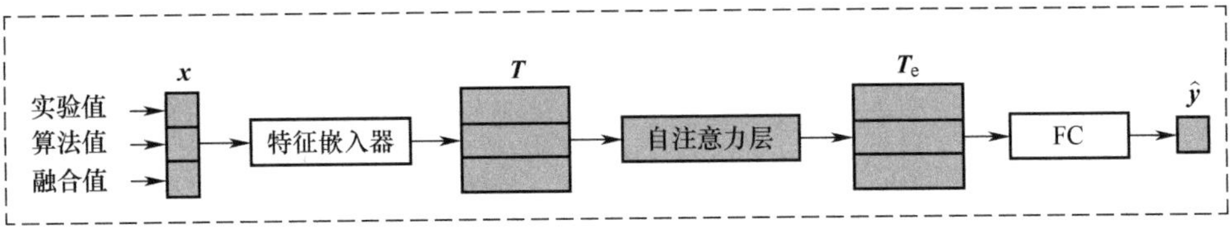

图 6-45 基于自注意力机制的决策级融合模块

特征嵌入器模块和自注意力层具体结构如图 6-46 所示[25]。特征嵌入器模块首先将实验模型、算法模型及融合模型的预测值,即实验值、算法值及融合值,转换为独热(one-hot)编码,然后经过线性映射转换为三个 d 维的向量以(适宜多头自注意力(Multi-Head Self-Attention)的输入)。图 6-46(b)所示的自注意力层则是由一个多头自注意力层、一个层归一化层及一个全连接层组成。

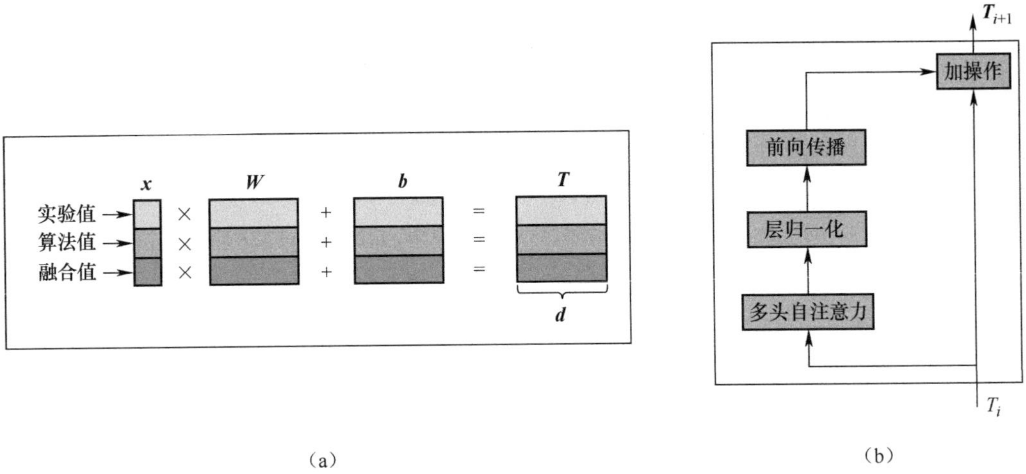

图 6-46 模块和具体结构示意图
(a)特征嵌入器;(b)自注意力层

6.7.3.2 数据集构建

1) 原生数据

样本数据使用公开文献收集的原生数据如表 6-34 所示,每条数据包括主要的控制参数弹头形状因子 N^*($N^*=1$,卵形弹;$N^*=2$,平头弹;$N^*=3$,锥形弹;$N^*=4$,钝头或半球形弹),弹体直径 d、弹体质量 m、靶标材料强度 f_c、着靶速度 v 及对应的无量纲侵彻深度 x/d。

表 6-34 原生数据实例

d/m	m/kg	v/(m/s)	f_c/MPa	N^*	x/d
0.01292	0.064	371	13.5	1	9.83

续表

d/m	m/kg	v/(m/s)	f_c/MPa	N^*	x/d
0.04	0.89	226	40	2	1.475
0.305	191.62	79	39	3	0.098
0.01292	0.064	1142	13.8	4	65.79
⋮	⋮	⋮	⋮	⋮	⋮

原生数据样本共有1664个,速度各区间数据分布和质量各区间数据分布见表6-35~表6-36。数据主要集中在速度区间[0,1200]m/s,在速度区间(1200,1700]m/s内只有65条数据,其中弹体速度高于1600m/s的只有2条数据。质量主要分布于[0,50]kg,共计1544条数据,而(50,500]kg的数据较少。

表6-35 原生数据速度区间分布

速度区间/(m/s)	样本数/个
[0,400]	775
(400,800]	670
[800,1200]	154
(1200,1700]	65

表6-36 原生数据质量区间分布

质量区间/kg	样本数/个
[0,50]	1544
(50,100]	43
(100,500]	77

2) 数据异常检测

采用3.7节中给出的数据异常检测算法对原始数据进行异常检测。原生数据分布如图6-47(a)所示,异常检测剔除异常点后的可信数据分布如图6-47(b)所示,图中直线代表神经网络模型预测值,红色散点代表侵彻深度试验数据标签值。从图中可以看出,经过异常检测之后数据分布更加集中。

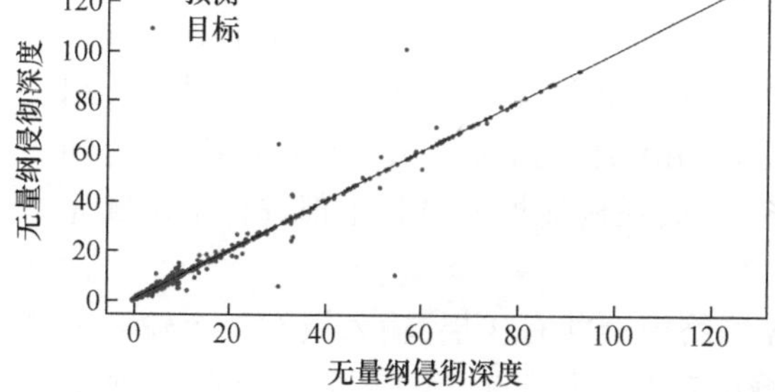

(a)

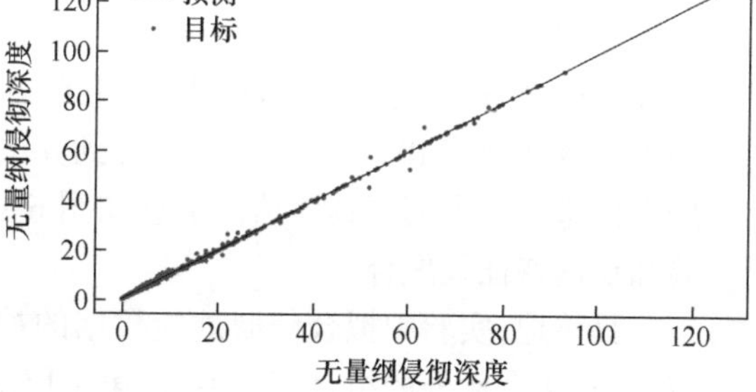

(b)

图6-47 异常检测前后数据分布对比(见彩图)

(a)未剔除异常点时的数据分布;(b)剔除异常点后的数据分布。

3）经验算法生成数据

由于原生数据数量不足，且分布范围有明显的区域性，不利于神经网络的训练。采用经验算法生成数据可有效解决此问题。但由于经验算法使用的试验数据常常只能覆盖一部分参数区间，导致经验算法在部分参数范围内使用场景受限。

基于 3.4 节提出的经验算法评价框架，首先利用经过异常检测得到的可信数据集训练 BP 神经网络预测模型，然后针对某个评价区间内数据，计算模型预测值与经验算法计算值之间的偏差，以及实际试验数据值与经验算法之间的偏差，选择两种偏差值之和最小的为本区间最优经验算法。基于上述方法，各个分布区间内的最优经验算法如表 6-37 所列，区间 1 对应最优经验算法为 UKAEA，区间 2 对应最优经验算法为 TBAA，区间 3 对应最优经验算法为 Beth，区间 4 对应最优经验算法为 NDRC，区间 5 对应最优经验算法为 Chen XW，区间 6 对应最优经验算法为 Kar。

表 6-37　经验算法评价结果

速度区间/(m/s)	质量区间/kg	最优经验算法	速度区间/(m/s)	质量区间/kg	最优经验算法
(0,61]	(0,182]	UKAEA	(0,61]	(182,+∞)	TBAA
(61,1000]	(0,182]	Beth	(61,1000]	(182,+∞)	NDRC
(1000,+∞)	(0,182]	Chen XW	(1000,+∞)	(182,+∞)	Kar

利用各个区间内的最优经验算法生成数据，具体地，着靶速度 v 取值范围[10,2000] m/s；弹体质量 m 取值范围[0.001,500]kg；弹体直径 d 取值范围[5,400]mm；弹头形状因子 N^* 取值为 1、2、3、4；靶标材料强度 f_c 取值范围[1,1000]MPa。生成共计 6559 条数据，数据分布统计如表 6-38 所列。

表 6-38　经验算法生成数据分布统计

速度区间/(m/s)	质量区间/kg	样本数/个	速度区间/(m/s)	质量区间/kg	样本数/个
(0,61]	(0,182]	88	(0,61]	(182,+∞)	149
(61,1000]	(0,182]	1419	(61,1000]	(182,+∞)	2840
(1000,+∞)	(0,182]	523	(1000,+∞)	(182,+∞)	1540

6.7.3.3　模型设置

1）分支预测模型

分支预测模型也就是图 6-44 中的实验模型、算法模型及融合模型。原生数据集经过异常检测得到可信试验数据集，利用真实数据训练 BP 神经网络模型得到实验模型，利用生成数据训练 BP 神经网络模型得到算法模型，用融合数据训练 BP 神经网络模型得到融合模型。三个模型具体结构示意如图 6-46 所示，在构建模型过程中都进行了领域先验知识的特征级融合。

具体地，实验中拟合侵彻试验数据的神经网络模型共有 4 层，输入层有 7 个输入节点，包括 2 个额外的组合变量参数，第 1 层隐藏层有 128 个节点，第 2 层隐藏层有 28 个节点，输出层 1 个节点。神经网络模型选择使用 Relu 激活函数；输出层无激活函数，直接将线性结果作为预测值输出。训练过程中初始学习率 l_r 设置为 0.001，动量优化系数设置为0.9,正则化项系数 α 设置为 10^{-4}。针对学习率衰减,具体地,如果设置模型损失 L 在经过250次迭代后仍不降低,则学习率变为原来的1/10。

模型具体实施过程中选用回归问题经典损失函数,即均方误差损失函数 L_{MSE},其优势在于衡量误差准确收敛快,损伤函数具体形式如下:

$$L_{MSE} = \sum_{i=1}^{n} (y_i^T - y_i^P)^2 \tag{6-51}$$

式中:y_i^T 为样本无量纲侵彻深度;y_i^P 为模型预测侵彻深度。

此外,为了防止模型过拟合,加入正则化项:

$$L_{REG} = \alpha \sum_{j=1}^{n} \|w_j\|_2^2 \tag{6-52}$$

式中:w_j 为神经网络的权重;α 设置为 10^{-4}。

最终损失函数如下:

$$L = L_{MSE} + L_{REG} \tag{6-53}$$

2) SFM 模块

实验值、算法值及融合值经过特征嵌入模块转换为三个 d 维的向量,具体设置为20,多头自注意力中 Q、K、V 三个权重矩阵尺寸都为20×20。模型训练过程中固定实验模型、算法模型及融合模型三个模型的参数,只更新SFM模块的参数,损失函数选用均方误差损失函数,具体与式(6-53)相同。

6.7.4 实验结果及分析

6.7.4.1 评价指标

采用6.4.2.2节中定义的均方根误差(RMSE)和平均绝对百分比误差(MAPE)作为评价标准(具体见式(6-27)及式(6-28))。

6.7.4.2 结果分析

参与对比实验的模型包括仅依赖实验数据训练得到的实验模型(Exp-model)、无特征级融合模型(NFF-model)、基于注意力机制的融合模型(SFM-model)、全连接层模型(FC-model)、均值模型(Mean-model)、无数据级融合模型(NDF-model)、经验算法模型(EMP-ALG model)7个模型。实验模型的结构如图6-44(b)所示;无特征级融合模型相较于实验模型不进行特征级融合,其模型结构示意图如图6-44(a)所示;基于注意力机制的融合模型则是采用物理-数据耦合驱动,其模型结构如图6-48(a)所示,注意力机制结构如图6-46所示;全连接层模型采用多个全连接层替换自注意力机制,如图6-48 (b)所示;均值模型是针对分支模型输出的预测值,即以实验值、算法值和融合值三者的平均值作为最终预测值,结构示意图如图6-48 (c)所示;无数据级融合模型则是不进行数据级融合,只包括实验值和算法值两个输入分支,其结构如图6-48 (d)所示;经验算法模型结构示意图如图6-48 (e)所示。

各个经验算法及评价后的经验算法预测无量纲侵彻深度值与实际值偏差对比结果如表6-39和表6-40所列,可视化对比如图6-49和图6-50所示。可以看出,评价后的经验算法EMP-ALG预测效果最好,这说明本书提出的经验算法评价方法有效。

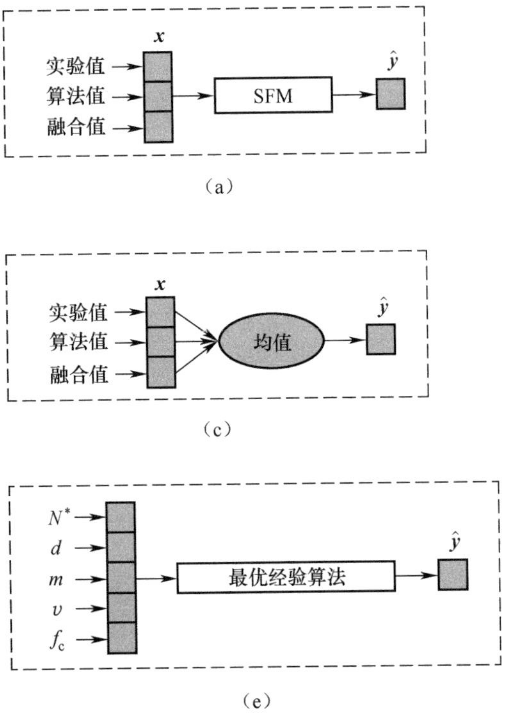

图 6-48　对比模型结构示意

(a)SFM 模型;(b)FC 模型;(c)均值模型;(d)NDF 模型;(e)EMP-ALG 模型。

表 6-39　经验算法预测偏差对比

评价指标	Hughes	Healey-Weissman	British	UMIST	Forrestal	Chen X W	Young	EMP-ALG 模型
RMSE	0.41	0.63	0.56	0.40	0.44	0.62	0.77	0.29
MAPE	3.75	6.60	4.39	4.43	3.16	3.09	5.27	3.01

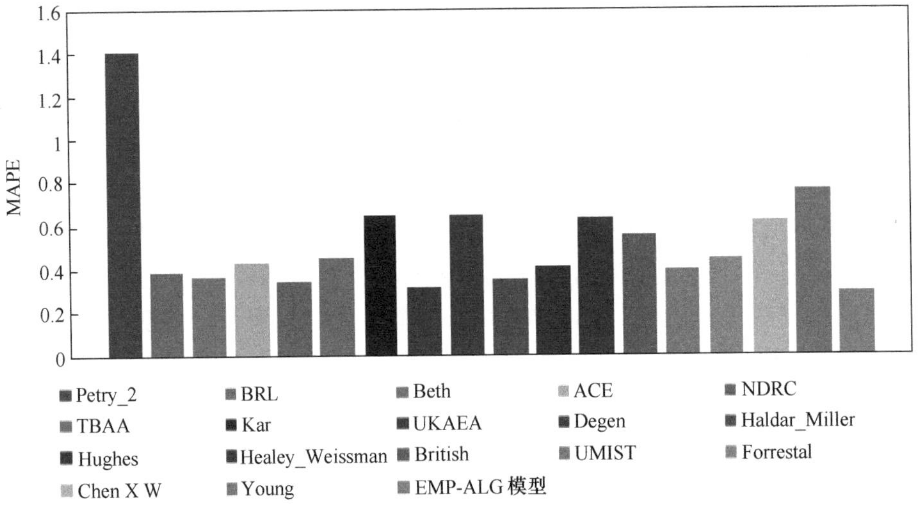

图 6-49　经验算法预测侵彻深度值与试验数据侵彻深度值的 MAPE(见彩图)

表 6-40 模型预测性能对比

经验算法	实验模型	SFM 模型	NFF 模型	EMP-ALG 模型
RMSE	2. 13	1. 78	2. 23	3. 01
MAPE	0. 27	0. 20	0. 29	0. 29

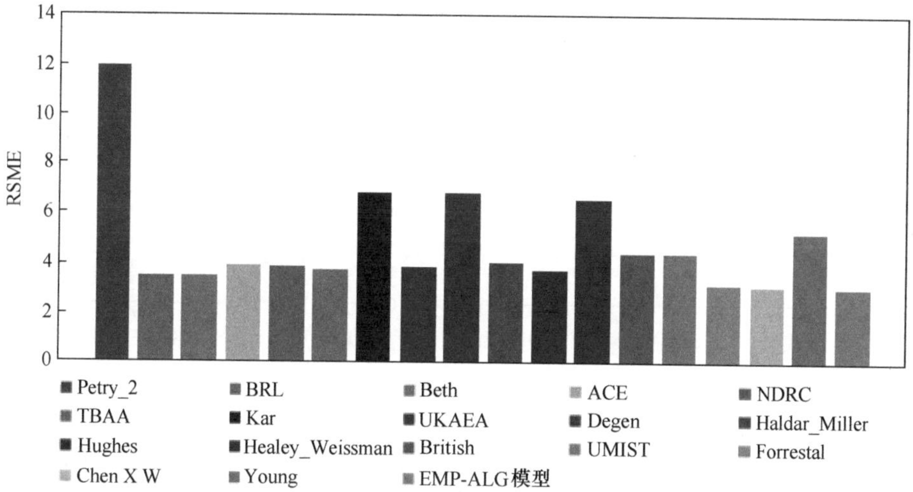

图 6-50 经验算法预测侵彻深度值与试验数据侵彻深度值的 RMSE(见彩图)

实验模型、SFM 模型、NFF 模型和 EMP-ALG 模型的各个评价指标值对比如表 6-41 所列。可视化对比图如图 6-51 所示。其中,SFM 模型预测性能最好,说明本书提出的物理-数据耦合驱动的混凝土侵彻深度预测方法的有效性。实验模型的预测精度优于 NFF 模型,说明决策级融合的有效性。此外,还可以看出 EMP-ALG 模型的预测性能与 NFF 模型的基本相同,说明评价后的经验算法预测精度基本达到了仅靠数据驱动的神经网络预测模型的水平。

表 6-41 模型预测性能对比

经验算法	实验模型	SFM 模型	NFF 模型	EMP-ALG 模型
RMSE	2. 13	1. 78	2. 23	3. 01
MAPE	0. 27	0. 20	0. 29	0. 29

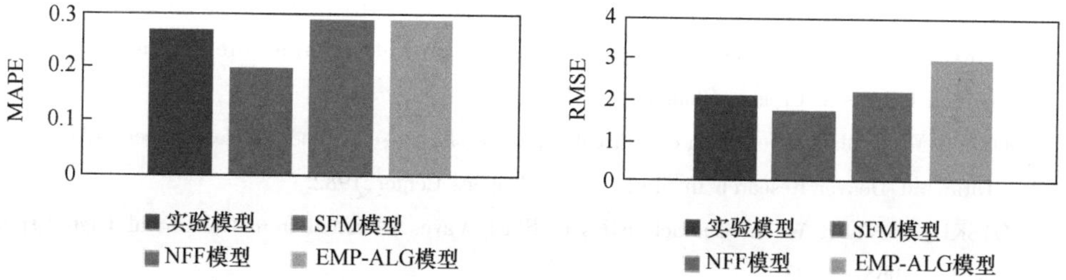

图 6-51 模型预测值与标签值偏差对比(见彩图)

为证明我们所提出的决策级融合模块及数据级融合模块的有效性,开展了相应的消融实验，对比结果见表 6-42 和图 6-52。可以看出 SFM 模型性能最优，相较于 FC 模型预测精度更高，说明本书提出的基于自注意力机制的融合模块 SFM 有效；FC 模型相较于 NDF 模型预测精度有所提升，说明了进行数据级融合能有效提升模型性能；均值模型预测精度最低，说明了决策级融合模块需要基于神经网络再训练的必要性。

表 6-42　消融实验结果

经验算法	FC 模型	SFM 模型	均值模型	NDF 模型
RMSE	2.08	1.78	59.34	2.19
MAPE	0.22	0.20	5.8761	0.24

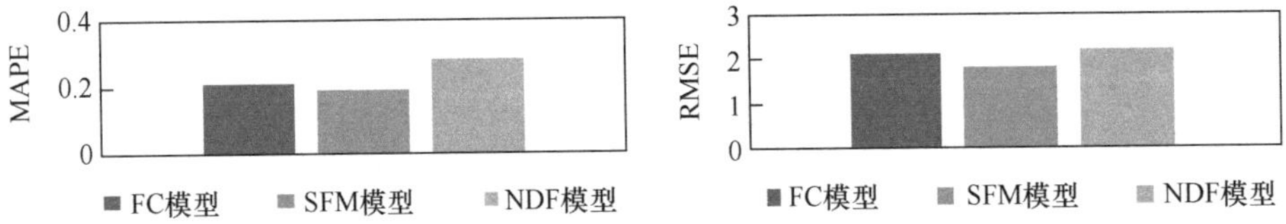

图 6-52　消融实验结果

上述内容表明，领域先验知识的数据级融合、特征级融合及决策级融合都能不同程度地提升模型的预测性能。使用的基于注意力机制的决策级融合模块 SFM 可以有效提升侵彻深度预测精度，相较于基于全连接融合的方法及取决策均值的方法，效果更优。

6.8 小　　结

本章介绍了利用多源意外毁伤效应数据建立的各种毁伤效应机器学习模型，包括基于小样本的毁伤效应预测、基于多源数据融合的毁伤效应预测及爆炸溯源模型。这些模型采用深度学习方法从多源毁伤效应数据挖掘知识，建立预测模型，提高了现有模型的精度。

参 考 文 献

[1] 杨江，张磊，王继民，等．基于数据融合的混凝土侵彻深度预测[J]．兵器材料科学与工程，2020，43(4)：40-45.

[2] 季昌政.基于多源数据融合的毁伤效应预测建模方法研究[D].南京：河海大学，2021.

[3] CYBENKO G. Continuous Valued Neural Networks with Two Hidden Layers Are Sufficient[D]. Lllinois: University of Liiinois at Urbana-Champaign, 1988.

[4] PLOOSTER M N. Blast effects from cylindrical explosive charges：experimental measurements：ADA 121863 [R]. Ditic. mil：Denver Research Institute，Naval Weapons Center，1982.

[5] WISOTSKI J, SNYER W H. Characteristics of Blast Waves Obtained from Cylindrical High Explosive Charges[R]. 1965: 20-23.

[6] ISMAIL MM，MURRAY SG. Study of the blast waves from the explosion of nonspherical charges[J]. Propellants，Explosives，pyrotechnics，1993，18(3)：132e8.

[7] SIMOENS B, LEFEBVRE M. Influence of the shape of an explosive charge: quantification of the

modification of the pressure field [J]. Central European Journal of Energetic Materials, 2015, 12(2):195e213.

[8] WU C, FATTORI G, WHITTAKER A, et al. Investigation of air-blast effects from spherical-and cylindrical-shaped charges[J]. International Journal of Protective Structure, 2010;1(3): 345e62.

[9] XIAO W F, ANDRAE M, GEBBEKEN N. Effect of charge shape and initiation configuration of explosive cylinders detonating in free air on blast-resistant design[J]. Journal of Structural Engineering, 2020, 146(8):2694-2696.

[10] PLOOSTER M N. Blast front pressures from cylindrical charges of high explosives. NWC-TM-3631[R]. Ditic. mil: Naval Weapons Center; 1978.

[11] CHU G, XIANG-ZHEN K, QIN F, et al. Numerical investigation on free air blast loads generated from center-initiated cylindrical charges with varied aspect ratio in arbitrary orientation [J]. Defence Technology, 2022, 18(9):1662-1678.

[12] 刘军,王政,熊俊,等. 圆柱形炸药空爆在近场空间的超压估算公式[J]. 北京理工大学学报,2022,42(9):918-927.

[13] LAKE B, SALAKHUTDINOV R. One-shot learning by inverting a compositional causal process[C]//Proceedings of the 27th international conference on Neural Information Processing Systems, December 5-8, Lake Tahoe, Nevada, USA: c2013:2526-2534.

[14] Model-Agnostic Meta-Learning for Fast Adaptation of Deep Networks: version 3.0 [EB/OL]. (2017-05-09)[2017-07-18]. https://arxiv.org/abs/1703.03400.

[15] 李凡长,刘洋,吴鹏翔,等. 元学习研究综述[J]. 计算机学报,2021,44(2):422-446.

[16] 刘塞佳. 基于小样本的意外爆炸毁伤效应预测研究[D]. 南京:河海大学,2023.

[17] CHEN Y, ZHANG R, LI Y, et al. Safety assessment of the main beams of historical buildings based on multisource data fusion[J]. Buildings, 2023, 13(8):2022-2042.

[18] SONG X. Parameterized fragility analysis of steel frame structure subjected to blast loads using Bayesian logistic regression method[J]. Structural Safety, 2020, 87:1-11.

[19] ZHOU X, WANG M, LI L. Dynamic damage assessment of float glass under blast loading[J]. Advances in Structural Engineering, 2019, 22(11):2517-2529.

[20] WENJU L, YANCHAO S, HONG H, et al. Numerical analysis of dynamic responses of laminated glass window subjected to gas explosions[J]. Engineering Structures, 2021, 238:1-16.

[21] XIHONG Z, CHIARA B. Vulnerability and protection of glass windows and facades under blast: experiments, methods and current trends [J]. International Journal of Structural Glass and Advanced Materials Research, 2017, 1(2):10-23.

[22] DENNIS AA, PANNELL JJ, SMYL DJ, et al. Prediction of blast loading in an internal environment using artificial neural networks[J]. International Journal of Protective Structures, 2021, 12(3):287-314.

[23] ZHANG W E, SHENG Q Z, ALHAZMI A, et al. Adversarial attacks on deep-learning models in natural language processing: a survey [J]. ACM Transactions on Intelligent Systems and Technology (TIST), 2020, 11(3):1-41.

[24] SHUAI QIN, HAO LIU, JIANHUI WANG, et al. Physics-data coupling-driven method to predict the penetration depth into concrete targets [J]. Theoretical and Applied Mechanics Letters, 2024: 14(3): 1-9.

[25] VON RUEDEN L, MAYER S, BECKH K, et al. Informed machine learning-a taxonomy and survey of integrating prior knowledge into learning systems [J]. IEEE Transactions on Knowledge and Data Engineering, 2021, 35(1):614-633.

第 7 章 基于数据融合的意外爆炸毁伤评估系统

7.1 系统设计与开发

7.1.1 系统总体设计

基于上述研究,研发了基于数据融合的意外爆炸毁伤评估系统,系统架构如图 7-1 所示,包括数据层、模型服务层、应用层、渲染层。

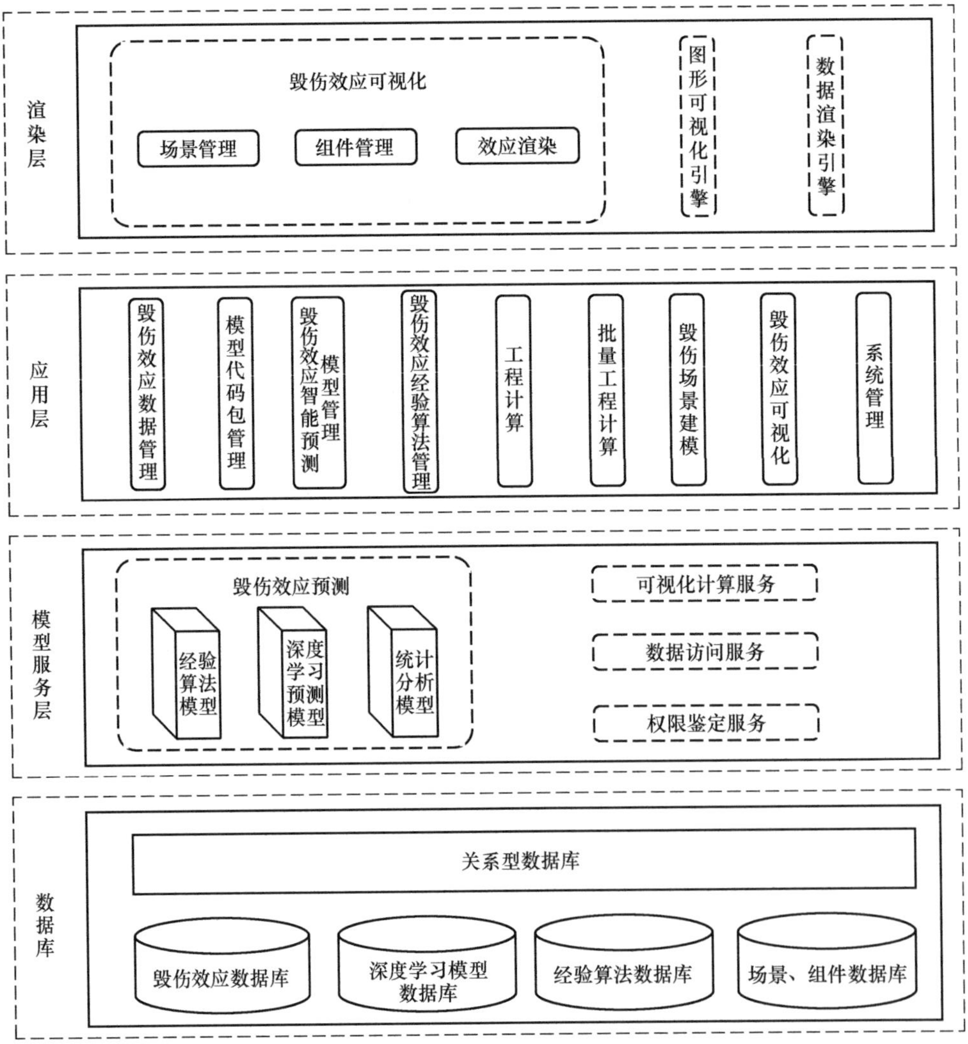

图 7-1 系统架构

数据层。利用关系数据库系统 MySQL,存储系统使用的毁伤效应数据、深度学习模型数据、经验算法数据及场景、组件数据涉及的相关结构化信息,供上层服务调用。

模型服务层。模型服务层向上层提供毁伤效应预测及可视化计算服务、数据访问服务、权限鉴定服务等。毁伤效应预测利用经验算法、深度学习预测及统计分析等构建预测模型,供给应用层调用。数据访问服务向上层提供统一数据访问接口,屏蔽不同数据结构及数据存储方式带来的访问差异。权限鉴定服务为用户权限管理提供服务支撑,有效控制不同成员访问时的可用功能。可视化计算服务为场景建模、毁伤效应可视化等功能提供支撑服务。

应用层。应用层即系统客户端,通过 B/S 结构实现毁伤效应数据管理、模型代码包管理、毁伤效应智能预测模型管理、毁伤效应经验算法管理、工程计算、批量工程计算、毁伤场景建模、毁伤效应可视化,以及系统管理等功能。

渲染层。服务器端根据用户的请求返回统一格式的数据,由浏览器端进行渲染和展示。采用 Vue3 作为前端系统架构,对数据进行响应式渲染,支持组件化、轻量级的开发需求。同时引入了 Three. js 库,对强冲击波的破坏效应进行 3D 可视化,支持场景管理、组件管理、效应场渲染等图形渲染功能。

系统涉及的技术内容可以主要划分为三个部分,如图 7-2 所示。

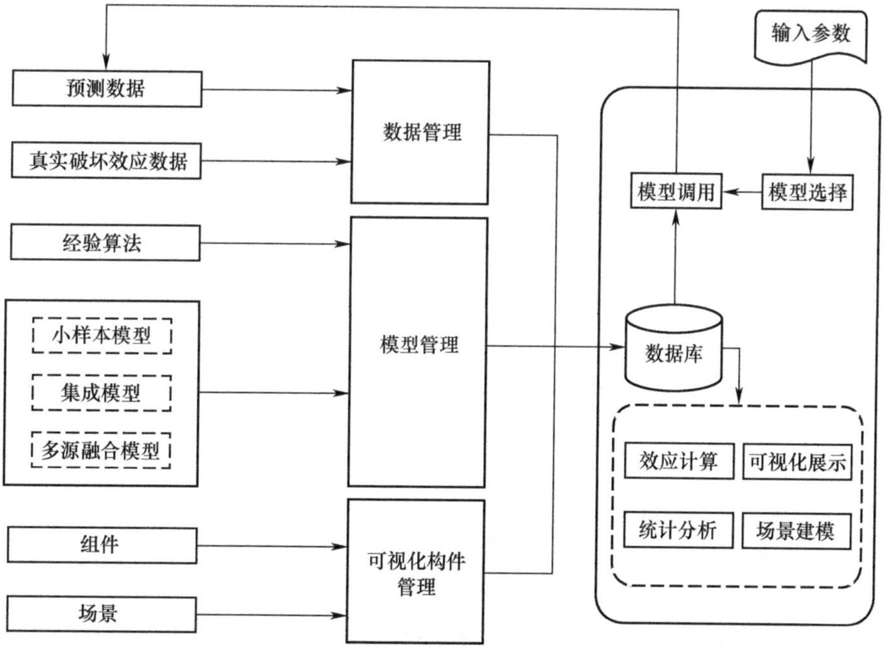

图 7-2 系统相关路线

毁伤效应数据管理部分。分析毁伤效应数据种类,数据属性及各类数据关系,进行数据库概念、逻辑和物理设计,系统对导入的数据进行维护,供用户查询及后续模型计算和可视化。

毁伤效应预测模型和经验算法管理部分。开发人员或用户可以往系统中上传正确格式的预测模型部署文件,系统存储并维护破坏效应相关的模型信息,包括经验算法和不同形式的智能预测模型(如小样本模型、集成模型、多源融合模型等)。用户可以通过系统内存储的效应数据或自定义输入的参数进行计算,得到的预测结果与库内标准数据存储格式一致,可导入系统内。

毁伤效应场景建模和可视化部分。系统为用户提供可拖拽控制的场景和组件编辑功能。允许对组件进行编辑(如缩放、移动等操作)和进行对力学属性关联设置等。根据读取的毁伤效应数据,渲染对具体的场景的破坏效果,提供毁伤效应统计分析、效应场绘制、组件着色渲染等功能。

7.1.2 系统功能设计与实现

系统功能模块详细设计如图 7-3 所示。

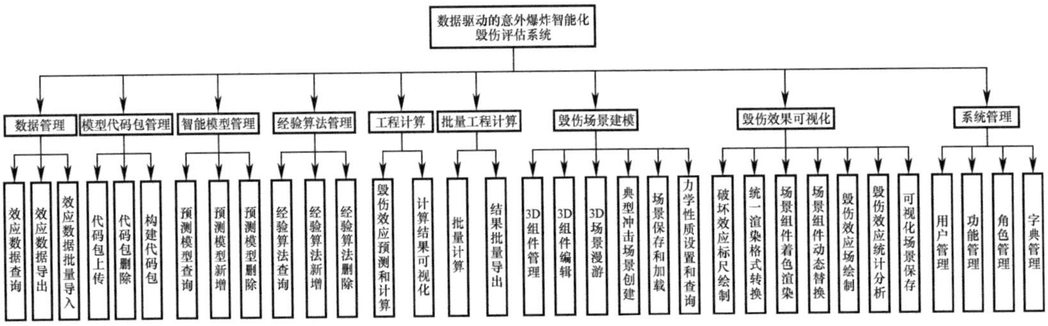

图 7-3 系统功能模块

系统主要包括数据管理模块、模型代码包管理模块、毁伤效应预测智能模型管理模块、毁伤效应经验算法管理模块、工程计算模块、批量工程计算模块、毁伤场景建模模块、毁伤效果可视化模块及系统管理模块。

(1) 数据管理模块主要包括效应数据查询、效应数据导出、效应数据批量导入,实现对意外爆炸毁伤效应数据的有效管理和利用。

(2) 模型代码包管理模块主要实现代码包的新增和删除,用户可以基于深度学习方法,构建模型或算法的部署代码包,并能够通过本模块上传,部署到系统服务器中,供后续绑定和使用。

(3) 毁伤效应预测智能模型管理模块包括对破坏效应预测智能模型的新增、删除、查询等功能,将基于深度学习方法训练得到的模型添加到系统的调用列表中,为其指定基本信息和相应输入参数,供工程计算和批量工程计算模块调用;

(4) 毁伤效应经验算法管理模块主要用来维护意外爆炸毁伤效应相关的经验算法,包括新增、删除、查询、参数管理等功能,为经验算法指定基本信息和相应输入参数,供工程计算和批量工程计算模块调用(与模块 3 设计思路一致)。

(5) 工程计算模块主要负责破坏效应的预测和计算,根据数据库的算法参数配置,动态生成算法调用界面,提示用户需要输入的参数和类型等。根据用户输入,调用经验算法或深度学习模型,并接收结算结果。计算结果可以按照固定格式保存到本地用户指定的位置,也可将计算结果按照业务领域的需求通过图表形式进行可视化展示,如折线图、饼图等。

(6) 批量工程计算模块旨在实现大规模的数据计算,通过设定参数的上下界及递增的步长,迭代地调用智能预测模型或者经验算法,即批量产生输入并计算对应的输出,结果的格式需要符合批量数据导入的数据格式要求。

(7) 毁伤效应场景建模模块负责对破坏效应可视化的基础组件和场景进行建模与维护,主要功能如下。

① 3D 组件创建和管理:利用 3D MAX 等软件创建甲方指定的 3D 组件并导入系统,管理建模功能中可使用的 3D 组件,实现组件的增删,为建模提供组件资源(组件资源分为背景组件和常规组件)。

② 场景加载和保存:保存场景到本地,或者将本地的场景加载到内存,并展示在界面中。

③ 典型冲击场景创建:利用已有的意外强冲击场景建模模块和 3D 组件,创建甲方预设的两种典型冲击场景,包括室内和室外。

④ 3D 场景漫游:实现 3D 场景的缩放和漫游。

⑤ 场景组件编辑:对 3D 场景中的组件的缩放、移动、增删。例如,实现组件的单独放大,在场景中的位置改变。

⑥ 组件力学性质设置和查询:关联组件的物理和力学特性,如房屋的抗力等。

(8) 毁伤效果可视化模块主要对特定的爆炸场景进行毁伤效果的可视化展示,该模块功能包括:

① 破坏效应程度标尺绘制:绘制不同破坏程度与颜色之间的对应关系标尺。

② 统一渲染数据格式转换:将破坏效应模型和经验算法计算结果转换成可视化场景中的统一渲染数据接口。

③ 场景组件着色渲染:根据场景中组件所在的位置的破坏等级,将组件渲染成对应的颜色,由于组件比较大,比如房屋,颜色渲染可以细化到组件的不同位置。

④ 场景组件的动态替换:根据场景中组件所在位置的破坏等级,将组件替换为另一个对应破坏状态的组件,以达到可视化的目的。

⑤ 破坏效应场绘制:以平面场方式绘制场景的效应的分布。至少包括同心圆、同心球及不规则的效应分布等形式。

⑥ 组件破坏效应统计分析:对场景中各组件进行破坏情况统计,并通过组件关联的小窗口进行展示。提供总体统计,分析总体的冲击破坏情况,并通过窗口进行展示。

⑦ 可视化场景保存:将当前的破坏效应可视化界面保存成图片。

(9) 系统管理模块包括功能管理、用户管理、角色管理及字典管理等系统基础功能。

7.1.3　系统实现的关键技术

系统在实现中采用如下技术。

(1) 插件化算法模块管理。由于不同毁伤效应算法需要采用不同的语言以实现最大的效率,如一些计算复杂度高的经验算法采用 C++语言实现,深度学习模型采用 Python 语言实现。不同编程语言生成的算法代码封装成不同的模块,C++语言编写的算法封装成动态链接库,Python 语言实现的算法以 .py 格式源代码存在,Java 实现的算法以 .jar 的代码包存在。主系统在启动时将自动加载指定目录下的代码模块,并通过统一的接口和

JNI 技术调用不同模块的算法。需要增加新的算法，只要将新生成的算法代码包添加到指定的位置，并在系统中配置算法名称、参数名称、参数类型等信息，就可重启系统。

（2）可装配的等比例场景生成。为支持用户生成复杂的场景，系统通过可视化组件管理，实现单个场景组件管理，支持用户利用系统管理多个组件。在场景管理中利用系统管理的组件组装配成需要的场景，并对场景中的组件进行建立物理属性关联，即设置组件的物理尺寸、抗力、物资、人员信息等。各组件根据整体场景的物理尺寸进行等比例自动缩放，以保证整体场景的合理性。

（3）基于 WebGL 的可视化。WebGL 是一种在 Web 浏览器中实现 3D 图形渲染的技术，它允许开发者利用 GPU 进行高性能的图形渲染，提供出色的性能和流畅的动画效果。WebGL 绘图技术标准允许把 JavaScript 和 OpenGL ES 2.0 结合在一起，通过增加 OpenGL ES 2.0 的一个 JavaScript 绑定，WebGL 可以为 HTML5 Canvas 提供硬件 3D 加速渲染，这样 Web 开发人员就可以借助系统显卡来在浏览器里更流畅地展示 3D 场景和模型，还能创建复杂的导航和数据视觉化。

系统主要功能的界面如图 7-4~图 7-9 所示。

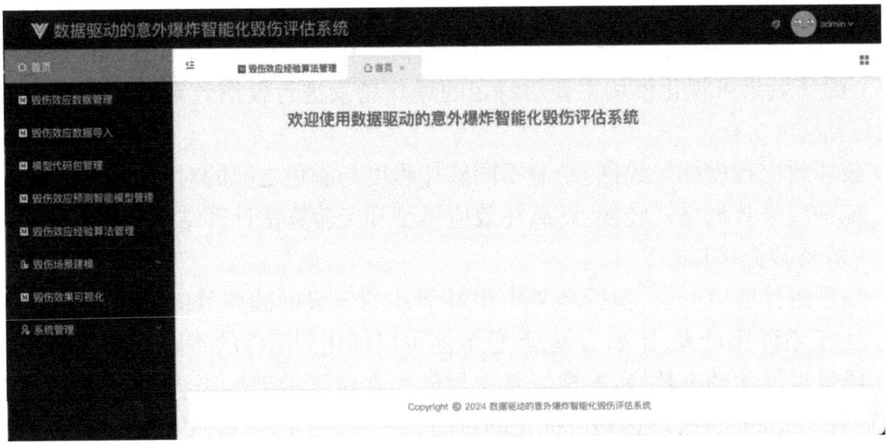

图 7-4　系统主界面

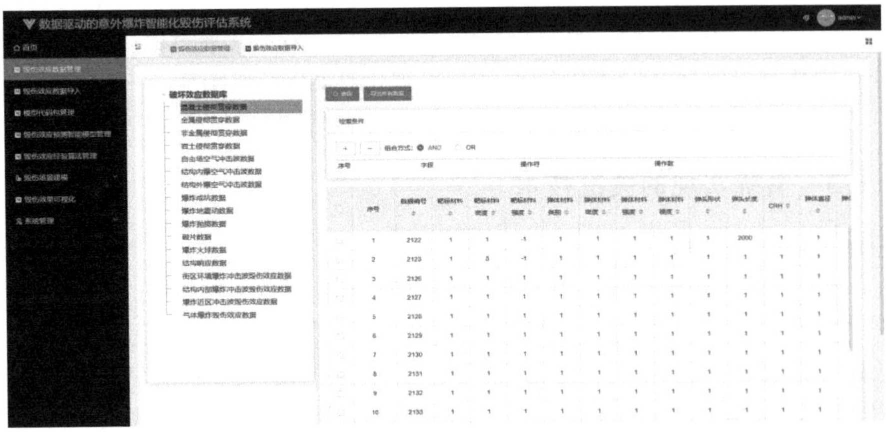

图 7-5　毁伤效应数据管理

图 7-6 模型代码包管理

图 7-7 毁伤效应预测智能模型管理

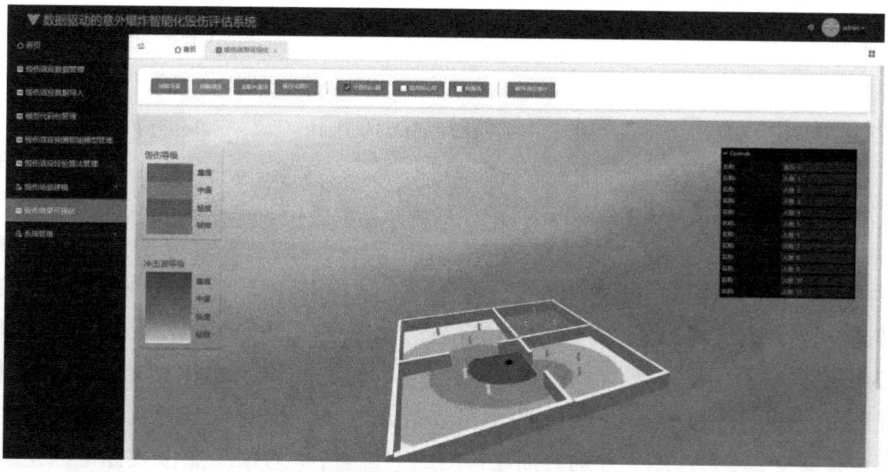

图 7-8 室内场景毁伤可视化

图 7-9　街区场景毁伤可视化

7.2　街区环境意外爆炸毁伤评估应用

7.2.1　复杂流场爆炸冲击波超压机器学习模型

意外爆炸毁伤评估建模一般基于物理过程进行抽象而建立物理模型。在工业园区、码头、仓库及运输途中等复杂环境下，由于环境复杂、爆炸源成分多样、爆炸过程影响因素众多且各因素间关系错综复杂，因此建立目标、爆炸源和毁伤元等因素之间的物理模型具有较大困难。毁伤数据携带着毁伤元和目标之间的相互作用规律，以融合数据提供的全面信息为基础，可利用机器学习等算法，不完全依赖毁伤的物理过程而建立数据驱动的毁伤评估模型。考虑到爆炸毁伤环境的复杂性，单个模型难以有效进行分析评估，因此研究多模型融合进行计算和评估以充分利用不同模型和算法的优势。

7.2.1.1　复杂环境下的爆炸冲击波超压预测模型问题描述

1）单箱间室结构

根据试验研究及数值模拟研究，单箱间室结构爆炸载荷的冲击波压力分布规律可以总结为

$$P = F(\rho_1,D,P_{C-J},Q,W,L,D,H,A,B,n,x_1,y_1,z_1,\rho_2,G,E,\nu,\sigma_0 T,x_2,y_2,z_2,a,\varepsilon,m,x_3,y_3,z_3) \tag{7-1}$$

式中：P 为爆炸冲击波超压；ρ_1 为炸药密度；D 为炸药爆速；P_{C-J} 为炸药 C-J 压力；Q 为炸药爆热；W 为炸药质量；L,D,H 分别为单箱间室结构的长、宽、高；A,B 分别为单箱开窗的长、宽；n 为炸药位置的标记因子，表示炸药是否在间室结构内部，当炸药在内部时 n 取 1，炸药在外部时 n 取 0；(x_1,y_1,z_1) 分别为炸药的位置，坐标系如图 7-10 所示；ρ_2 为钢箱材料密度；G 为钢箱材料剪切模量；E 为钢箱材料杨氏模量；ν 为钢箱材料泊松比；σ_0 为钢箱材料的屈服强度；T 为钢箱厚度；(x_2,y_2,z_2) 为钢箱数据监测点位置；a 为监测点位置加速度；ε 为监测点位置应变；(x_3,y_3,z_3) 分别为描述预测点的位置；m 为预测点位置标记因子，表示预测点是否在间室结构内部，当预测点在内部时 m 取 1，预测点在外部时 m 取 0。

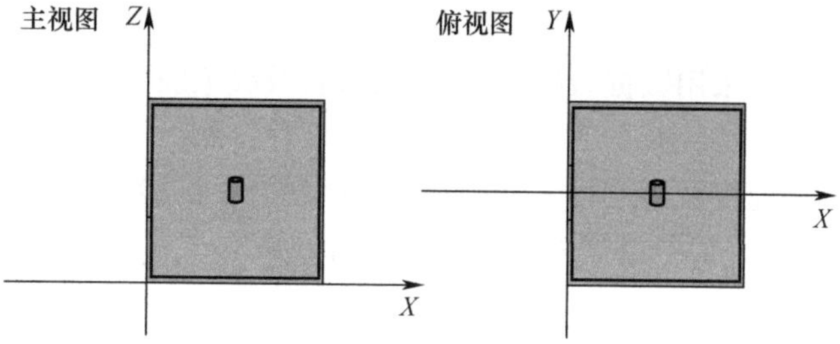

图 7-10 单箱间室结构位置示意

2）双箱间室结构

根据试验研究及数值模拟研究，双箱间室结构爆炸载荷的冲击波压力分布规律可以总结为

$$P = F(\rho_1, D, P_{C-J}, Q, W, L_1, D_1, H_1, A_1, B_1, L_2, D_2, H_2, A_2, B_2, n, x_1, y_1, z_1, \rho_2, G, E, \nu, \sigma_0, T, x_2, y_2, z_2, a, \varepsilon, m, x_3, y_3, z_3) \quad (7-2)$$

式中：L_1, D_1, H_1 分别为前侧间室的长、宽、高；A_1, B_1 分别为前侧间室开窗长、宽；L_2, D_2, H_2 分别为第二间室的长、宽、高；A_2, B_2 分别为后侧间室长、宽；n 为炸药位置的标记因子，当炸药在外部时，n 取 0，当炸药在第一个间室时，n 取 1，当炸药在第二个间室时，n 取 2 其他变量含义同前。坐标系如图 7-11 所示。

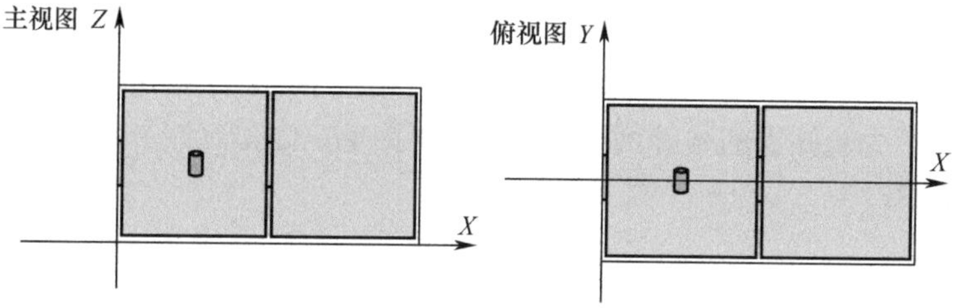

图 7-11 双箱间实结构位置示意

3）结构响应

在爆炸毁伤评估过程中，往往无法准确监测到不同位置的加速度及应变，因此在应用复杂环境下爆炸冲击波超压预测模型的过程中，需要提前进行通过爆炸荷载预测相应位置的加速度及应变，可描述为：

单箱间室结构：

$$(a, \varepsilon) = F(\rho_1, D, P_{C-J}, Q, W, L, D, H, A, B, n, x_1, y_1, z_1, \rho_2, G, E, \nu, \sigma_0, T, x_2, y_2, z_2) \quad (7-3)$$

双箱间室结构：

$$(a, \varepsilon) = F(\rho_1, D, P_{C-J}, Q, W, L_1, D_1, H_1, A_1, B_1, L_2, D_2, H_2, A_2, B_2, n, x_1, y_1, z_1, \rho_2, G, E, \nu, \sigma_0, T, x_2, y_2, z_2) \quad (7-4)$$

式中变量含义同前。

7.2.1.2 结构响应预测模型建模过程

1）数据预处理

数据预处理过程仍采用归一化方式具体见 6.4.2 节中式(6-26)。评价指标采用 6.4.2 节中式(6-27)及式(6-28)定义的 RMSE 及 MAPE。

2）评价指标

数据融合模型分别采用数据级融合、特征级融合及决策级融合。

（1）数据级融合。

复杂环境下的加速度及应变预测模型在数据级融合了试验数据和仿真数据两个数据源，融合模型见图 7-12，其中数据来自于 4.2 节所开展的试验及其试验数据开展的数值仿真。

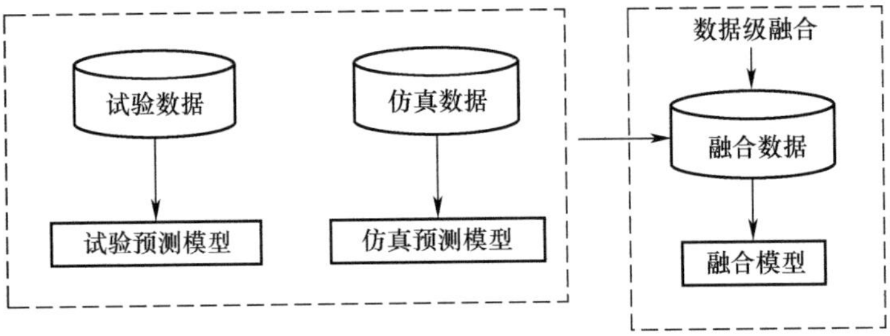

图 7-12 数据级融合示意图

（2）特征级融合。

基于无量纲分析，得到钢箱动加速度 a 的无量纲关系式和结构应变 ε 均是关于无量纲数 $WE/\rho_2\sigma_0LT^2$ 的函数。

先验知识的具体融合示意图如图 7-13 所示，相较于图(a)无先验知识的神经网络模型，图(b)融合了先验知识的神经网络模型，增加了 $WE/(\rho_2\sigma_0LT^2)$ 先验参数为神经网络模型的输入特征。

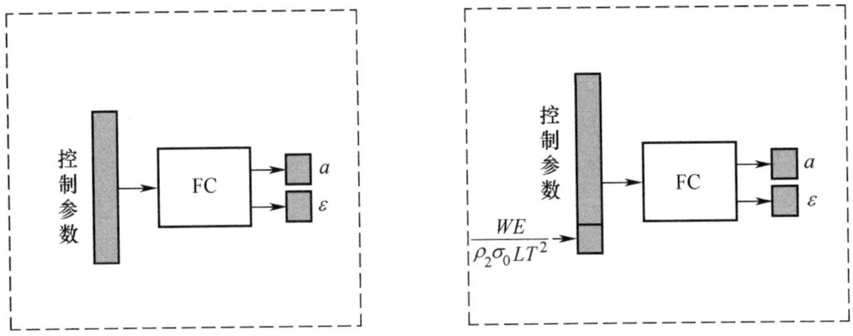

（a） （b）

图 7-13 响应预测模型特征级融合

(a)无先验知识；(b)特征级融合先验知识。

3）决策级融合

决策级融合模块具体结构示意如图 6-43(b)所示。分别利用试验分支、仿真分支及融合数据分支的预测结果，基于注意力机制，给出预测结果。

其中，简单注意力机制是针对每个分支加权相加得到最终预测结果，具体计算如下：

$$\hat{y} = \alpha y_{\text{exp}} + \beta y_{\text{sim}} + \gamma y_{\text{mix}} \tag{7-5}$$

式中：$\hat{y}$ 为最终超压预测结果；下标 exp，sim，mix 分别代表试验分支、仿真分支及融合分支；α,β,γ 三个注意力系数不是固定不变的超参数，而是可以通过机器学习训练过程迭代更新的权重。

7.2.1.3 超压预测模型建模过程

1）数据级融合

复杂环境下的加速度及应变预测模型在数据级融合了试验数据和仿真数据两个数据源。

2）特征级融合

超压预测模型的先验知识融合与 7.2.12 节中一致，示意图如图 7-14 所示。其中，图 7-14(a)为无先验知识的神经网络模型，图 7-14(b)则融合了先验知识模型$(L_1D_1H_1)^{2/3}/(A_1B_1)$、$(L_2D_2H_2)^{2/3}/(A_2B_2)$和$R/W^{1/3}$，其中$R=\sqrt{(x_2-x_1)^2+(y_2-y_1)^2+(z_2-z_1)^2}$。把这些先验知识模型作为神经网络模型的输入特征。

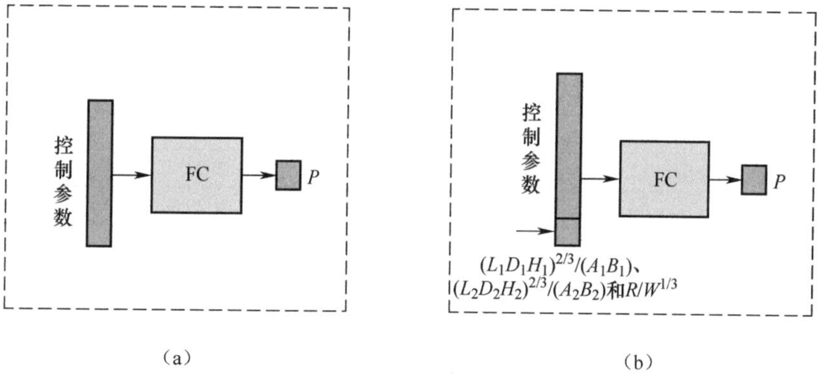

图 7-14 超压预测模型特征级融合
(a)无先验知识；(b)特征级融合先验知识。

3）决策级融合

决策级融合模块整体思想与前文中的一致。针对无法准确监测到不同位置的加速度及应变的情况，在进行决策级融合之前，还需要利用多点不同位置的加速度应变数据共同预测冲击波超压。以试验分支为例，具体示意图如图 7-15 所示。

7.2.1.4 实验结果及分析

针对爆炸冲击波超压预测任务，加速度及应变预测实验结果对比如表 7-1、图 7-16 所示。其中，自注意力模型(SA-model)代表实现三个层次先验知识融合的预测模型，实验模型代表试验分支预测模型，仿真模型(Simu-model)代表仿真分支预测模型，融合模型代表融合数据分支预测模型。SA-模型相较于实验模型、仿真模型及融合模型预测误差最小，说明融合先验知识能有效提升对炸药质量溯源预测的精度。融合模型相较于实验模型和仿真模型性能有所提升，说明融合数据的有效性。

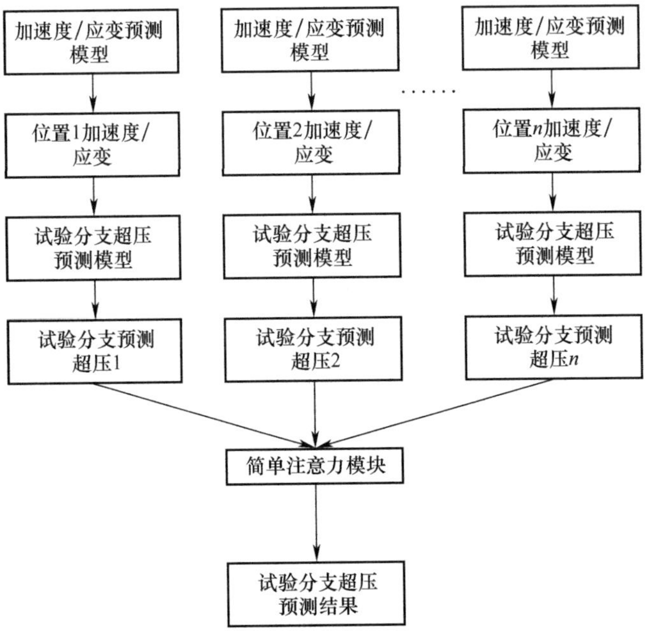

图 7-15　超压预测模型决策级融合

表 7-1　模型预测性能对比

评价指标	融合模型	SA 模型	实验模型	仿真模型
RMSE	2.13	1.78	2.23	3.01
MAPE	0.27	0.20	0.29	0.29

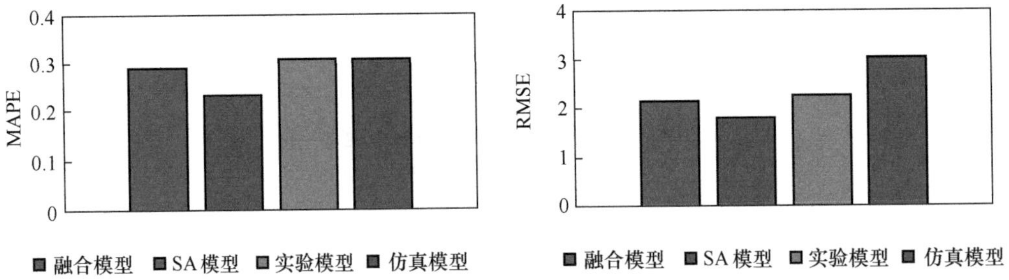

图 7-16　模型预测值与标签值偏差对比

冲击波超压预测实验结果对比如表 7-2、图 7-17 所示。其中，多层自注意力模型（MultiSA-model）代表实现三个层次先验知识融合并且结合多点不同位置应变及加速度的预测模型，单层自注意力模型（SingleSA-model）则代表实现三个层次先验知识融合但只利用单点位置应变以及加速度的预测模型，实验模型代表试验分支预测模型，仿真模型代表仿真分支预测模型，融合模型代表融合数据分支预测模型。多层自注意力模型及单层自注意力模型相较于实验模型、仿真模型及融合模型预测误差最小，说明融合先验知识能有效提升对炸药质量溯源预测的精度。融合模型相较于实验模型和仿真模型性能有所提升，说明融合数据的有效性。多层自注意力模型相较于单层自注意力模型预测误差较小,说明结合多位置加速度应变进行超压预测效果明显优于仅利用单点。

表 7-2 模型预测性能对比

评价指标	融合模型	多层自注意力模型	单层自注意力模型	实验模型	仿真模型
RMSE	2.13	1.78	1.97	2.23	3.01
MAPE	0.27	0.20	0.24	0.29	0.29

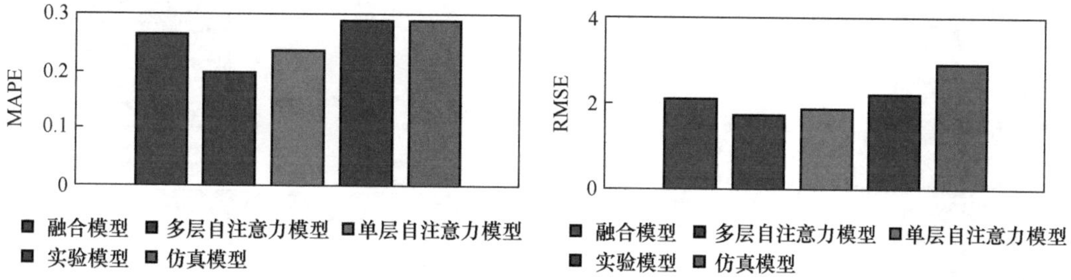

图 7-17 模型预测值与标签值偏差对比

7.2.2 场景设计

街区环境意外爆炸评估过程如下。

(1) 首先把复杂街区简化为单独建筑物的组合,可以通过对单独建筑物的爆炸冲击波特性,总结推断复杂街区的冲击波特性,进而开展街区意外爆炸毁伤评估。

(2) 开展单独建筑物冲击波分别特性研究,设计并进行了 4.2 节复杂流场冲击波效应试验,测量得到了不同位置的爆炸冲击波超压数据。在试验基础上开展了 3.6.2.4 节结构外爆数值模拟工作,通过建立不同尺寸的组合间室结构来代替单独建筑物,在空气域中设大量监测点测量冲击波超压数据。试验毁伤数据和仿真毁伤数据共同组合形成混合数据集。

(3) 应用 7.2.1 节复杂流场爆炸冲击波超压预测模型开展街区意外爆炸毁伤评估工作。数据集为前文介绍的融合数据集。模型描述如下:

$$P = F(\rho_1, D, P_{C-J}, Q, W, L_1, D_1, H_1, A_1, B_1, L_2, D_2, H_2, A_2, B_2, n, x_1, y_1, z_1, \rho_2, G, E, \nu, \sigma_0, T, x_2, y_2, z_2, a, \varepsilon, m, x_3, y_3, z_3) \tag{7-6}$$

式中:n 为结构外爆,取 0; (x_1, y_1, z_1) 为炸药的位置。

通过机器学习模型可以得到单独建筑工况下外部爆炸情况下不同空间位置的爆炸冲击波超压峰值预测值,进而可以得到街区复杂流场环境的冲击波压力分布情况。

4) 通过毁伤判据进行街区意外爆炸毁伤评估,并完成可视化。

7.2.3 毁伤效应可视化

模拟街区爆炸场景如图 7-18 所示,共包括两个高楼、楼层和普通厂房。其对应的毁伤阈值如下。

普通厂房为砖混结构,超压在 2.352~2.94MPa 范围内属于严重破坏,在 1.764~2.352MPa 属于中等破坏,在 1.176~1.764MPa 属于轻度破坏,大于 2.94MPa 属于倒塌,小于 1.176MPa 属于无破坏。

高楼和楼房为钢混结构,超压在 5.5~7.6MPa 属于严重破坏,在 4~5.5MPa 属于中等破坏,在 2.5~4MPa 属于轻度破坏,大于 7.6 属于倒塌,小于 2.5 属于无破坏。

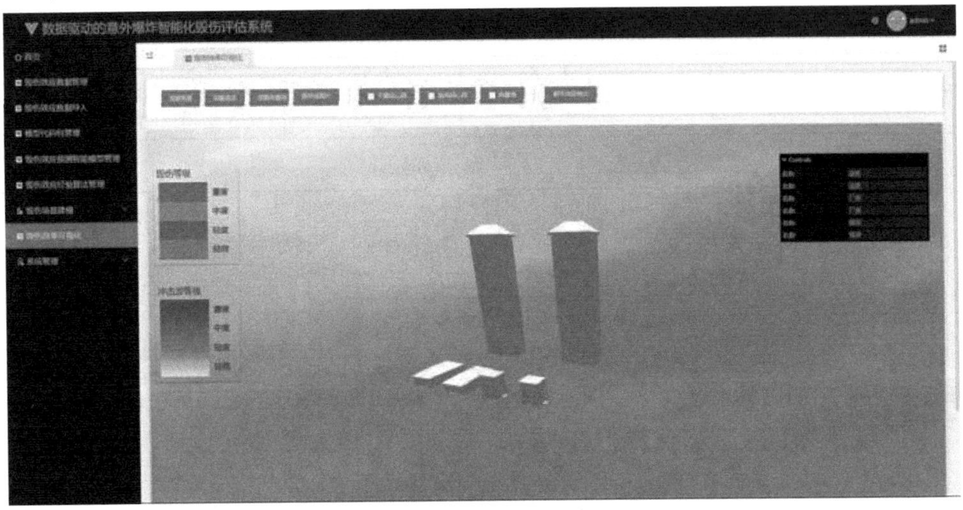

图 7-18　街区环境场景建模

通过对物体不同的破坏等级,渲染成不同的颜色以代表不同破坏程度,分别对应倒塌严重破坏中等破坏及轻度破坏,如图 7-19 所示。砖混结构的普通工厂重度毁伤;两个楼房一个重度毁伤,一个中度毁伤;两个高楼为钢混结构,一个轻度毁伤,另一个部分轻度毁伤部分轻微毁伤。

图 7-19　街区场景毁伤可视化

7.3　隔间结构内爆毁伤评估应用

7.3.1　场景设计

隔间结构内爆爆炸评估过程如下。

(1) 首先把隔间简化为不同尺寸的组合间室结构。

(2) 开展间室冲击波特性研究,设计并进行了4.2节间室结构内爆试验,测量得到不同位置的爆炸冲击波超压数据。在试验基础上开展了3.6.2.4节结构内爆数值模拟工作,在间室结构内部中设置大量监测点来测量冲击波超压数据。试验毁伤数据和仿真毁伤数据共同组合形成混合数据集。

(3) 隔间结构内爆毁伤评估应用7.2.1节复杂环境下冲击波超压预测机器学习模型。机器学习训练所用数据集为3.6.2.4节结构内爆数值仿真所得的仿真数据集及4.2节结构内爆试验所得的试验数据集。

$$P = F(\rho_1, D, P_{\text{C-J}}, Q, W, L_1, D_1, H_1, A_1, B_1, L_2, D_2, H_2, A_2, B_2, n, x_1, y_1, z_1, \rho_2, G, E, \nu, \sigma_0, T, x_2, y_2, z_2, a, \varepsilon, m, x_3, y_3, z_3) \quad (7-7)$$

式中:n 为结构内爆,取1或2;(x_1, y_1, z_1) 为炸药的位置。

通过机器学习模型可以得到间室结构内爆工况下不同空间位置的爆炸冲击波超压峰值预测值。

(4) 通过隔间结构内爆爆炸评估,并完成可视化。

人员毁伤采用如下毁伤阈值:超压小于0.62MPa为无毁伤;超压在0.02~0.03MPa为轻微受伤;超压在0.03~0.05MPa为中等毁伤;超压在0.05~0.1MPa为严重毁伤;大于0.01MPa则界定为死亡。

通过对人不同的破坏等级,渲染成不同的颜色进行可视化,其中红色表示人死亡,黄色表示人严重,蓝色表示人中等,绿色表示人轻度,如图7-20~图7-21所示。

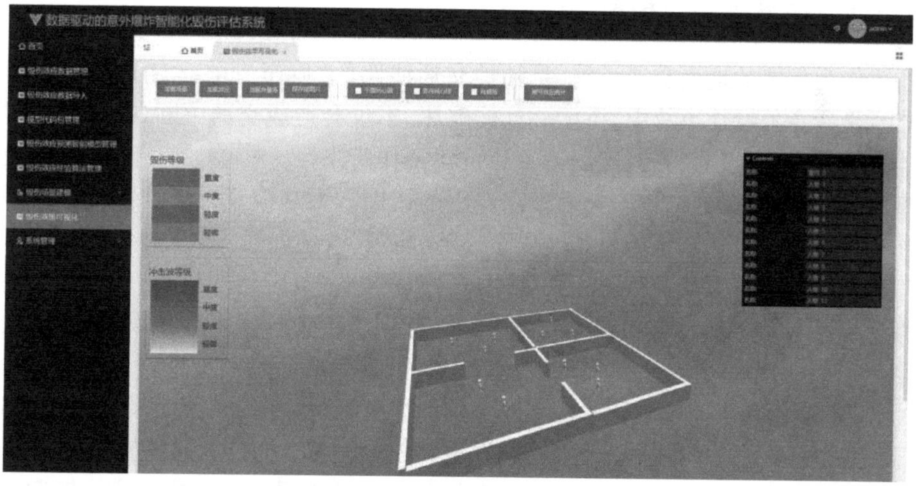

图7-20 间隔结构场景建模

7.3.2 毁伤效应可视化

一共四个房间,炸药在左下角的房间,与左下角相邻的两个房间有窗,右上角的房间设开窗。爆炸中心所在的房间,两个人被严重毁伤,对应毁伤等级中的黄色。冲击破通过窗口向着另外两个房间扩散,其中爆心右侧房间三个人为中等毁伤,对应毁伤等级中的蓝色。还有爆心上侧房间中的三个人,爆心右上侧为中等毁伤,对应毁伤等级中的蓝色,另外两个为轻微毁伤,对应毁伤等级中的绿色。还有一个房间,冲击波没有传入,室内三个人无影响。

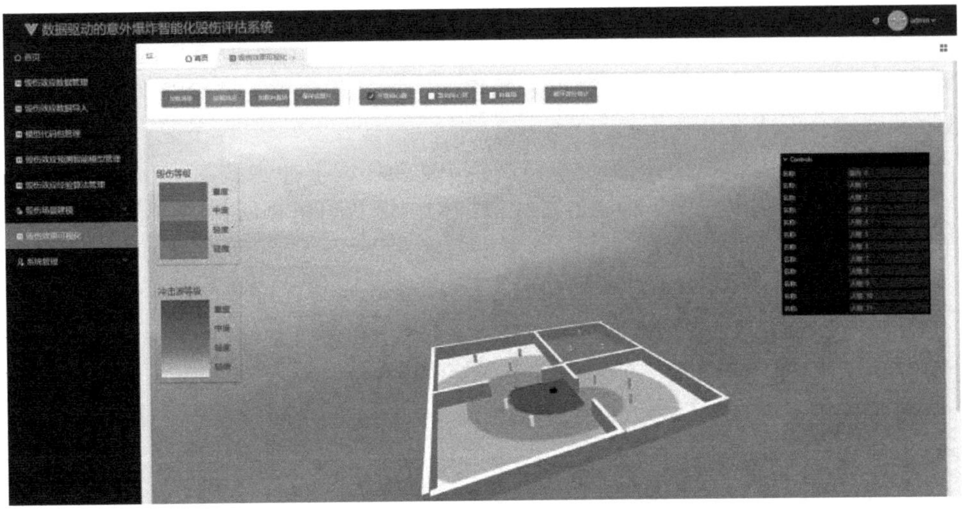

图 7-21　室内人员毁伤可视化界面

7.4　意外爆炸对桥梁目标的毁伤评估

7.4.1　场景设计与建模

桥梁作为重要的地面交通设施,是陆地交通线路的“咽喉”,在运输通行中有着重要的战略意义。意外爆炸事故中,桥梁一旦被破坏,不仅会造成交通中断和巨大经济损失,还可能造成大量人员伤亡并对灾后抢救和重建工作带来巨大影响。近年来,大规模意外爆炸事故频发,给桥梁的结构安全性带来严重的威胁。大规模意外爆炸冲击波作用下桥梁毁伤程度的快速评估和预测是工业安全、减灾防灾、市政规划领域关注的焦点之一。利用有限元模拟对意外爆炸对桥梁毁伤效应进行预测是一条可行的路径,然而建立高效的桥梁毁伤评估方法仍然具有相当大的挑战性。特别对于大规模实际桥梁结构而言,其三维有限元模型往往比较复杂,且爆炸毁伤响应的预测涉及动态模拟过程,其计算量大、计算耗时长,不能达到快速预测桥梁在不同意外爆炸工况下毁伤效应的目标。综上所述,必需探寻一种新型的、快速的桥梁毁伤评估方法。随着人工智能技术的发展,机器学习方法被广泛应用于医学、土木、材料等领域,并取得了良好的效果。这些成功应用皆归功于机器学习具备强大的非线性问题处理能力。对于大跨度桥梁结构在爆炸荷载下产生的毁伤效应而言,炸药的当量、位置与桥梁的力学响应或毁伤效应之间的关系是典型的强非线性问题。因此,将机器学习应用于桥梁爆炸毁伤效应的预测,有望提高桥梁在易燃易爆品大规模意外爆炸作用下毁伤效应的预测效率。

7.4.2　基于随机森林的评估模型

本书提出了一种基于随机森林模型的意外爆炸对桥梁毁伤评估方法,该方法包括:基于有限元建模技术,对桥梁进行三维建模得到桥梁模型,以冲击波荷载为输入,对所述桥梁模型进行不同工况下的毁伤响应模拟,得到不同工况下的桥梁毁伤响应数据;对所述不同工况下的桥梁毁伤响应数据进行线性插值，构建桥梁毁伤效应数据库；将上述桥梁毁伤效应数据库中的不同工况下的桥梁毁伤响应数据分为训练数据集和测试数据集，进行随机森林模型方法的学习，获取模型参数，根据模型参数构建随机森林模型，基于随机森林模型实现意外爆炸对桥梁毁伤评估。

以图 7-22 所示的刚构桥为例，构建有限元模型(图 7-23)。采用 TM5-1300 手册中提供的空气冲击波载荷算法(图 7-24)来简化载荷。混凝土采用 SOLID164 三维实体单元建模，本构模型采用 HJC 模型；钢板采用 SHELL163 壳单元，本构模型采用 JOHNSON COOK 模型，状态方程采用 GRUNEISEN 方程。对所述桥梁模型进行不同工况下的毁伤响应模拟，得到不同工况下的桥梁毁伤响应数据。

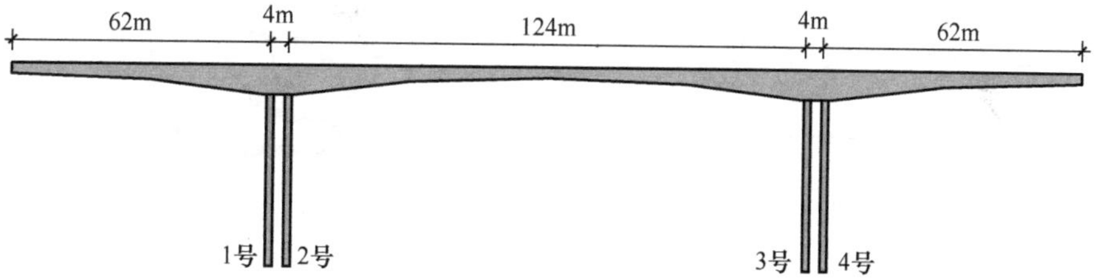

图 7-22 两墩刚构桥示意

(a) (b)

图 7-23 两跨刚构桥有限元模型

(a)破坏前；(b)破坏后。

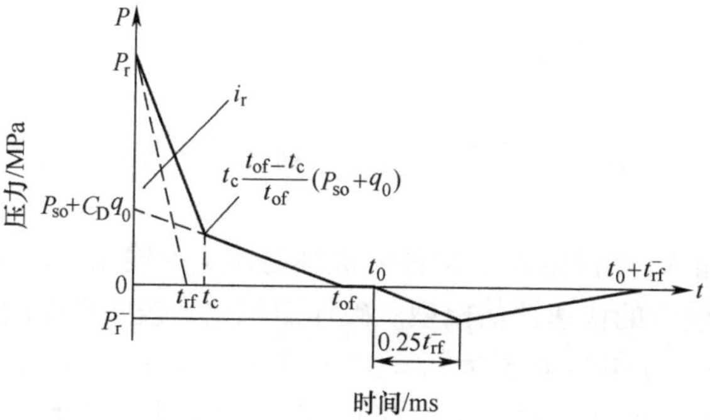

P_r— 反射超压峰值，P_{so}— 入射超压峰值，q_0— 动压，C_D— 拖曳系数，i_r— 反射冲量，t_c— 清除时间，t_{rf}—根据反射超压峰值和反射冲量确定的等效作用时间，t_{of}—根据入射超压峰值和入射冲量确定的等效作用时间，t_0— 负压载荷段开始时间，t_{rf}^-—负压阶段等冲量等效时间，P_r^-— 负压阶段反射超压峰值。

图 7-24 桥梁所受爆炸波载荷

对所述不同工况下的桥梁毁伤响应数据进行线性插值,构建桥梁毁伤效应数据库,进行快速生成构建随机森林模型算法所需的桥梁毁伤效应数据库,极大减少了模型库建立的时间,提高了效率。图 7-25 所示为 0.1t TNT 质量的易燃易爆品在不同水平距离爆炸时梁主要构件的破坏面积比,其中左图为 31 个有限元仿真的数据,右图为采用线性插值后 10332 个数据。

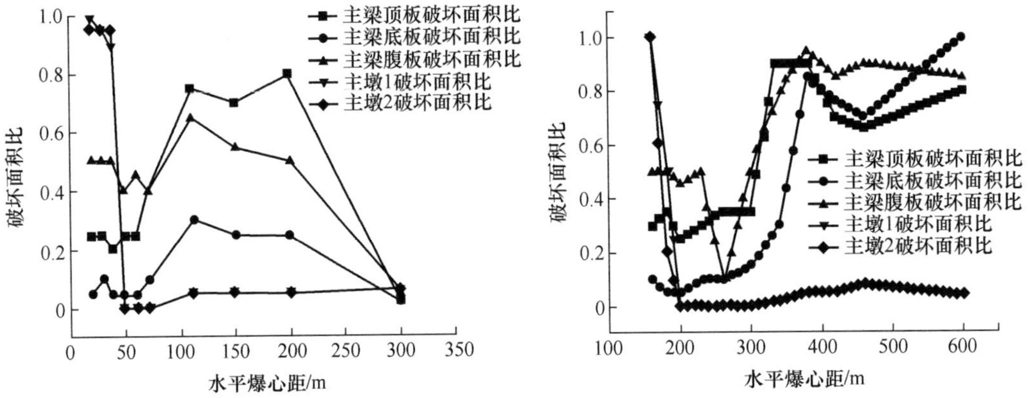

(a)　　　　(b)

图 7-25　0.1t TNT 质量不同水平距离爆炸时梁主要构件的破坏面积比
(a)插值前;(b)插值后。

随机森林模型算法是一种常用的监督学习方法之一。算法原理是一个由若干决策树分类器 $\{h(X,\theta),k=1,2,\cdots,K\}$ 组合而成的集成分类器,在随机森林模型中,$\{\theta\}$ 服从独立分布,X 为服从独立分布的随机变量,K 为既定模型中决策树的个数。在变量 X 下,每棵决策树首先对预测的样本独立进行判定,最后由 K 个决策树投票表决最终的分类结果。形象地描述,随机森林模型是由多棵决策树集成的分类器,把每一棵决策树比作一个判定专家,RF 则是多个专家独立地进行判定,最终结果由所有的专家投票表决得出。

随机森林的分类步骤如下。

(1) 原始训练样本集中,有放回地随机抽取样本子集,构造 K 棵决策树。

(2) 假定共计 n 个特征,则每棵树的每个节点都随机抽取 m_{try} 个特征 $(m_{try}\leqslant n)$,分别计算 m_{try} 个特征对应的信息增益,然后开始节点分裂,确定每个数的判定次序思路。

(3) 每棵树无限增长,且不进行“剪枝”。

(4) 将测试样本放入每棵决策树,每棵树独立分类和预测,随机森林最终的分类结果由所有决策树投票并表决。

以炸药质量(W)和水平爆距(L)为输入、以桥梁各个构件的破坏等级 s 为输出,采用随机森林的机器学习方法建立桥梁毁伤效应的快速评估模型。破坏面积比 τ 按照程度的大小分为 11 个等级 S(当 $i/10-0.5\leqslant\tau<i/10+0.5$ 时,$s=i/10$,其中 $i=0,0.1,\cdots,1$,$s=0$ 表示该构件没有出现损坏,$s=1$ 表示构件已经完全损坏)。在数据集中随机抽取 80%的数据作为随机森林模型的训练集,另外 20%的数据集作为测试集,进行构建随机森林模型算法,进而实现对桥梁大规模爆炸冲击波毁伤效应快速智能评估。

桥梁在不同算法下训练集和测试集的准确率如图 7-26 所示,可以看出训练集和测试的准确率相符,模型预测效果良好,无过拟合和欠拟合现象。对于桥梁的不同构件,融合随机森林模型算法的评估方法准确率基本能达到99%,体现出良好的预测效果。

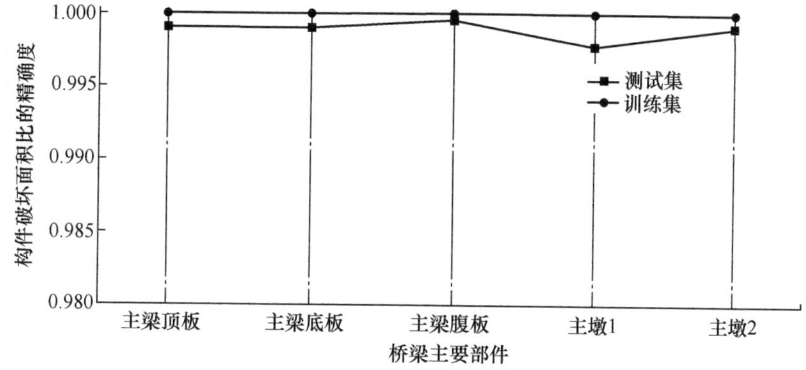

图 7-26 随机森林模型训练集和测试集的准确率

7.4.3 基于 kNN 算法的评估模型

k 近邻方(k-nearest neighbor,kNN)算法是一种常用的监督学习方法之一。算法原理是根据某一种距离,在空间中找到与预测样本距离最近的 k 个训练样本,这 k 个训练样本为预测样本的 k 个“邻居”。在分类问题中,使用“投票法”,预测样本的结果为 k 个样本中出现最多的类别。在回归问题中,使用“平均法”,预测样本的结果为 k 个样本中的实值平均值;或根据距离远近使用加权投票法,距离越近的训练样本权重越大,将不同权重系数的 k 个实值加和,加和值得到最后的结果。

一般情况下,kNN 算法有两个关键的参数。首先是参数 k 的选择,其次是选择的距离类别。k 的取值不同时,分类结果有可能出现显著不同。若采取不同距离的计算方式,“近邻”的 k 个样本也会有所差别,从而导致分类的结果不同。常用的距离为欧拉距离如下:

$$d_{nn'} = \sqrt{\sum_{m=1}^{s} (x_{nm} - x_{n'm})^2} \tag{7-8}$$

式中:$d_{nn'}$ 则为预测样本 n 与训练样本 n' 之间的距离;x_{nm} 为预测样本 n 在 m 坐标基上的投影实值;同理,$x_{n'm}$ 为训练样本 n' 在 m 坐标基上的投影实值。

以图 7-27 所示的六墩刚构桥为例,开展 kNN 算法的桥梁破坏情况评估。其有限元建模及数值扩展过程与上述的随机森林算法相同,图 7-28 所示为桥梁主要部件破坏面积比,其中左为有限元仿真的 30 个数据,右为线性插值后的 11303 个数据,通过线性插值的方式可以快速获得大量的数据,从而为机器学习提供足够规模的数据量。

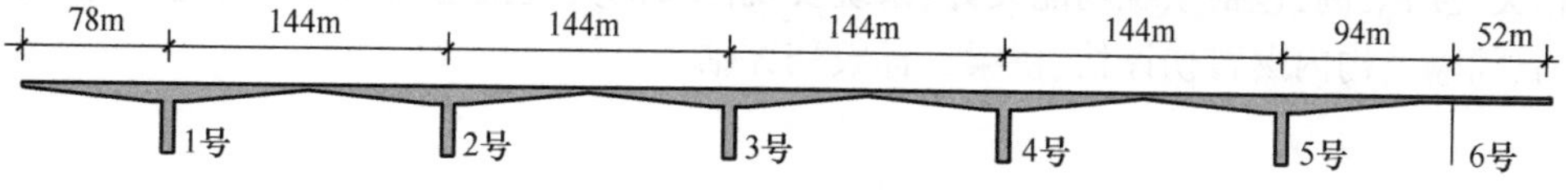

图 7-27 六墩刚构桥示意

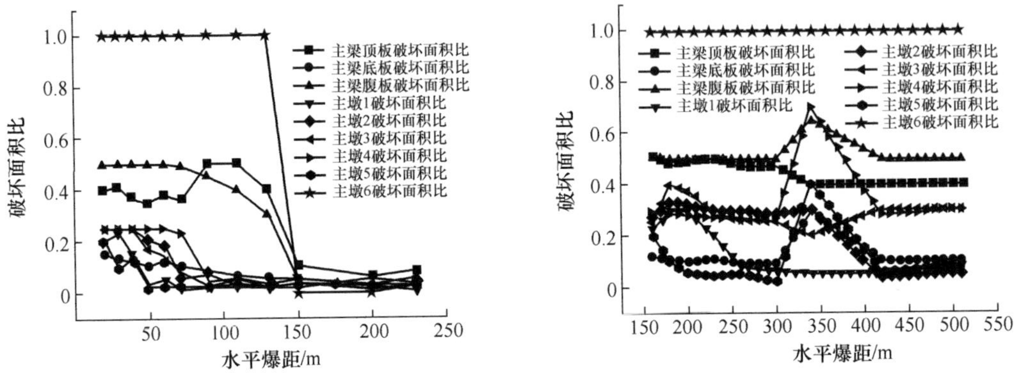

（a） （b）

图 7-28 破坏面积比随水平爆距的变化

(a)插值前;(b)插值后。

炸药等效 TNT 质量和水平距离作为输入,桥梁构件的破坏等级作为输出。在数据集中随机抽取 80% 的数据作为机器学习模型的训练集,将剩余的 20% 作为测试集。如图 7-29 所示,为案例桥梁在不同算法下训练集和测试集的准确率,可以看出训练集和测试的准确率相符,算法没有出现过拟合和欠拟合的情况。对于桥梁的不同构件,kNN 算法的准确率基本能达到 99%,体现出良好的预测效果。

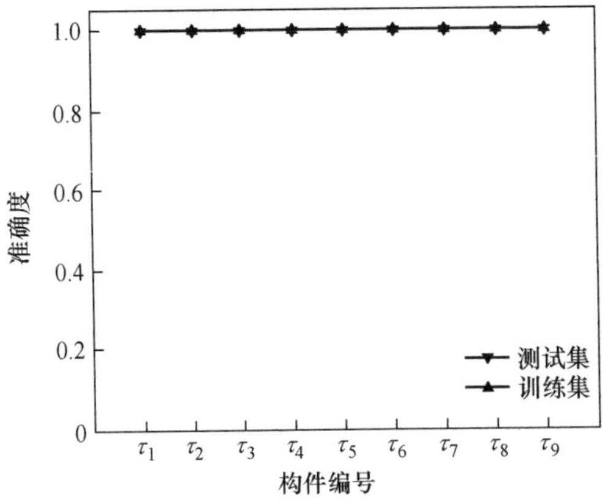

图 7-29 kNN 算法训练集与测试集的准确率

7.5 小　结

本章介绍了基于数据融合的意外爆炸毁伤评估系统的设计与实现,以及基于该系统的相关应用案例,包括系统功能设计、系统实现涉及的关键技术及街区环境意外爆炸毁伤评估、间隔结构内爆毁伤评估、桥梁目标毁伤评估。

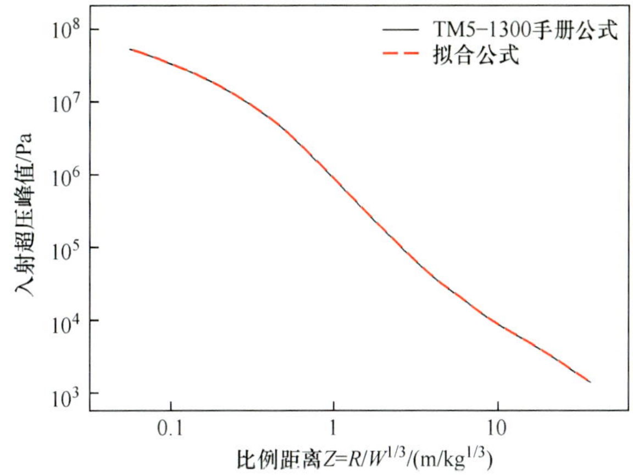

图 2-2　TM5-1300 手册空中爆炸冲击波超压峰值曲线

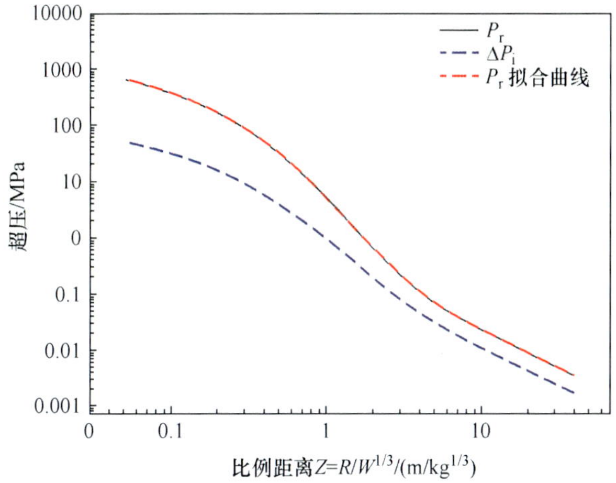

图 2-4　球形 TNT 爆炸入射和反射超压峰值曲线

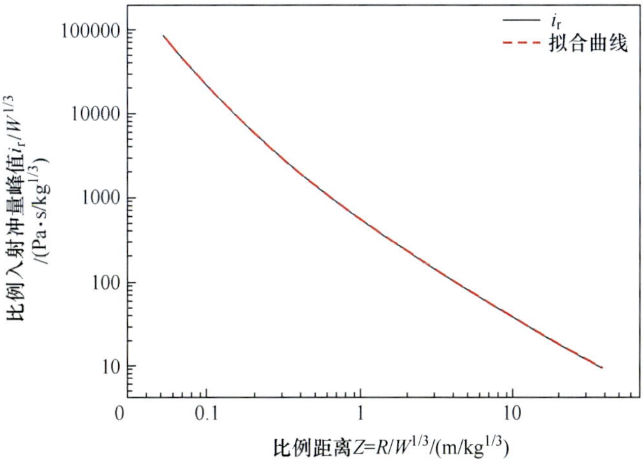

图 2-5　球形 TNT 爆炸反射冲击波冲量曲线

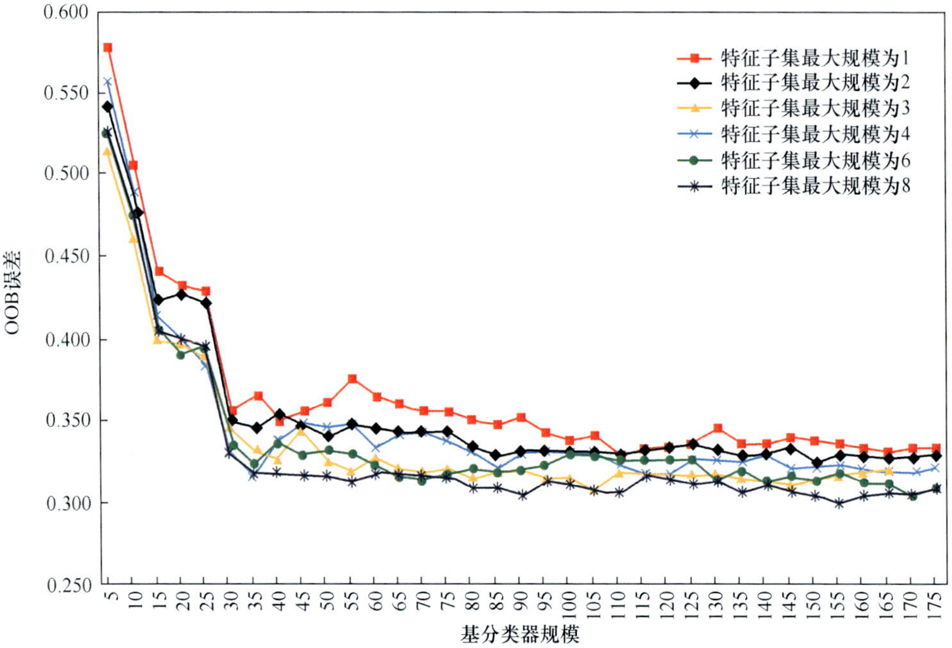

图 3-10　参数区间 1 不同特征子集最大规模随机森林模型 OOB 误差

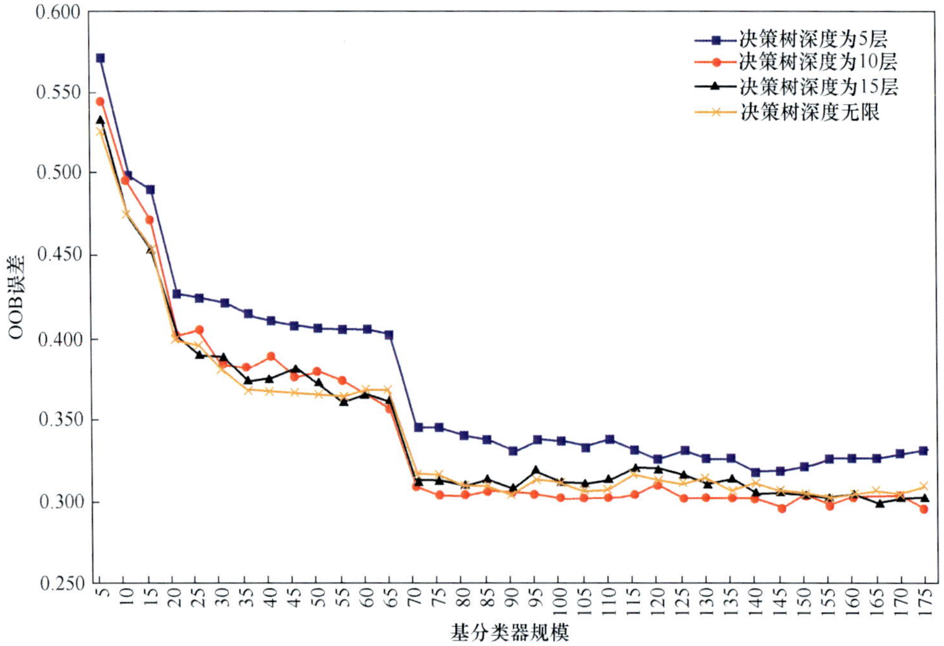

图 3-11　参数区间 1 不同最大树深随机森林模型 OOB 误差

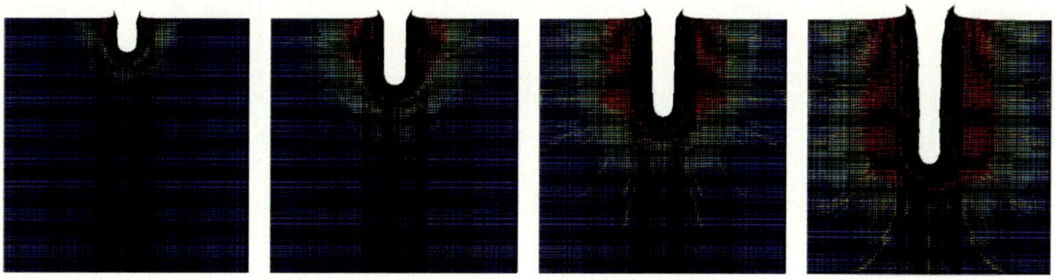

图 3-15　20 碳素结构钢长杆以 1450m/s 的速度冲击 C30 混凝土靶标仿真结果

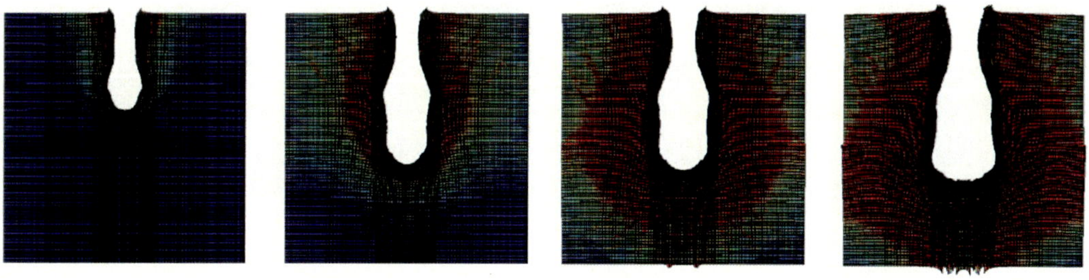

图 3-16　35SiMn 钢长杆以 4000m/s 的速度冲击 C45 混凝土靶标仿真结果

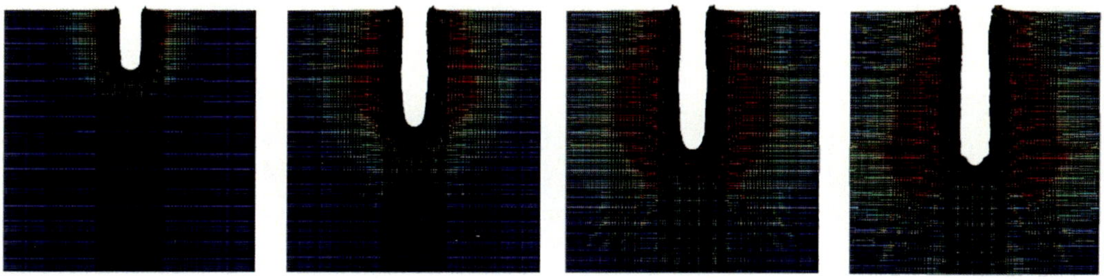

图 3-17　60SiMnA 钢长杆以 2500m/s 的速度冲击 C80 混凝土靶标仿真结果

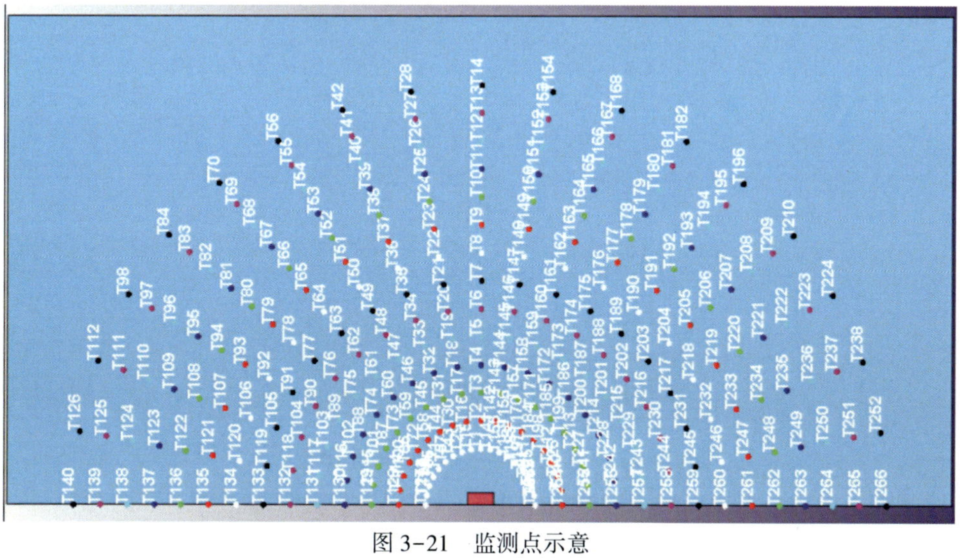

图 3-21　监测点示意

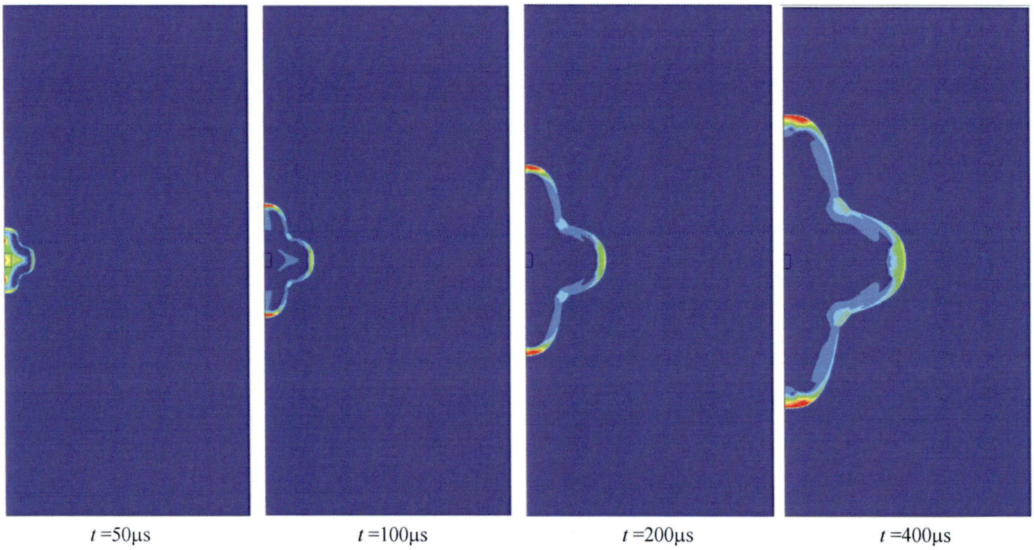

图 3-22　$L/D=1$ 时圆柱形炸药波阵面

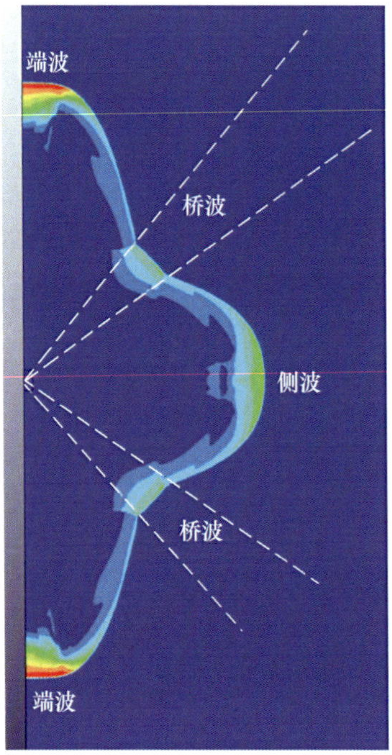

图 3-23　圆柱形炸药冲击波特性

t =6.3ms　　*t* =7ms　　*t* =10ms　　*t* =13ms

图 3-28　爆距 3m、600g TNT 爆炸时裂纹扩展示意图

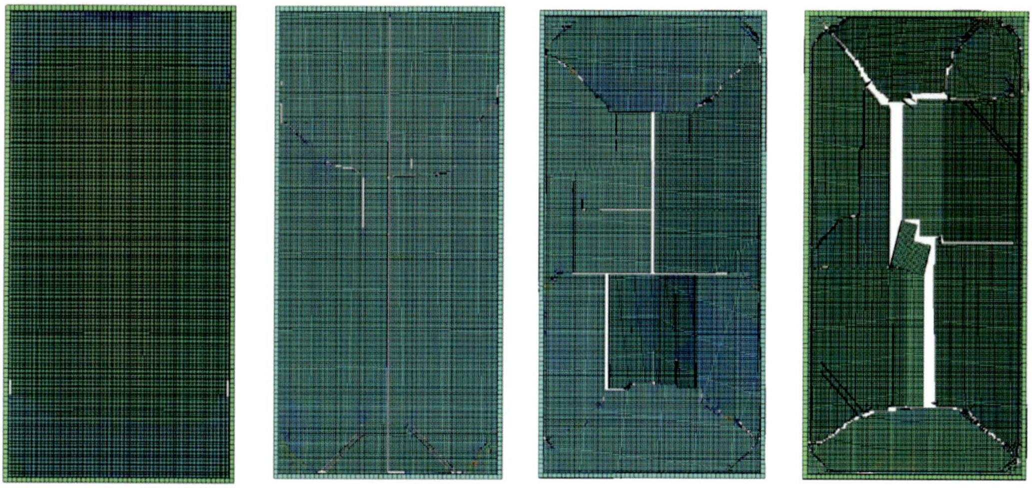

200g　　400g　　600g　　800g

图 3-29　爆距 3m、不同质量 TNT 爆炸时钢化玻璃的毁伤

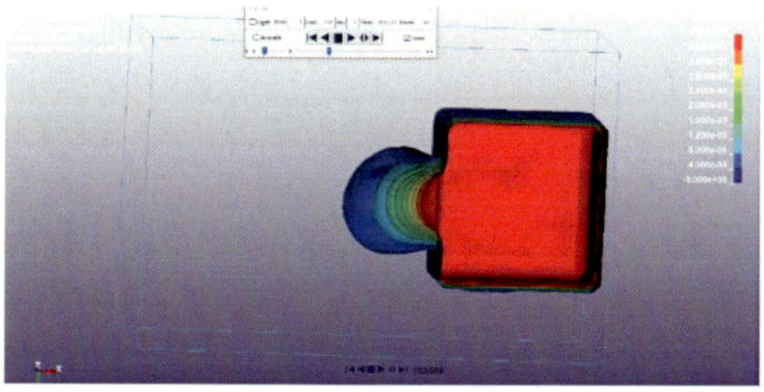

图 3-35　单箱结构冲击波流场

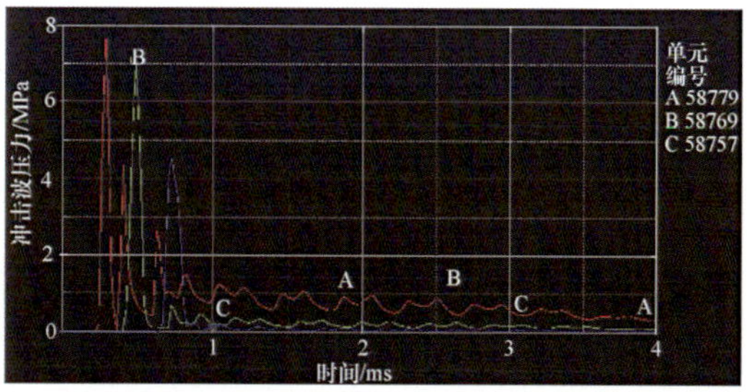

图 3-36　单箱结构泄压口压力时程曲线

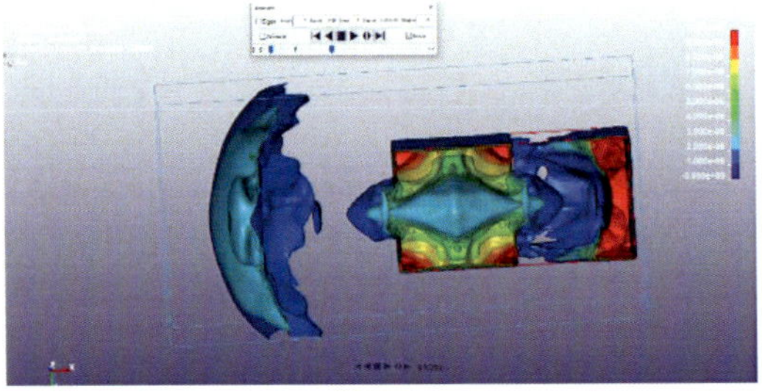

图 3-37　双箱结构冲击波流场

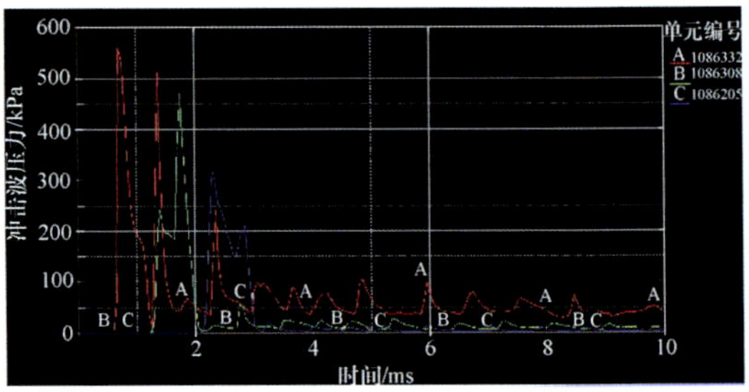

图 3-38　双箱结构泄压口压力时程曲线

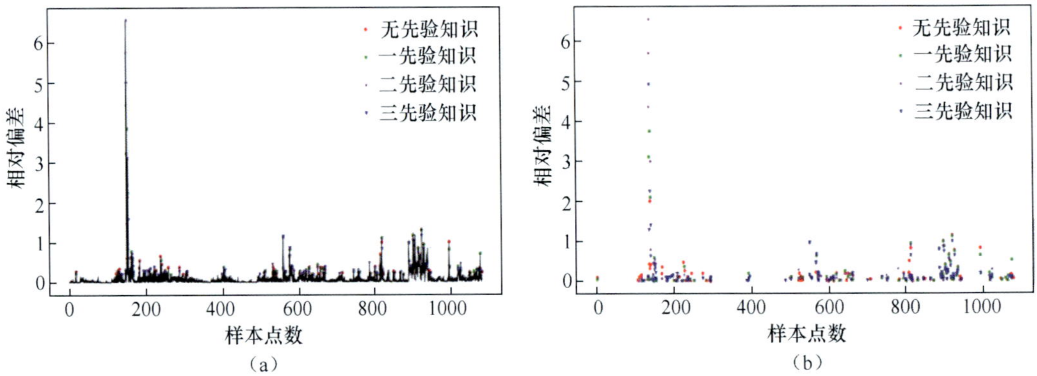

图 3-40　4 种神经网络模型预测的无量纲侵彻深度与真实无量纲侵彻深度的相对偏差

(a)异常点检测折线图;(b)异常点检测教点图。

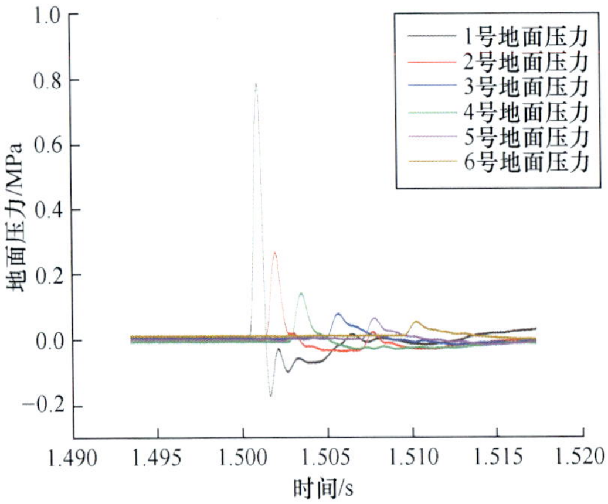

图 4-11　地面压力时程曲线

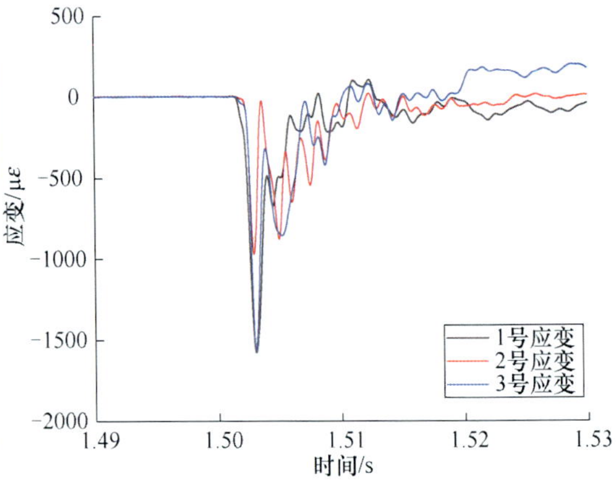

图 4-12　钢箱背板应变时程曲线

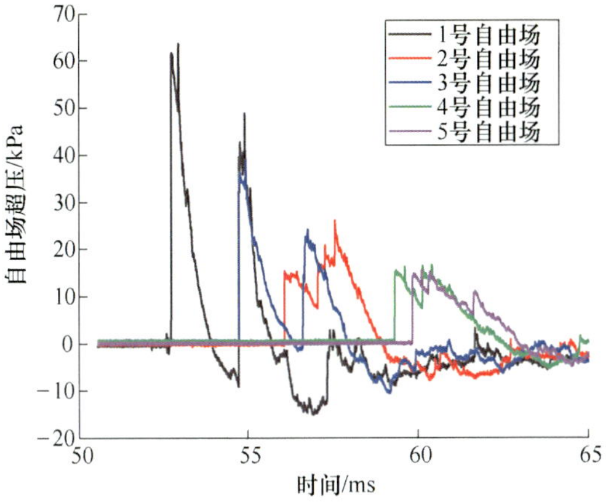

图 4-22　TNT 爆炸试验自由场超压时程曲线

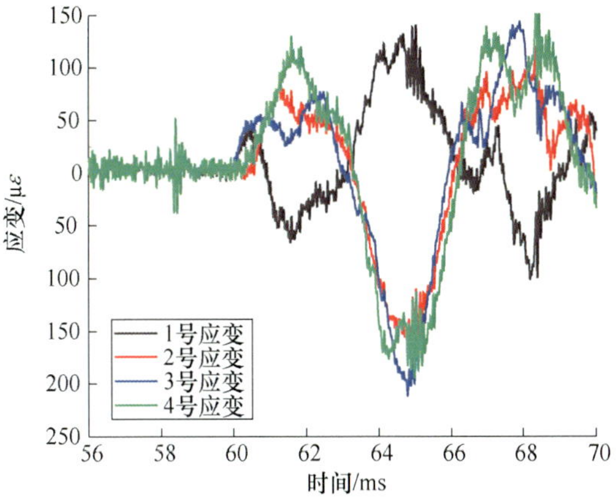

图 4-25　铝板应变时程曲线

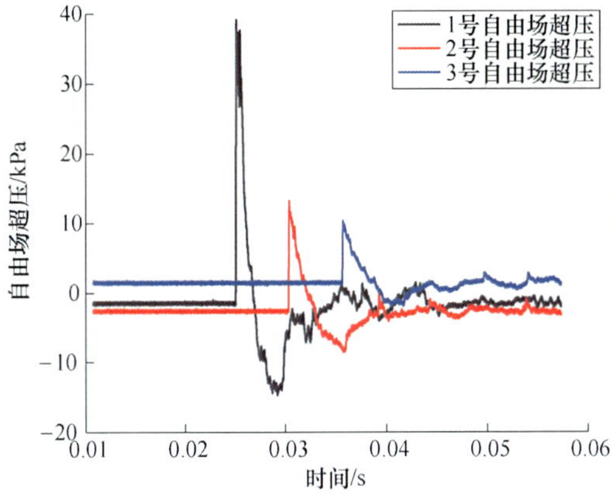

图 4-26　自由场超压时程曲线

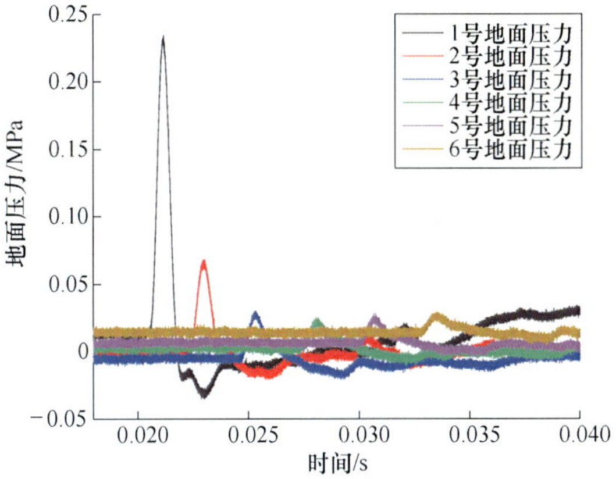

图 4-27　地面压力时程曲线

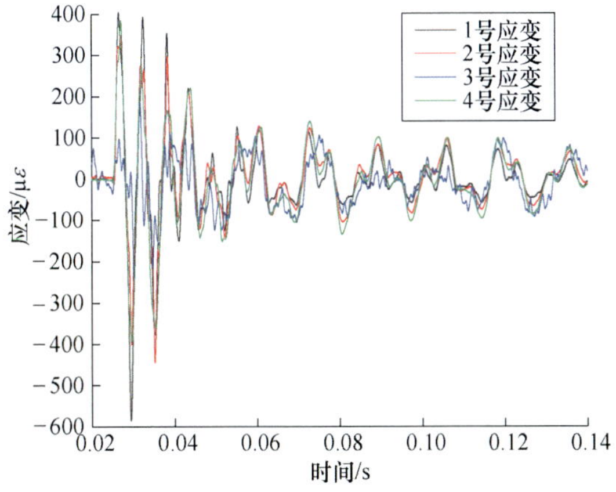

图 4-28　钢化玻璃板应变波形

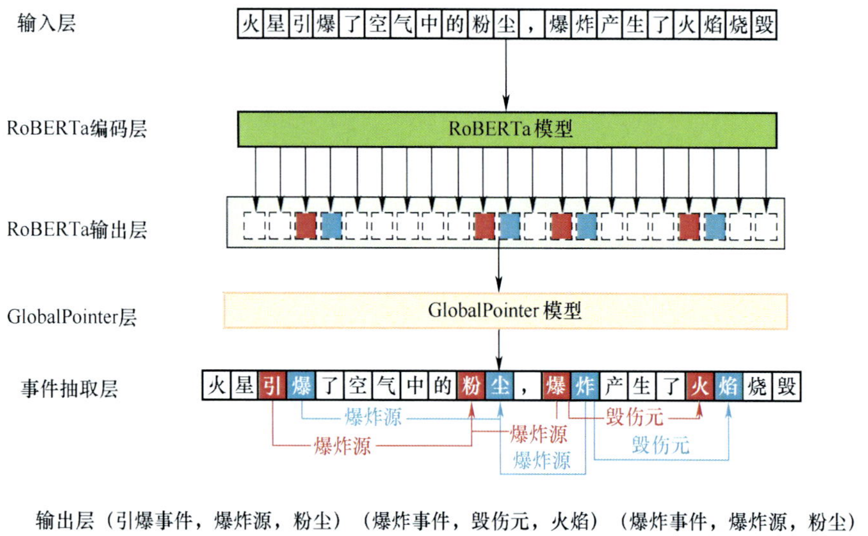

图 5-7　Robertazh-GPLinker 模型结构

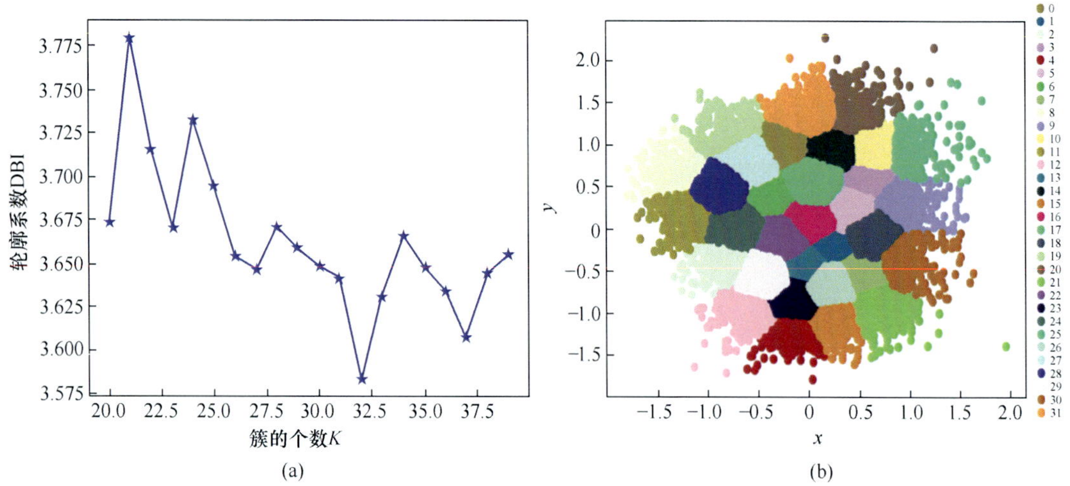

图 5-11　KMTR 调参及结果展示

(a)聚类个数与轮廓系数 DBI;(b)关键词最佳聚类效果。

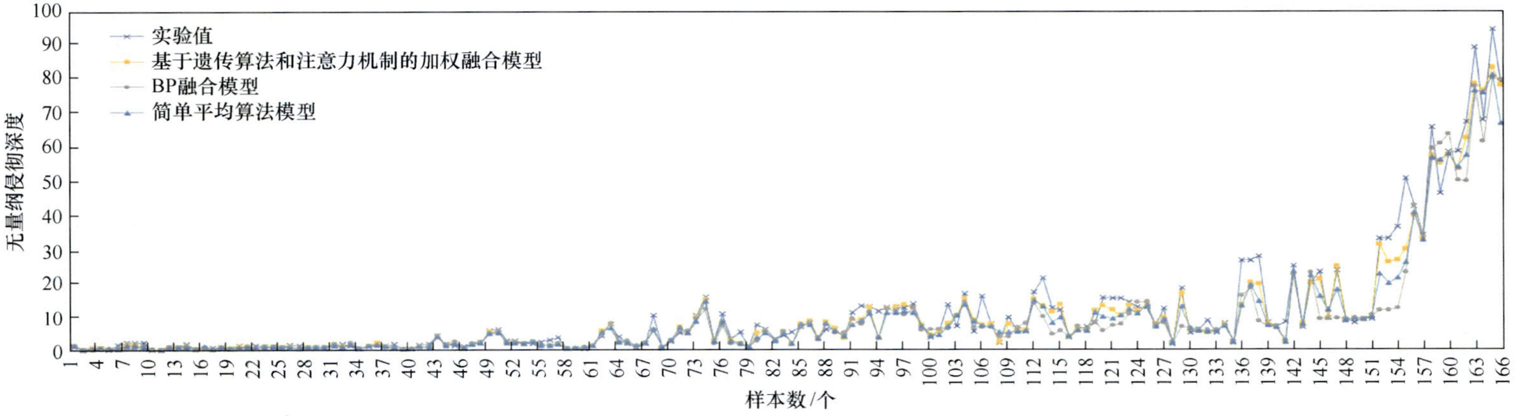

图6-16　测试集不同数据融合模型无量纲侵彻深度融合值对比

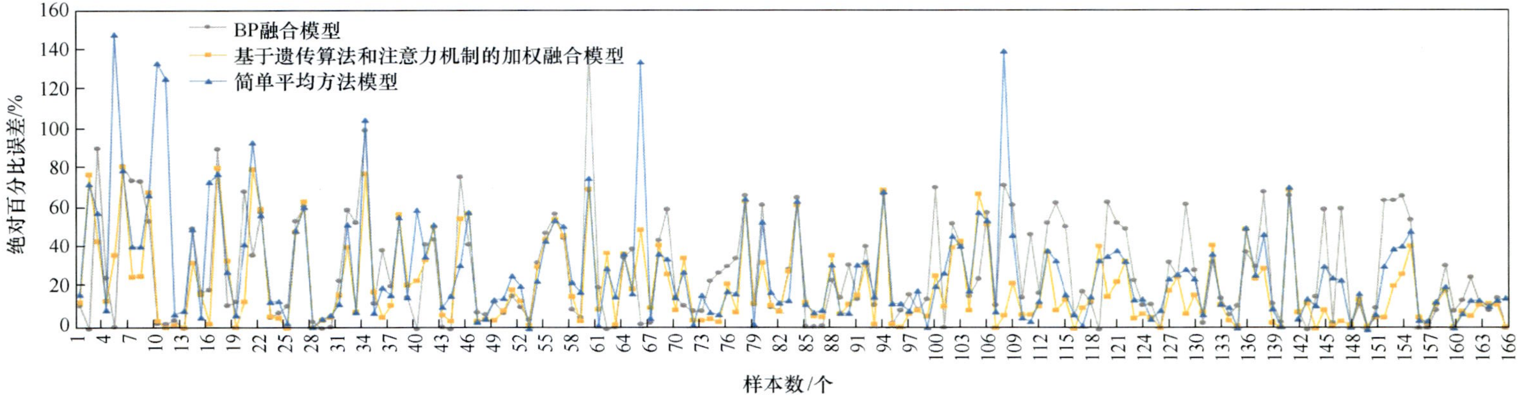

图6-17　测试集上不同数据融合模型APE对比

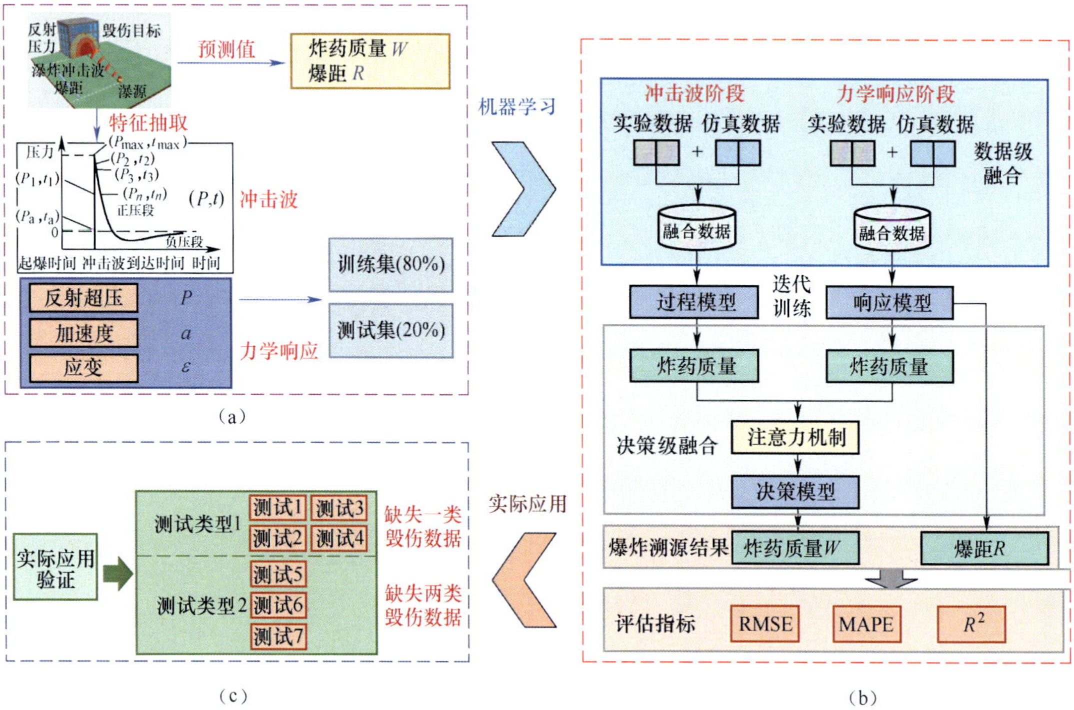

图 6-25　基于多源数据融合意外爆炸溯源机器学习模型整体框架

(a)数据准备;(b)机器学习模型;(c)模型应用验证。

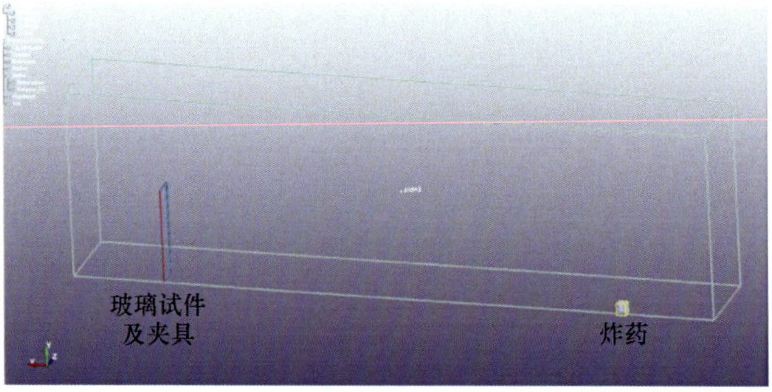

图 6-29　冲击波与玻璃板相互作用流固耦合模型

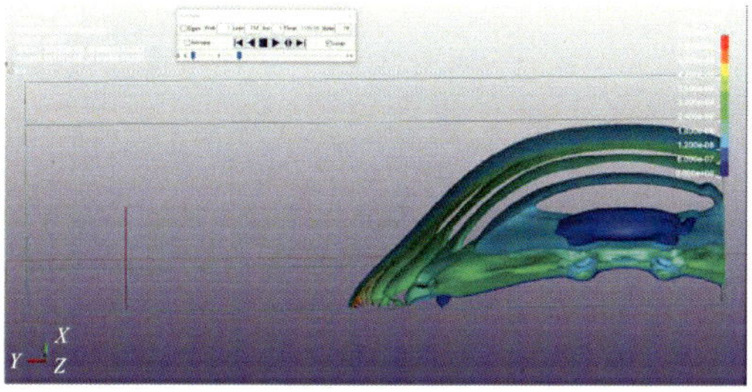

图 6-31　冲击波波阵面

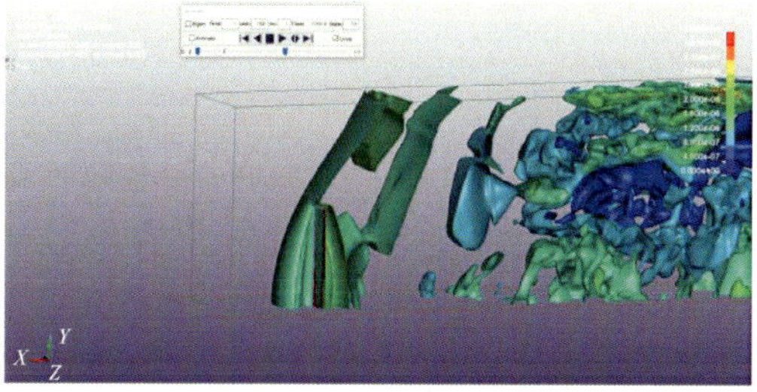

图 6-32　冲击波与板的相互作用

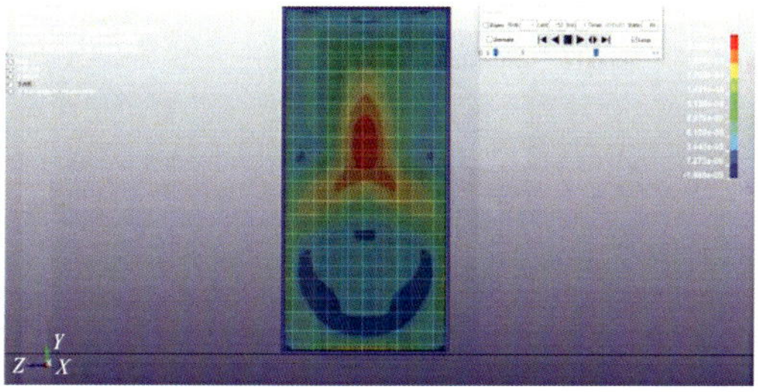

图 6-33　玻璃板第一主应变云图

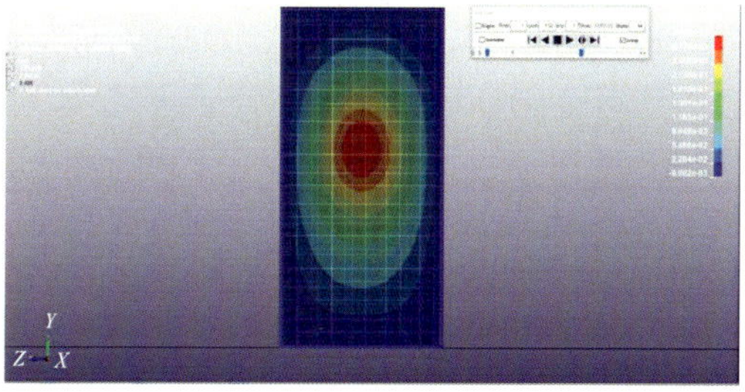

图 6-34　玻璃板变形云图

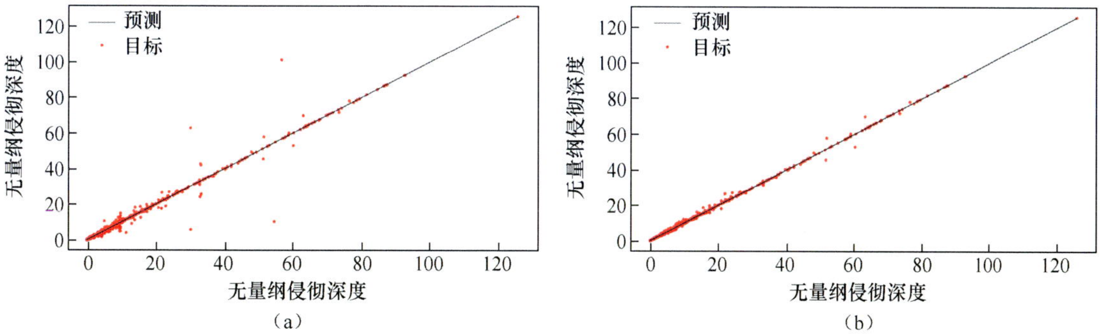

图 6-47　异常检测前后数据分布对比

(a)未剔除异常点时的数据分布;(b)剔除异常点后的数据分布。

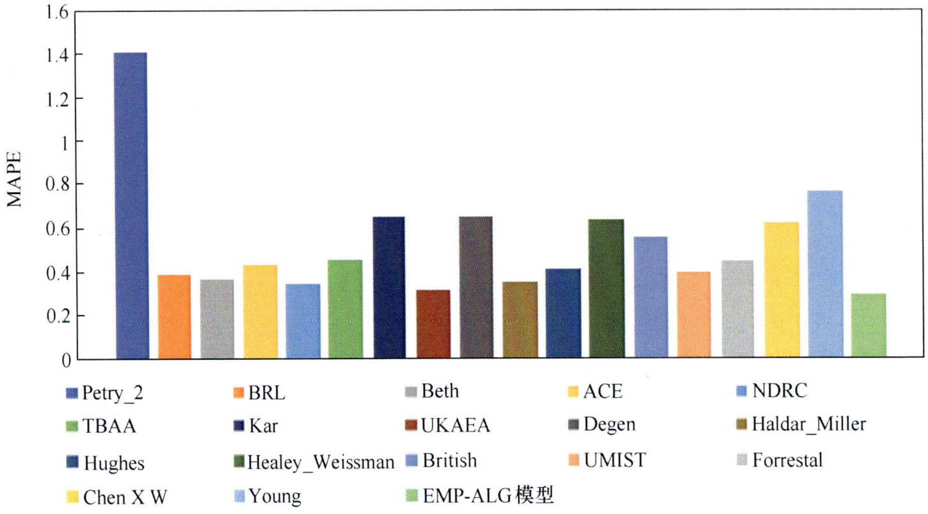

图 6-49　经验算法预测侵彻深度值与试验数据侵彻深度值的 MAPE

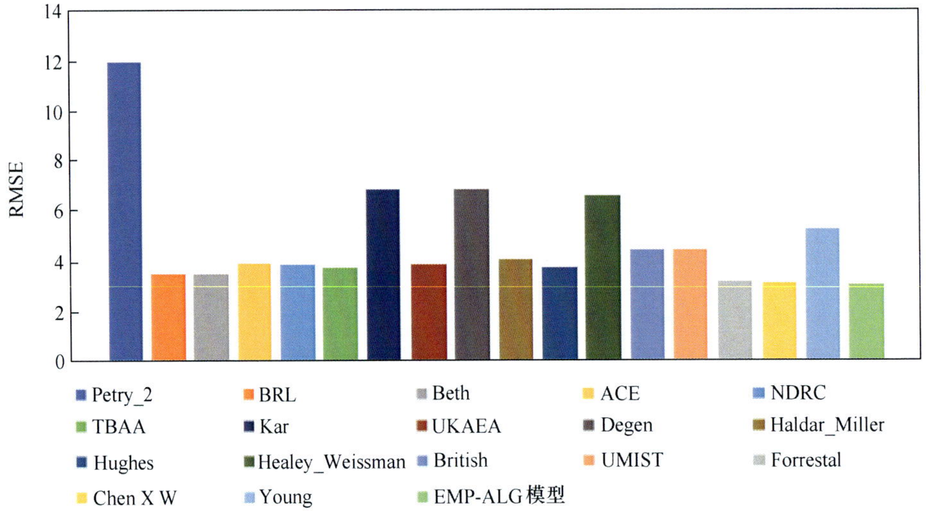

图 6-50　经验算法预测侵彻深度值与试验数据侵彻深度值的 RMSE

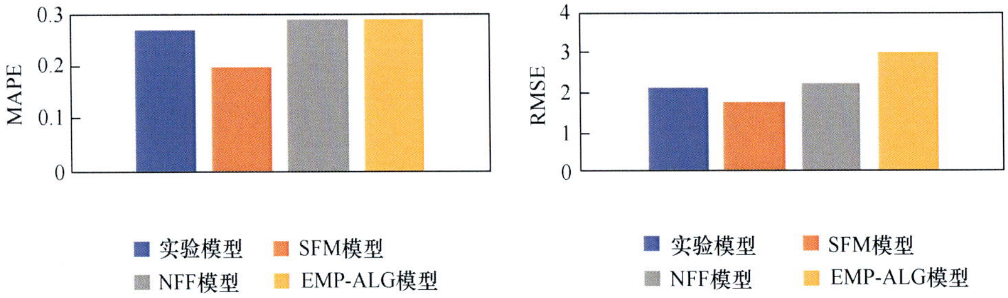

图 6-51　模型预测值与标签值偏差对比